¥50 优惠券

单笔实付满198元

使用期限：2017.8.1-8.3

先领券后购物

立即领取➤

零食总动员

嗨翻盛夏

秒杀抽奖 抢第2件半价

公益宝贝

前30分钟全场

第2件半价

活动价

¥209.0

胀气玻璃奶瓶

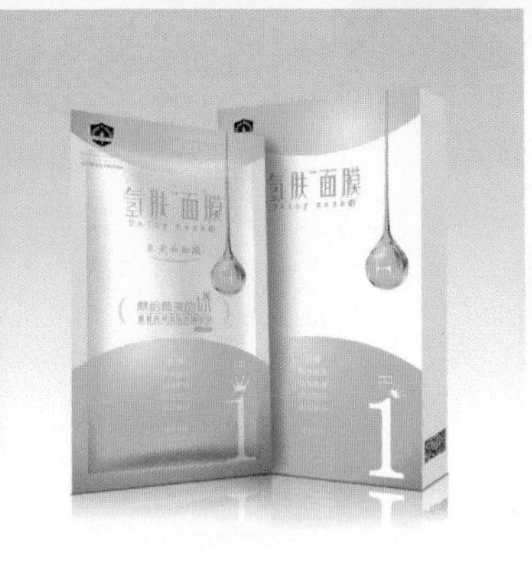

ITEM INFO
产品信息

品 牌

型 号 20220229

材 质

颜 色

SIZE
产品规格

长宽高 80*67*80（CM）

净 重 14（KG）

BACK TO SCHOOL
电脑办公 开学季
舞动青春

PHOTOSHOP+ILLUSTRATOR
软件精修
全能班
万晨曦老师亲授

51RGB

51RGB在线教育 4A广告公司总监亲授

有良心的设计培训机构

限时优惠最后一周

购买须知

BUYERS GUIDELINES

有关发货

拍下课程完成付款后，系统自动发货，在您的预留邮箱里会收到一封来自51RGB的官方邮件（无需回复），邮件里会告知您的学号以及听课流程

有关赠送

所有赠送的视频资料均由51RGB客服通过旺旺给您发送百度网盘链接+提取码，链接有效期为一周，请尽快下载

有关网盘

百度网盘下载地址：www.51RGB.com，为确保您的链接不失效，请先点击保存之后，再根据自己需要进行下载

有关服务

付款成功后，您将被指定的客服分配到相关学习群，您学习过程中的问题可以在学习群中得到相应任课老师一对一的解答

有关追责

为保证双方权益不被侵犯，请确保您的账号安全，所有51RGB就业班视频若出现任何形式的外流或转卖，我们将通过法律手段追责到底，请务必知悉

“十三五”职业教育电子商务类规划教材

网店美工设计

Photoshop CC 案例教程

视频指导版

亦辰 / 主编
唐滔 何婧 安宏博 / 副主编

人 民 邮 电 出 版 社
北 京

图书在版编目（CIP）数据

网店美工设计 : Photoshop CC案例教程 : 视频指导版 / 亦辰主编. -- 北京 : 人民邮电出版社, 2018.3（2022.6重印）
"十三五"职业教育电子商务类规划教材
ISBN 978-7-115-47439-1

Ⅰ. ①网… Ⅱ. ①亦… Ⅲ. ①图象处理软件－职业教育－教材 Ⅳ. ①TP391.413

中国版本图书馆CIP数据核字(2017)第302510号

内 容 提 要

如何通过吸引人的图文设计让店铺商品在众多竞争对手中脱颖而出，吸引顾客浏览并下单购买，是在进行网店店铺装修时需要重点考虑的问题。本书通过讲解如何使用 Photoshop CC 进行网店美工设计，为想要学习装修设计的卖家、美工以及装修爱好者提供网店美工设计及使用 Photoshop CC 的相关知识。

本书共 13 章，主要内容包括：网店美工设计快速入门，美工图像处理基本操作，选区与移动，路径、图形及文字，绘制图像，蒙版，图层的高级应用，网店图像的修复、修饰，调整图像的色彩与色调，使用通道与滤镜以及 3 个综合实例——制作淘宝首页、制作淘宝详情页、制作手机端淘宝首页和详情页。

本书既可供网上开店的店主学习使用，也可作为高等院校、职业院校电子商务等专业的教学用书，还可以作为电子商务培训班的教材。

◆ 主　　编　亦　辰
副 主 编　唐　滔　何　婧　安宏博
责任编辑　刘　琦
责任印制　焦志炜

◆ 人民邮电出版社出版发行　　北京市丰台区成寿寺路 11 号
邮编　100164　　电子邮件　315@ptpress.com.cn
网址　http://www.ptpress.com.cn
北京九州迅驰传媒文化有限公司印刷

◆ 开本：787×1092　1/16　　彩插：2
印张：16　　2018 年 3 月第 1 版
字数：454 千字　　2022 年 6 月北京第 10 次印刷

定价：49.80 元

读者服务热线：(010) 81055256　印装质量热线：(010) 81055316
反盗版热线：(010) 81055315
广告经营许可证：京东市监广登字 20170147 号

前言

电子商务的本质之一是用视觉形成转化率，它颠覆了传统的商业模式，其较为特殊的交易方式使得网店页面的装修、设计比实体店铺的装修更加重要。本书结合作者多年的网店装修设计经验，通过分析典型案例制作过程，从实用的角度循序渐进地教会读者熟练使用 Photoshop CC 进行网店美工设计的方法和技巧。

本书章节内容按照“课堂案例—操作解析—技能提升—课后练习”这一思路进行编排，且在本书最后 3 章设置了专业设计公司的商业实例，以帮助读者综合应用所学知识。

课堂案例：通过对课堂案例操作过程的讲解，使读者快速熟悉软件基本操作和美工设计基本思路。

操作解析：在对软件的基本操作有一定了解之后，再通过具体操作过程的详细解析，帮助读者深入掌握该项操作及软件的具体功能。

技能提升和课后练习：为帮助读者巩固所学知识，设置了技能提升这一环节；同时为了拓展读者的实际应用能力，设置了难度略为提升的课后练习。

学时安排

本书的参考学时为 44 学时，其中讲授环节为 29 学时，实训环节为 15 学时。各章的参考学时参见以下学时分配表。

章	课程内容	学时分配	
		讲授	实训
第 1 章	网店美工设计快速入门	1	0
第 2 章	美工图像处理基本操作	2	1
第 3 章	选区与移动	2	1
第 4 章	路径、图形及文字	3	2
第 5 章	绘制图像	2	1
第 6 章	蒙版	2	2
第 7 章	图层的高级应用	3	2
第 8 章	网店图像的修复、修饰	2	2
第 9 章	调整图像的色彩与色调	3	2
第 10 章	使用通道与滤镜	3	2
第 11 章	综合实例——制作淘宝首页	2	0
第 12 章	综合实例——制作淘宝详情页	2	0
第 13 章	综合实例——制作手机端淘宝首页和详情页	2	0
课时总计		29	15

资源下载

为方便读者线下学习及教师教学，书中所有案例的微课视频、基本素材和效果文件，以及教学大纲、PPT 课件、教学教案等资料，用户可通过登录人邮教育社区（www.ryjiaoyu.com）进入该教材界面进行下载。另外，本书还附赠了一整套在线课程，购买本书后即可获取。

致　谢

本书由亦辰任主编，江苏财会职业学院唐滔、湖北工程职业学院何娟、陕西邮电职业技术学院安宏博任副主编。另外，相关专业制作公司的设计师为本书提供了很多精彩的商业案例，在此表示感谢。

“微课云课堂”使用方法

扫描封面上的二维码或者直接登录“微课云课堂”，将本书包含的微课资源添加到个人账户，即可获取在线观看本课程微课视频的权限。

编　者

2017 年 10 月

序言

51RGB 在线教育是南昌利百加传媒有限公司倾力打造的职业技能在线培训机构，该机构于 2009 年 5 月正式成立，致力于为学习者提供实用、优质的课程。我们的宗旨是：打造高端教育品牌、追求卓越教学品质，为每一位学习者提供优质的教学和贴心的服务。

我们立足市场需求，精心设置专业课程，以期培养出能够胜任市场需求的综合型优秀人才。我们拥有国内顶尖的师资团队——Adobe 专业讲师、国际 4A 设计总监、BAT 高级开发工程师等行业专家。目前课程涵盖实用软件、IT 与互联网、职场技能、市场营销（平面设计、UI 设计、电商美工、影视设计、网站程序开发、网络营销）等多个专业方向。51RGB 在线教育多年来为业界输送了大量人才，许多毕业学员已经成为公司的中流砥柱甚至高管，参与制作的知名项目不计其数，教学品质得到学员的一致认可。

我们为选用本书的读者提供了以下配套服务：

（1）专业的课程辅导学习群（QQ 群号：539028889），群内老师可以为读者答疑解惑并提供学习辅导；

（2）100GB 学习资源福利包，获取相关资源请加入资源群（QQ 群号：106737321）；

（3）本书还提供了直播学习服务及每日更新的视频教程，方便读者随时随地打开手机学习，微信扫描下面的二维码即可；

（4）考虑到读者深入学习的需求，本书还提供了网页制作教程相关的学习资源，微信扫描下面的二维码即可。

51RGB 在线教育

2017 年 10 月

目录

Chapter 1

第1章 网店美工设计快速入门

本章将介绍使用Photoshop CC进行美工设计的相关基础知识，包括网店美工必备职业技能、Photoshop的基本概念、Photoshop CC的工作界面、Photoshop CC的视图和辅助工具等。通过本章的学习，读者可以对网店美工这一职业的必备技能有所了解，并掌握利用Photoshop进行网店美工设计的基础知识。

课堂学习目标

- 了解网店美工必备职业技能
- 了解Photoshop的基本概念
- 掌握Photoshop的基本知识

1.1 网店美工必备职业技能

网店美工是网店网站页面美化工作者的统称，主要工作内容是设计和美化网站页面、制作网店促销海报、把物品照片制作成宝贝描述中需要的图片、设计电子宣传单等。

通过对比卖家信用级别较高和信用级别较低的店铺可知，店铺的美工设计也是影响店铺流量的一个因素，好的店铺设计（即图片、配色、布局、文字和创意设计）更能引起顾客的兴趣和购买欲望。也就是说，在装修店铺和描述产品时要更深入地了解这些内容，才能快速地对网店的装修进行设计。

1.1.1 选择图片和素材

在对网店进行装修设计之前，需要了解该网店的性质、顾客人群等，然后再根据这些信息去获得图片素材，这些素材包括商品的照片和修饰画面的素材。由于网上购物的特殊性，顾客不能直接接触商品，不能直观地了解商品功能、材质等，因此卖家只能从不同角度拍摄商品，以展现出商品的更多细节。而网店装修中除了商品本身的照片外，画面的修饰素材也必不可少，这些修饰素材往往会让画面更加生动绚丽，呈现出更加丰富的视觉元素，从而吸引顾客目光，如图 1–1 所示。

图片素材准备好后，就可使用图形图像编辑软件对素材进行组合和编辑，然后制作出吸引眼球的网店店面，因此在进行店铺装修之前，第一步便是花大量的时间来准备需要的图片素材。

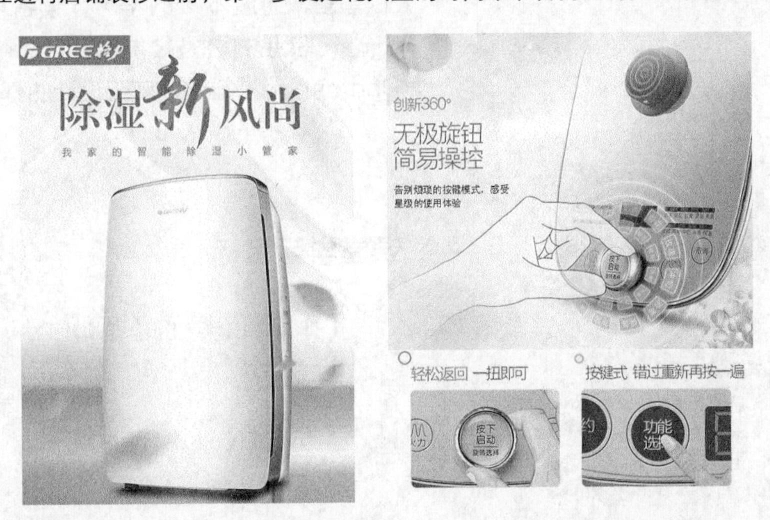

图 1–1

1.1.2 搭配色彩

在网店装修的诸多因素中，色彩搭配是设计中的灵魂，也是一种重要的视觉表达元素，不同色系的搭配能够烘托出不同的设计环境，对人们的心理产生极大的影响，如红色代表热情、性感、权威、自信，是个能量充沛的色彩。因此，色彩能够影响顾客对商品风格和形象的判断，图 1–2 所示为品牌无印良品旗舰店的产品图，它的产品注重纯朴、简洁、环保、以人为本等理念，因此在产品的颜色搭配应自然简约。

图 1–2

色彩中不能再分解的三种基本颜色被称为三原色，三原色指的是红色（Red）、绿色（Green）和蓝色（Blue），也就是 RGB 颜色模型。图 1–3 所示为色轮，下面介绍基于色轮可以得到的基本色彩组合。

- 互补色：互补色是指色轮上互呈 180° 角的颜色。如蓝色和橙色、红色和绿色、黄色和紫色等。互补色对比度非常强烈，在颜色饱和度很高的情况下，可以产生十分震撼的视觉效果，如图 1–4 所示。
- 相似色：相似色是指色轮上相邻的三个颜色。相似色是选择相近颜色时十分不错的方法，可以在同一个色调中制造丰富的质感和层次。一些很好的色彩组合有：蓝绿色、蓝色和蓝紫色；还有黄绿色、黄色和橘黄色，如图 1–5 所示。

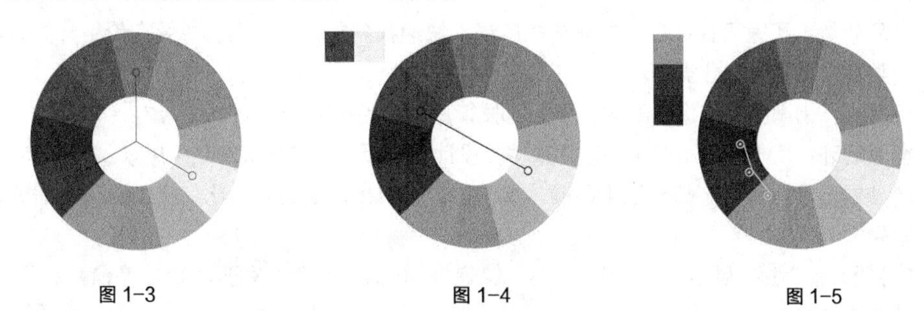

图 1–3　　图 1–4　　图 1–5

- 对比色：对比色是指色环上间隔 120° 角的两种颜色，同时对比色灰度的变化也是对比色关系，如红黄蓝、橙黄和青绿、橙色与紫色等，视觉效果也很强烈。

影响色彩的三要素包括色相、明度和纯度，它们决定了色彩的暖色调、中间调和冷色调等。下面分别对这三要素进行介绍，如图 1–6 所示。

- 色相：色相是各类色彩的相貌称谓，如大红、普蓝、柠檬黄等。色相是色彩的首要特征，是区别各种不同色彩最准确的标准。
- 明度：色彩明度是指色彩的亮度或明度。颜色有深浅、明暗的变化。
- 纯度：色彩纯度是指原色在色彩中所占据的百分比。

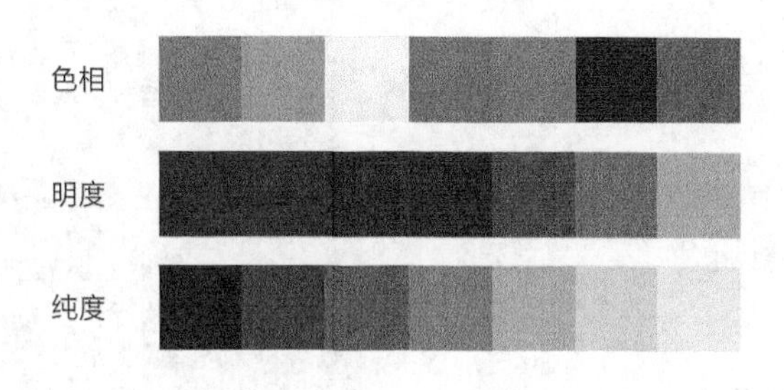

图 1–6

1.1.3 合理布局网页模块

众所周知，一个店铺的首页相当于一个实体店的门面，其影响不亚于一个产品的详情描述，店铺首页装修的好坏会直接影响客户的购物体验和店铺的转化率。为了提高销售业绩，首要便是制作美观、符合产品定位的页面，将产品页面的组成要素合理地进行排列分布。

一个店铺首页主要由店招、导航条、海报（全屏海报和产品促销轮播海报）、产品分类或优惠券、客服旺旺、产品展示区、店铺页尾、店铺背景等几部分组成，如图 1–7 所示。

- 店招：是店铺的招牌，一般展示的内容是店铺的名称 logo 标志、口号等，详细一些的也可以展示 1~2 个主推的产品在店招上，还有领取优惠券的设计，收藏店铺的图标等。店招是店铺上唯一一个各个页面都能展示出现的模块，所以一些重点推广信息可以设计在店招上，店招的尺寸为 950×150 像素（含自定义导航部分，950×120 像素导航为系统自带）。

- 导航条：导航条可分为淘宝系统自带导航条和自定义导航条，主要功能是可以快速链接到相应的指定页面。一般内容为所有分类、首页等。
- 全屏海报：全屏海报主要用于店铺重大公告，主打产品推荐和折扣优惠等，让顾客一进首页就注意到店铺的重点，一般全屏海报尺寸为 1920×600 像素。
- 产品促销轮播海报：该海报主要用于推广产品的促销内容，可以做成促销海报吸引买家。尺寸为 950×500 像素。
- 产品分类：买家可根据自己的需求在店铺上快速找到想要的产品。主要有价格分类、产品功能分类和产品销售量分类等。
- 优惠券：指淘宝店铺优惠券的一个营销服务，设计尺寸在 950×200 像素内。
- 客服旺旺：用于买家跟店家沟通的软件，设计在首页上可方便买家联系店家。
- 产品展示区：是指产品通过平面图片展示设计，突出产品的性价比，极大提升产品的视觉展示效果。
- 店铺页尾：主要展示的内容有“关于快递”“包装物流”“关于售后”等信息，设计尺寸在 950×300 像素内。
- 店铺背景：店铺的背景大致上确立了店铺风格，背景内容包括店铺的背景图片、店铺手机二维码或店铺一些重要的折扣信息等。图 1-8 所示为淘宝网上一个完整的店铺首页。

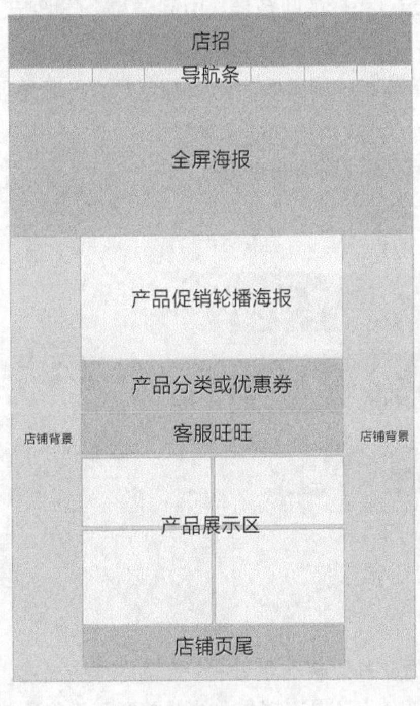

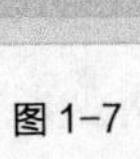

图 1-7

图 1-8

1.1.4 巧用文字变形

无论是商品的详情页还是店铺的首页，都包含文字信息。为了让主题文字更富有艺术感和设计感，就需要美工对主题文字进行设计，在设计过程中要以字体的合理结构为基础，不能影响阅读。通过不同的手法来创作，可打造出更具有表现力的文字造型，如制作立体文字、变形文字和发光文字等，如图 1-9 所示。

图 1-9

1.1.5 应用创意设计

创意设计，是把再简单不过的东西或想法不断延伸的一种表现方式，在美工设计的过程中，在简单文字和图形的基础上再深入简化图形的非重要部分，更精炼化主要部分，可使图形在传达过程中便于记忆。图 1-10 所示为农夫山泉运动盖天然矿泉水的创意设计，其设计中的创意故事便是童话里长白山的春夏秋冬，由英国插画师 Brett Ryder 所绘。

图 1-10

1.2 了解 Photoshop 的基本概念

对美工设计有一定了解后还需要对软件 Photoshop 的一些基本概念有所认识，其中主要包括图像的像素与分辨率、图像的颜色模式、图像的文件格式和位图与矢量图的区别。

1.2.1 像素和分辨率

在 Photoshop 中，一张图像的像素和分辨率决定了图像文件的大小和图像质量。下面分别对其进行介绍。

1. 像素

像素即 pixel，简称 px，是构成位图的基本单位，也是屏幕中最小的点。一张位图由水平及垂直方向上的若干个像素组成，放大后会发现一个个有色彩的小方块（常规是正方形，还有其他形状）。图像中包含的像素越多，包含的信息量就越大，文件便越大，图像的质量也越好。图 1-11 所示为将一张图像放大后看到的像素点。

图 1-11

2. 分辨率

分辨率是用于描述图像文件信息的术语，分辨率常分为图像分辨率和屏幕分辨率。

- 图像分辨率是指每英寸图像内的像素点数，它决定了位图图像细节的精细程度，其单位为像素 / 英寸（ppi）。分辨率越低，像素点就越大，图片质量越低。分辨率越高，像素点就越小，图片也越清晰逼真。
- 屏幕分辨率：屏幕分辨率是显示器屏幕每行的像素点数 × 每列的像素点数，不同的屏幕其分辨率也不同。屏幕分辨率越高，所呈现的色彩越多，清晰度越高。

提示

在 Photoshop CC 中，图像分辨率直接转换成显示器像素，当图像分辨率高于显示器分辨率时，屏幕中显示的图像比实际尺寸大。

1.2.2 图像的颜色模式

Photoshop CC 中提供了多种颜色模式，这些颜色模式正是作品能够在屏幕和印刷品上成功表现的重要保障。常用的颜色模式有 RGB 模式、CMYK 模式，此外，还有其他模式，如 HSB 颜色模式、Lab 颜色模式、位图模式、灰度模式、索引颜色模式、双色调模式和多通道模式等。下面主要对常用的 RGB 模式和 CMYK 模式进行讲解。

- RGB 模式：RGB 模式是工业界的一种颜色标准，通过对红（R）、绿（G）、蓝（B）3 个颜色通道的变化以及它们相互之间的叠加来得到各式各样的颜色，RGB 即代表红、绿、蓝 3 个通道的颜色，这个标准几乎包括了人类视力所能感知的所有颜色，是目前运用最为广泛的颜色系统之一，也是最适于在屏幕上观看的颜色模式，如图 1-12 所示。
- CMYK 模式：CMYK 模式是最佳的打印模式。CMYK 代表印刷上用的四种颜色，C 代表青色（Cyan），M 代表洋红色（Magenta），Y 代表黄色（Yellow），K 代表黑色（Black）。在实际应用中，青色、洋红色和黄色很难叠加形成真正的黑色，因此引入了 K——黑色。黑色的作用是强化暗调，加深暗部色彩，如图 1-13 所示。

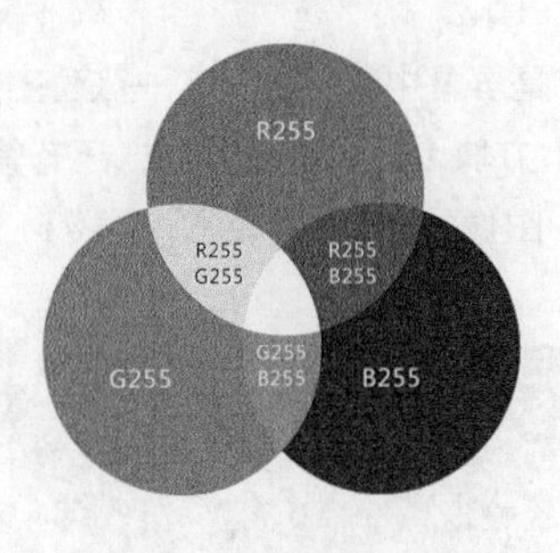

图 1-12

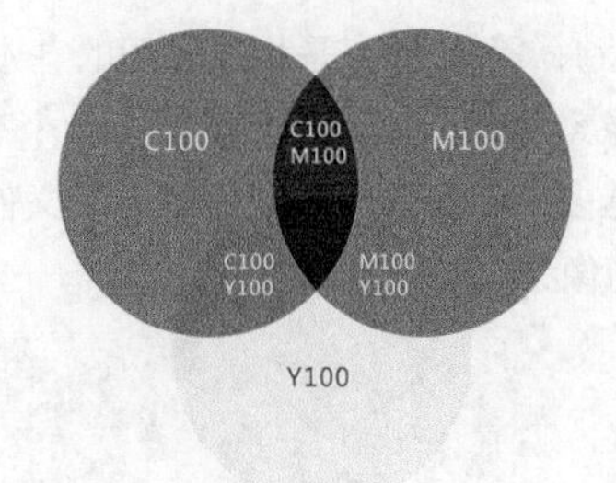

图 1-13

提示

在屏幕上显示的图像一般都用 RGB 模式来表现，而在印刷品上看到的图像一般用 CMYK 模式表现。如书籍、报刊、宣传画等，都采用 CMYK 模式。

1.2.3 文件格式

Photoshop CC 中包含多种文件格式，这些文件格式包括 Photoshop 专用格式，也有可用于程序转换的其他格式，以及一些特殊格式。下面对常用的几种格式进行讲解。

- psd/pdd 格式：psd 格式和 pdd 格式都是 Photoshop CC 自身的专用文件格式，支持从线图到 CMYK 的所有图像类型，但通用性不强。psd 格式和 pdd 格式能保存图像数据的细小部分，如图层、通道等 Photoshop CC 对图形进行处理的信息。这两种文件格式因为包含的细节多，因此存储容量大，占用的磁盘空间较多。
- TIFF 格式：TIFF 格式是标签图像文件格式，TIFF 格式对于色彩通道来说是最有用的格式，具有很强的可移植性，被广泛用于 PC、Macintosh 和 UNIX 这 3 大平台上。用 Photoshop 编辑的 TIFF 文件可以保存路径和图层，非常适合于印刷和输出。
- BMP 格式：BMP 是 Windows 操作系统中的标准图像文件格式，由于 BMP 文件格式是 Windows 环境中交换与图有关的数据的一种标准，因此在 Windows 环境中运行的图形图像软件都支持 BMP 图像格式。存储 BMP 格式的图像文件时，还可以进行无损失压缩，从而节省磁盘空间。
- JPEG 格式：JPEG 格式即 JPG 格式，是 Macintosh 上常用的一种存储格式，该格式是压缩格式中的佼佼者，与 TIFF 格式采用的 LIW 无损失压缩相比，JPEG 格式比例更大，但会损失图像的部分数据。
- EPS 格式：EPS 格式是 Illustrator CC 和 Photoshop CC 之间可交换的文件格式。使用 Illustrator 制作出来的图形一般都存储为 EPS 格式，Photoshop 可以获取这种格式的文件。也可在 Photoshop 中将文件存储为 EPS 文件，然后再在 Illustrator 等软件中使用。

提示

在实际应用中要根据需要选择合适的文件格式，如印刷可选择 TIFF 格式。

1.2.4 位图与矢量图

位图，也称为点阵图，由称作像素的单个点组成。这些点可以进行不同的排列和染色以构成图样。位图与图像的像素和分辨率都有关系，在放大后图像会显示像素块。

矢量图也叫向量图，是一种基于图形的几何特征来描述的图像，矢量文件中的图形元素称为对象。每个对象都是一个自成一体的实体，它具有颜色、形状、轮廓、大小和屏幕位置等属性。矢量图与分辨率无关，可以将其设置为任意大小，且清晰度不会改变，也不会出现锯齿，放大后显示的边缘仍然清晰，如图 1-14 所示。

图 1-14

1.3 认识 Photoshop CC 的工作界面

启动 Photoshop CC 后，任意打开一个图像文件，即可看到 Photoshop CC 的工作界面，其主要由菜单栏、工具箱、属性栏、面板、状态栏和图像窗口组成，如图 1–15 所示。

图 1–15

下面对 Photoshop CC 工作界面中的各个组成部分进行简要介绍。

- 菜单栏：菜单栏包括“文件”“编辑”“图像”“图层”“文字”“选择”“滤镜”“3D”“视图”“窗口”和“帮助”11 个菜单命令。利用这些菜单命令可以完成编辑图像、调整色彩和添加滤镜等效果。
- 工具箱：工具箱中包括多种工具，使用这些工具可以完成对图像的各种编辑操作，工具箱默认位于工作界面的左侧。
- 属性栏：属性栏位于菜单栏的下方，是工具箱中各个工具的功能扩展，通过在属性栏中设置不同的参数，可以快速完成多样化的操作。
- 面板：面板是 Photoshop CC 的重要组成部分，其主要功能是帮助用户查看和编辑图像，默认位于工作界面的右侧。
- 状态栏：状态栏位于工作界面的最下方，主要显示当前打开图像的显示比例、文件大小和当前工具的相关信息。
- 图像窗口：显示当前打开的图像。

1.3.1 工具箱

Photoshop CC 工具箱中包括选择工具、绘图工具、填充工具、编辑工具、颜色选择工具、屏幕视图工具和快速蒙版工具等，如图 1–16 所示。

将鼠标光标移至某个工具的上方，此时会出现一个黄色文本框显示该工具的名称，工具名称后面括号中的字母代表该工具的快捷键，如图 1–17 所示，只要在键盘上按下该字母键，即可快速切换到相应工具。

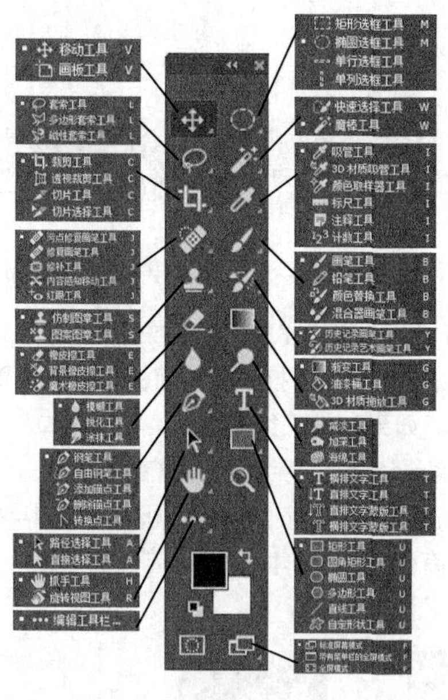

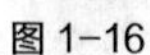

图 1-16

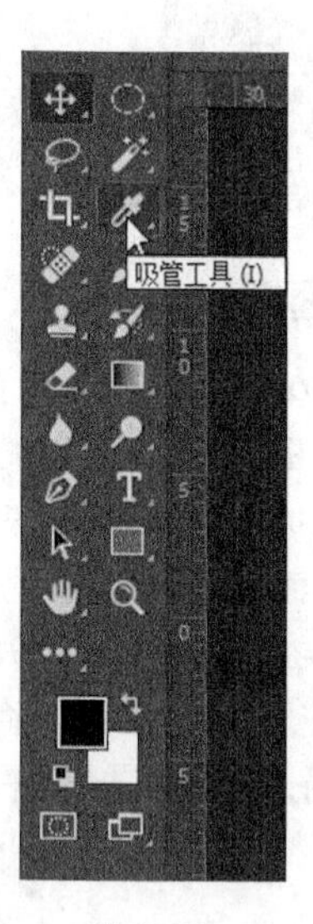

图 1-17

下面对工具箱的相关操作进行介绍。

- 切换工具箱显示状态：可以根据需要将 Photoshop 中的工具箱切换为双栏或单栏，其方法是单击工具箱上方的双箭头图标。
- 显示隐藏的工具：在工具箱中，多数工具的右下角都有一个小三角图标，表示该工具下还有隐藏的工具。在该图标上单击鼠标左键并按住不放，即可显示隐藏的工具，然后将鼠标指针移动到需要的工具选项上，单击即可选择该工具。
- 恢复工具箱的默认设置：要恢复工具的默认设置，可在选择该工具后，在其属性栏中，用鼠标右键单击工具图标，在弹出的快捷菜单中选择“复位工具”命令，如图 1-18 所示。

图 1-18

1.3.2 属性栏

当选择某个工具后，会出现相应的属性栏，在其中可以对该工具的参数属性进行设置。图 1-19 所示为钢笔工具的属性栏和模糊工具的属性栏。

图 1-19

一般来说，要在工具箱中选择相应工具后，才能根据需要在属性栏中进行参数设置，再使用该工具对图像进行编辑和修改。

将鼠标指针移动到属性栏左侧的▌处，按住鼠标左键不放并拖动，可以任意移动属性栏；拖动到工作界面的相应位置，当显示有一条蓝色的线后释放鼠标，可以将其镶嵌在该位置。

1.3.3 面板

面板是 Photoshop CC 中的重要辅助工具，可以帮助用户完成大量的操作任务。

- 打开面板：在工作界面的右侧只显示了一部分面板，要打开其他面板，可以选择“窗口”菜单，在弹出的菜单中选择相应的面板命令即可。如果面板已经被打开，在“窗口”菜单中对应菜单命令前面会显示✔图标，单击带✔图标的菜单命令，会关闭相应的面板。
- 展开和折叠面板：在展开面板的右上角单击▶▶按钮，可以折叠面板，如图 1-20 所示，折叠后的面板会显示为图标，将鼠标指针移动到面板图标上可以显示该面板的名称。同理单击面板右上角的◀◀按钮，可以展开面板。

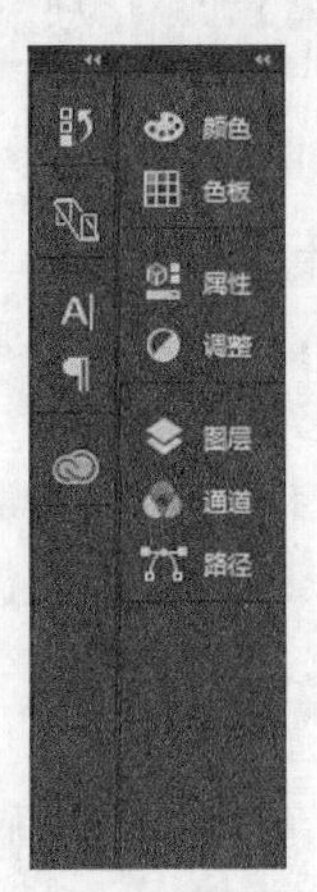

图 1-20

- 分离和合并面板：在 Photoshop 中默认状态下多个面板组合在一起，组成面板组。将鼠标指针移动到某个面板的名称上，按住鼠标左键不放并将其拖动到窗口的其他位置，可以将该面板从面板组中分离出来，如图 1-21 所示；将鼠标指针移动到面板名称上，按住鼠标左键不放并拖动到另一个面板上，当出现蓝色线条时，可以将面板放置在目标面板中，如图 1-22 所示。

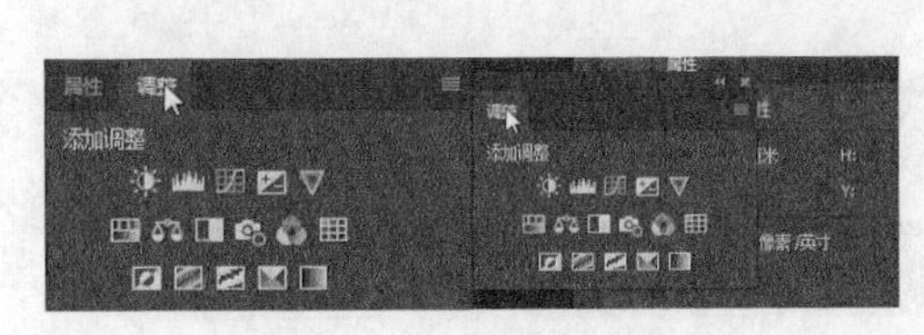

图 1-21

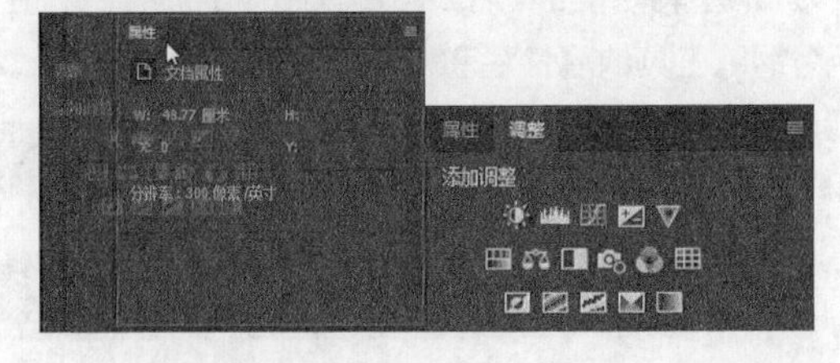

图 1-22

- 关闭面板：单击面板右上角的“关闭”按钮✖，可以关闭该面板。
- 展开面板菜单：单击面板右上方的按钮☰，可以打开该面板的相关命令菜单，这些菜单命令可以提高面板的功能性，如图 1-23 所示。

图 1-23

- 调整面板组大小：将鼠标指针移动到面板组与面板组的相交线上，鼠标指针会变为⇕形状，按住鼠标左键不放并拖动，可以调整面板组的显示大小。
- 显示和隐藏面板：按【Tab】键，可以隐藏工具箱和面板；再次按【Tab】键，可以显示出隐藏的部分。按【Shift+Tab】组合键，可以隐藏面板；再次按【Shift+Tab】组合键，可以显示出部分面板。

按【F5】键显示或隐藏"画笔"面板；按【F6】键显示或隐藏"颜色"面板；按【F7】键显示或隐藏"图层"面板；按【F8】键显示或隐藏"信息"面板；按【Alt+F9】组合键显示或隐藏"动作"面板。

1.3.4 状态栏

在状态栏中的"显示比例"文本框中输入数值后按【Enter】键确认，可以改变图像的显示比例。单击状态栏右侧的〉按钮，在打开的菜单中可以选择状态栏的显示内容，包括显示文档尺寸、暂存盘大小和存储进度等，如图 1-24 所示。

图 1-24

1.4 调整 Photoshop CC 的视图

为了更好地处理图像，Photoshop CC 提供了多种视图显示模式和图像查看工具，下面分别进行讲解。

1.4.1 切换商品图像显示模式

在处理图像的过程中，为了方便操作，可以通过切换图像的显示模式来查看图像。选择“视图 > 屏幕模式”命令，在弹出的菜单中包括三种显示模式。

- 标准屏幕模式：选择“视图 > 屏幕模式 > 标准屏幕模式”命令，将显示默认的标准屏幕模式。
- 带有菜单栏的全屏模式：选择“视图 > 屏幕模式 > 带有菜单栏的全屏模式”命令，将显示带有菜单栏和 50% 灰色的背景，如图 1–25 所示。
- 全屏模式：选择“视图 > 屏幕模式 > 全屏模式”命令，将显示只有黑色背景的全屏窗口，如图 1–26 所示。

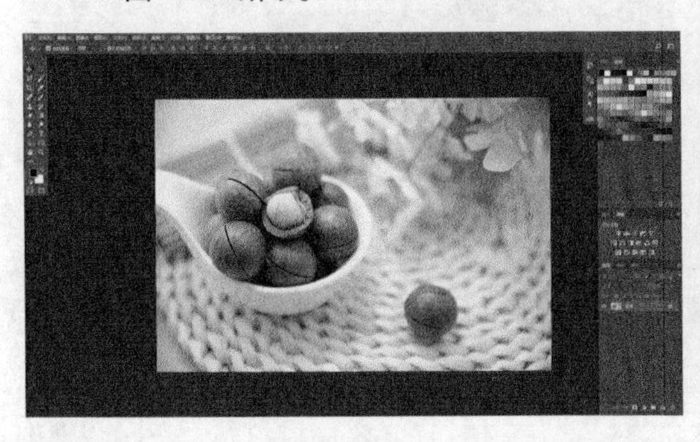

图 1–25

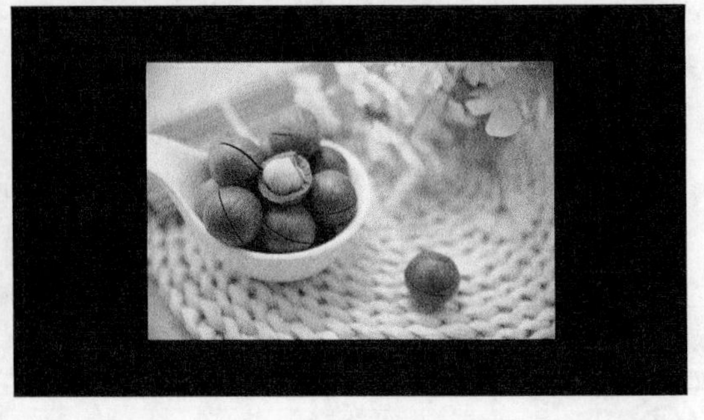

图 1–26

提 示

单击工具箱下方的“更改屏幕模式”按钮，或按【F】键，可在三种显示模式之间进行切换。

1.4.2 调整商品图像显示比例

在处理图像时，通常需要对图像进行放大和缩小操作，除了可以使用状态栏来设置图像的显示比例外，还可使用工具箱中的缩放工具来调整图像的显示大小，选择缩放工具后，鼠标指针变为形状，在图像中每单击一次鼠标，图像就会放大一倍；当图像以 100% 比例显示时，单击一次鼠标，图像会以 200% 的比例显示。按住【Alt】键不放，鼠标指针变为形状，在图像上每单击一次，图像缩小显示一级。图 1–27 所示为缩放工具的属性栏。

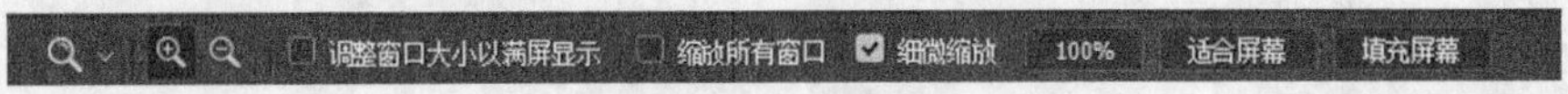

图 1–27

下面我们对主工具栏中的各个工具进行介绍，以便后面应用。

- （放大 / 缩小）按钮：用于切换放大工具和缩小工具，加号表示放大，减号表示缩小。
- 调整窗口大小以满屏显示（调整窗口大小以满屏显示）复选框：选中该复选框后，使用缩放工具调整图像显示大小时，图像窗口将随着图像放大或缩小，从而使图像在窗口中全屏显示。
- 缩放所有窗口（缩放所有窗口）复选框：选中该复选框后，使用缩放工具调整图像显示大小时，会同时缩放所有打开的图像窗口。
- 细微缩放（细微缩放）复选框：选中该复选框后，按住鼠标左键不放并移动，可直接放大或缩小图像；取消选中该复选框时，可在图像上框选出矩形选区，放大选中的图像区域。
- 100%（将当前窗口缩放为 1:1）按钮：单击该按钮，图像将以实际像素比例显示。

- 适合屏幕（将当前窗口缩放为屏幕大小）：单击该按钮，可以将当前图像缩放为适合屏幕的大小，显示图像的所有画面，如图 1-28 所示。
- 填充屏幕（缩放当前窗口以适合屏幕）：单击该按钮，可以将当前图像缩放为屏幕大小，填充整个屏幕，但不一定会显示出图像的所有画面，如图 1-29 所示。

图 1-28

图 1-29

按【Ctrl+-】组合键可缩小图像，按【Ctrl++】组合键可放大图像；在使用其他工具时，按住【Alt】键的同时滚动鼠标滚轮可自由缩放图像。

1.4.3 移动商品图像显示画面

在使用工具编辑处理图像的过程中，若图像显示比例过大，没有显示全部的图像画面时，可以使用抓手工具对图像画面进行移动，查看图像的不同区域。选择工具箱中的抓手工具后，在图像中按住鼠标左键不放并拖动，即可移动图像画面。其属性栏如图 1-30 所示。

图 1-30

在使用其他工具时，按住【Spacebar（空格）】键可快速切换到抓手工具。拖动图像窗口底部和右侧的滚动条，也可以查看图像的显示画面。

1.5 应用辅助工具

为了使文件的制作更加精确，可以使用 Photoshop 中的辅助工具来帮助设计制作。辅助工具主要包括标尺、参考线和网格。

1.5.1 显示商品图像标尺

使用标尺可以在处理图像时精确定位鼠标指针的位置和对图像进行选择，选择“视图 > 标尺”命令或按【Ctrl+R】组合键，可以显示或隐藏标尺，图 1-31 所示为显示出的标尺。

选择“编辑 > 首选项 > 单位与标尺”命令，或在图像窗口中的标尺上双击，打开“首选项”对话框，在此对话框中可对标尺的相关参数进行设置，如图 1-32 所示。

图 1-31

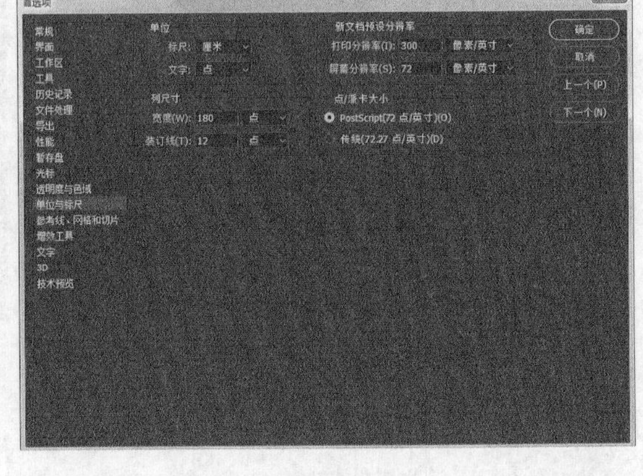

图 1-32

提 示

将鼠标光标定位到 x 和 y 轴的 0 点处，单击鼠标左键不放并拖动，释放鼠标左键后可以将标尺的 x 和 y 轴的 0 点变为鼠标移动后的位置。

1.5.2 编辑商品图像参考线

参考线是浮在图像上不可打印的线，主要用于对图像进行精确定位和对齐，根据设计需要可以添加、移动、删除和锁定参考线等。

- 添加参考线：将鼠标指针移至水平标尺上，按住鼠标左键不放并向下拖动，可以添加水平参考线，如图 1-33 所示，使用同样的方法可添加垂直参考线，如图 1-34 所示。

图 1-33

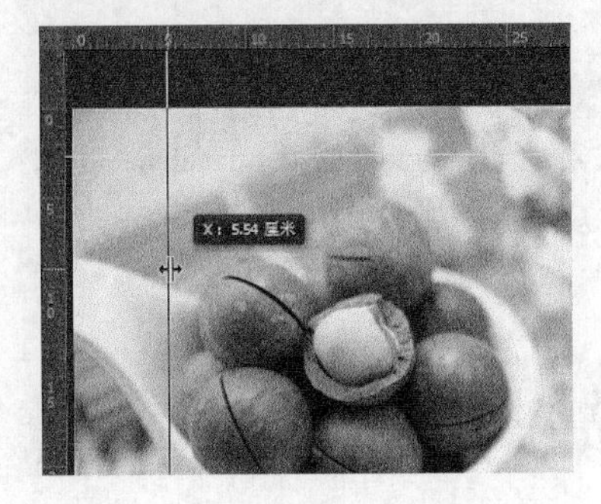

图 1-34

- 显示或隐藏参考线：选择“视图 > 显示 > 参考线”命令，可以显示或隐藏参考线，需要注意的是，此菜单命令只有在已添加参考线的前提下才能应用。

- 移动参考线：选择工具箱中的移动工具，将鼠标指针移至参考线上，当鼠标指针变为↕或↔形状时，按住鼠标左键不放并拖动，可移动参考线，如图 1–35 所示。

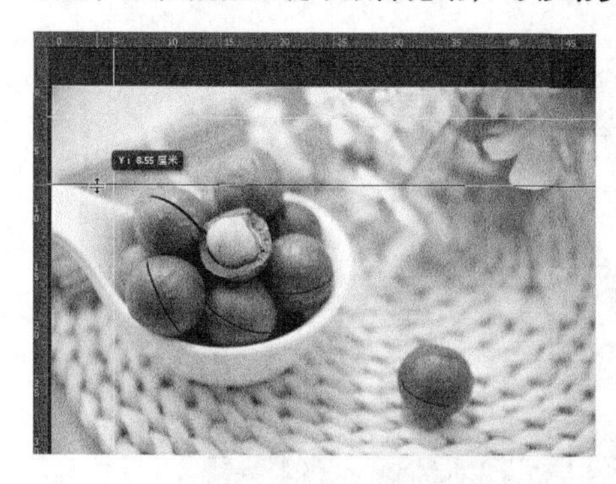

图 1–35

- 清除参考线：当需要删除某一条参考线时，将该参考线拖动至标尺外即可；要删除全部参考线时，可以选择“视图 > 清除参考线”命令。
- 新建参考线：选择“视图 > 新建参考线”命令，打开“新建参考线”对话框，在“取向”栏中选中需要的单选项，然后在“位置”文本框中输入参数，确定后即可在指定位置新建参考线，如图 1–36 所示。

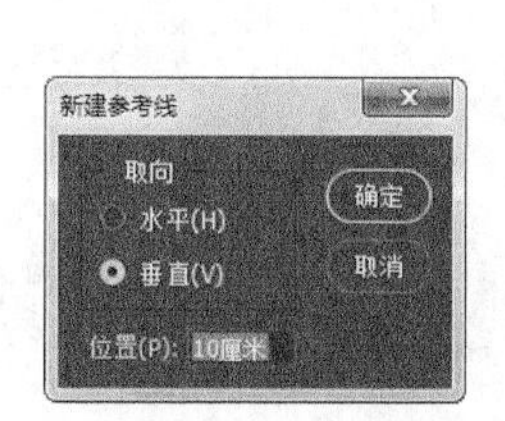

图 1–36

- 锁定参考线：选择“视图 > 锁定参考线”命令，或按【Alt+Ctrl+;】组合键，可以将参考线锁定。

1.5.3 设置网格线

设置网格线可帮助美工在绘制形状等操作时准确定位，选择“视图 > 显示 > 网格”命令，可以显示或隐藏网格，如图 1–37 所示。

图 1–37

选择“编辑 > 首选项 > 参考线、网格和切片”命令，打开“首选项”对话框，在此对话框中可对参考线和网格的相关参数进行设置，如参考线和网格的颜色、线条粗细等，如图 1-38 所示。

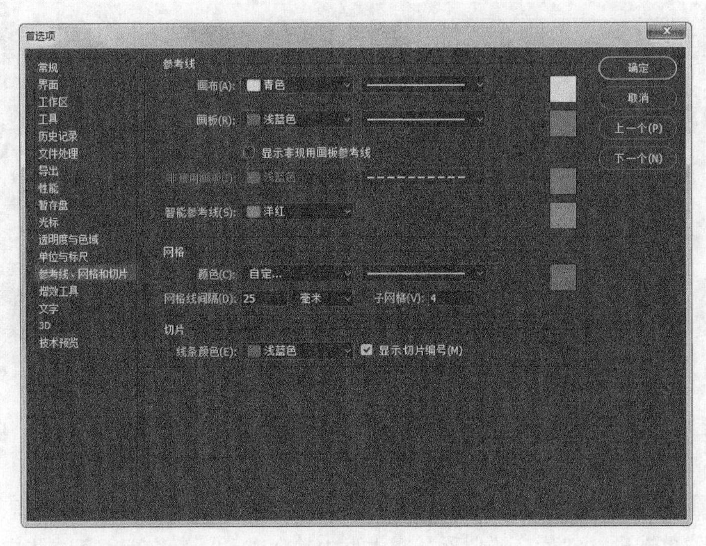

图 1-38

下面我们对对话框中的各个功能进行介绍。

- 参考线：用于设置参考线的颜色和样式等。
- 网格：用于设置网格的颜色、演示、网格线间隔和子网格等。
- 切片：用于设置切片的颜色和显示切片编号。

按【Ctrl+；】组合键，可显示或隐藏参考线；按【Ctrl+'】组合键，可以显示或隐藏网格。

Chapter 2

第2章 美工图像处理基本操作

要想更好地使用Photoshop对图像进行处理，首先需要掌握Photoshop的基本操作。本章将介绍使用Photoshop CC设计商品宝贝图像时要用到的基本操作，包括图像文件的基本操作、编辑商品图像、图层的基本操作。通过本章的学习，读者可快速掌握选区的绘制和各种编辑操作以及设置前景色与背景色等。

课堂学习目标

- 掌握图像文件的基本操作
- 掌握编辑图像的相关操作
- 掌握图层的基本操作
- 掌握前景色和背景色的操作

2.1 图像文件的基本操作

同其他软件一样，在 Photoshop 中新建、打开、保存和关闭图像文件是最基本的操作，掌握这些基本操作是设计和制作图像文件的必要技能。下面将分别介绍这些基本操作的方法。

2.1.1 新建空白图像文件

启动 Photoshop CC 后，会打开一个如图 2-1 所示的“开始”工作区，在其中会显示最近打开的文件，单击 新建... Ctrl+N 按钮（快捷键为【Ctrl+N】组合键）可打开“新建文档”对话框。

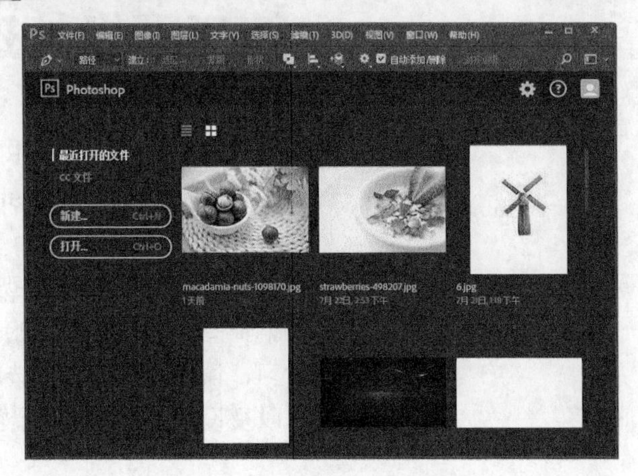

图 2-1

提示

选择“文件>新建”命令也可打开“新建文档”对话框。若要设置不显示“开始”工作区，可单击“开始”工作区右上角的“设置”按钮，会显示隐藏工作区的相关操作。

打开的“新建文档”对话框中可以设置新建图像文件的名称、图像尺寸、分辨率、颜色等，设置完成后单击“创建”按钮 创建 即可新建图像，如图 2-2 所示。

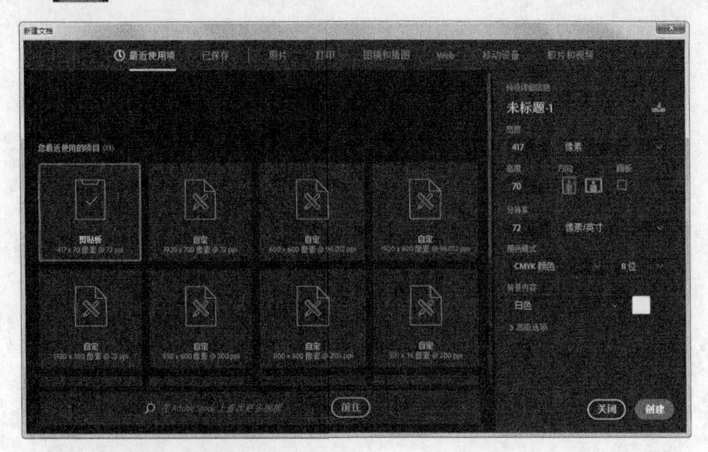

图 2-2

在“新建文档”对话框中，各主要选项的含义如下。

- 选项卡：在对话框上方包含多个选项卡，单击任意选项卡，在左侧列表框中将会显示出相应选项卡的相关内容。
- 预设详细信息：用于设置文件的名称，可以使用默认的文件名，也可输入新的名称。创建文件后，新的名称会显示在图像窗口的标题栏中。
- 宽度、高度和方向：用于设置图像文件的宽度、高度和方向。还可在旁边的下拉列表框中选择一种单位。
- 分辨率：用于设置图像的分辨率大小，旁边的下拉列表框中可以选择分辨率的单位。在图像宽度和高度不变的情况下，分辨率越高图像会越清晰。
- 颜色模式：用于设置图像的颜色模式。
- 背景内容：用于设置新建图像后文档背景的颜色。
- “画板”复选框：选中“画板”复选框，可以新建画板。

画板是 Photoshop CC 的新增功能，该功能能帮助 Web 和 UX（User Experience，用户体验）设计人员简化设计过程。画板可以将任何所含元素的内容剪切到其边界中，画板可以包含图层和图层组，但不能包含画板。

使用工具箱中的画板工具，然后在属性栏中的“大小”下拉列表框中可选择画板类型【目前 UI（User Interface，用户界面）大部分是以 iPhone6 设计的】，如图 2-3 所示，软件会自动根据画面大小创建一个画板，按【Alt】键选中画板并拖动可复制画板。

图 2-3

2.1.2 打开商品图像文件

在编辑图像前，需要先打开图像文件，在“开始”工作区，单击最近打开的文件的缩略图可打开之前打开过的图像文件，或可单击“打开... Ctrl+O”按钮（快捷键为【Ctrl+O】组合键）打开“打开”对话框，如图 2-4 所示。

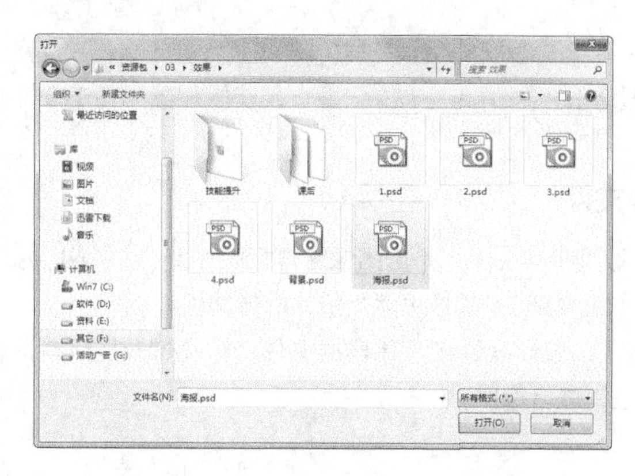

图 2-4

在“打开”对话框中选择需要打开的文件，单击“打开(O)”按钮，或双击要打开的文件，即可打开指定的图像文件。

选择“文件 > 打开”命令也可打开“打开”对话框打开图像文件。启动 Photoshop 后，也可先找到需要打开的文件，直接将其拖动到 Photoshop 中也可打开图像文件。需要注意的是，若 Photoshop 中已有打开的图像文件，拖动时需要将图像拖动到属性栏上，当鼠标指针变为形状时释放鼠标，才会以新的图像窗口打开文件；若是拖动到之前打开的图像里，则会置入图像文件。

2.1.3 保存商品图像文件

编辑完图像后，需要对其进行保存，以便于下次打开继续操作。

选择“文件 > 存储”命令，或按【Ctrl+S】组合键，可以存储文件。当对图像文件进行第一次存储时，选择“文件 > 存储”命令，将打开“另存为”对话框，在其中可以设置文件的存储位置、存储名称和文件格式，单击保存(S)按钮即可存储图像文件，如图 2-5 所示。

图 2-5

对已经存储过的图像文件进行编辑后，按【Ctrl+S】组合键时会直接保存并覆盖之前的文件。若要重新存储该图像文件，可以选择“文件 > 存储为”命令，或按【Shift+Ctrl+S】组合键重新保存图像文件。

2.1.4. 关闭图像文件

将图像文件存储后，可以将其关闭。单击图像窗口标题栏上的“关闭”按钮，或选择“文件 > 关闭”命令（快捷键为【Ctrl+W】组合键），都可关闭当前的图像文件。

关闭图像时，若当前文件被修改过或是新建的文件，则会打开提示对话框，如图 2-6 所示，用户可以根据需要单击相应的按钮进行操作。

图 2-6

2.2 编辑商品图像

对商品图像进行的编辑操作主要包括调整图像尺寸、裁切商品图像、变换商品图像、商品图像的移动和复制，以及图像编辑操作的恢复与还原等，下面分别对这些操作进行讲解。

2.2.1 调整商品图像尺寸

调整商品图像的尺寸主要是指修改图像的大小和画布的大小，这都是通过“图像”菜单中的命令进行调整的。

1. 调整图像尺寸

图像的大小和图像像素以及分辨率有着密切关系，通过调整图像的像素和分辨率大小，可以改变图像的大小。任意打开一个图像文件，选择“图像 > 图像大小”命令，或按【Alt+Ctrl+I】组合键，打开“图像大小”对话框，如图 2-7 所示。

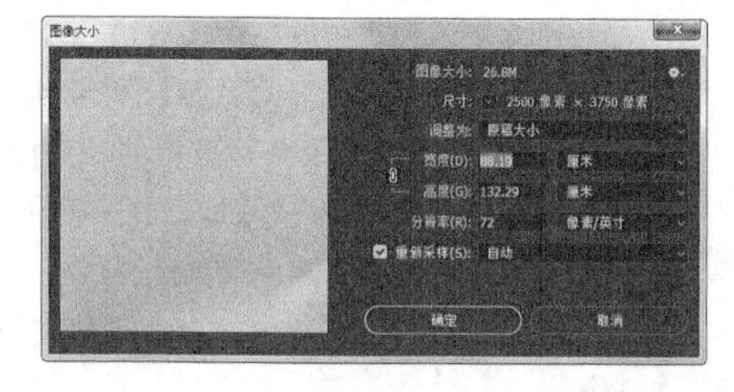

图 2-7

下面对“图像大小”对话框中各个选项含义进行介绍。

- 缩放尺寸：勾选此选项后，图像操作中若添加了图层样式，可在调整大小时自动缩放样式大小。
- 尺寸：显示当前图像文件的尺寸大小，单击右侧的按钮，在打开的菜单命令中可以选择尺寸的单位。
- 调整为：选取预设以调整图像大小。
- 约束比例：单击选中该按钮时，更改宽度和高度的某一项数值时，宽度和高度会成比例同时改变。
- 分辨率：用于更改图像文件的分辨率。
- “重新采样”复选框：取消选中该复选框时，尺寸数值不会改变，“宽度”“高度”和“分辨率”选项左侧会出现按钮，改变数值时 3 个选项会同时改变。

在“调整为”下拉列表框中选择“自动分辨率”选项后，会打开“自动分辨率”对话框，系统将会自动调整图像的分辨率和品质效果。

2. 调整画布尺寸

画布是指绘制和编辑图像的工作区域。选择“图像 > 画布大小”命令，或按【Alt+Ctrl+C】组合键，打开“画布大小”对话框，如图2-8所示。

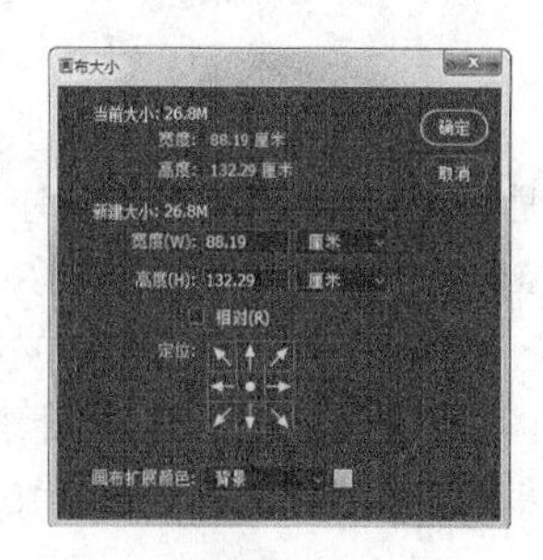

图 2-8

下面对“画布大小”对话框中各个选项的含义进行介绍。

- 当前大小：显示当前画布的大小。
- 新建大小：用于设置新建画布的大小。
- “相对”复选框：选中该复选框，在设置新画布尺寸时，会在现有画布大小上进行增减操作。

- 定位：单击该区域中的方形按钮可以调整图像在新画布中的位置。
- 画布扩展颜色：在该下拉列表框中可以选择画布扩展部分的填充颜色，可以直接单击右侧的色块，在打开的“选择画布扩展颜色”对话框中设置颜色。

2.2.2 商品图像的裁切

为了突出商品，有时需要对商品图像周围多出的区域进行裁切。选中工具箱中的裁剪工具，其属性栏如图 2-9 所示。

图 2-9

下面我们对主工具栏中的各个工具进行介绍，以便后面的应用。

- 比例（选择预设长度比或裁剪尺寸）：用于设置裁剪的比例，包括常见的 1:1、4:5、5:7 等。
- （设置裁剪框的长宽比）：在数值框中输入数值，可以创建固定比例的裁剪框。单击按钮，可以互换裁剪框的宽度和高度值。
- 清除（清除长宽比值）：单击该按钮可以清除输入的裁剪框的数值。
- 拉直（通过在图像上画一条线来拉直该图像）：单击该按钮，可以在图像上画一条线来拉直图像。
- （设置裁剪工具的叠加选项）：单击该按钮，可打开一个下拉菜单，在其中可以选择裁剪工具的视图选项，如图 2-10 所示。
- （设置其他裁剪选项）：单击该按钮，可在打开的下拉菜单中设置裁剪的其他选项，如图 2-11 所示。

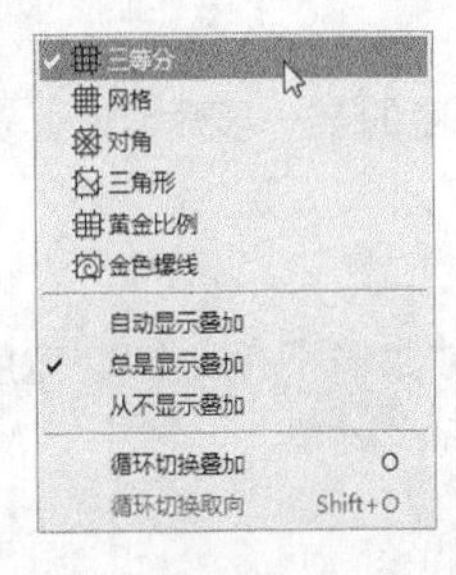

图 2-10

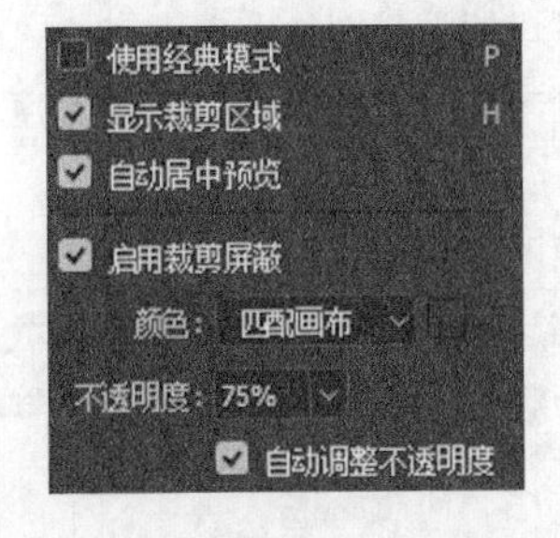

图 2-11

- 删除裁剪的像素（确认是保留还是删除裁剪框外部的像素数据）：选中该复选框，可以删除裁剪框外部的像素数据。
- （裁剪操作按钮）：图像中出现裁剪框时，单击按钮可以复位裁剪框、图像旋转及长宽比的数值；单击按钮可以取消当前的裁剪操作；单击按钮确认当前的裁剪操作（双击鼠标左键或按【Enter】键也可确认当前操作）。

选中工具箱中的裁剪工具，将鼠标指针移动到图像中，单击即可出现一个带有 8 个控制柄的裁剪框，如图 2-12 所示。将鼠标指针移动到控制柄上，当鼠标指针变为、、等形状时，按住鼠标左键不放并拖动可以设置裁剪框的大小，如图 2-13 所示。

将鼠标指针移动到裁剪框外，鼠标指针变为形状时按住鼠标左键不放并拖动可旋转裁剪框，如图 2-14 所示。将鼠标指针移动到裁剪框内，鼠标指针变为形状时按住鼠标左键不放并拖动可移动裁剪框内图像的位置，如图 2-15 所示。

图 2-12

图 2-13

图 2-14

图 2-15

2.2.3 商品图像的变换

在编辑商品图像时，若商品图像的角度、大小不合适，可以通过变换图像来更改。选择“编辑 > 变换”命令，在打开的子菜单中显示了图像的各种变换操作，如图 2-16 所示。

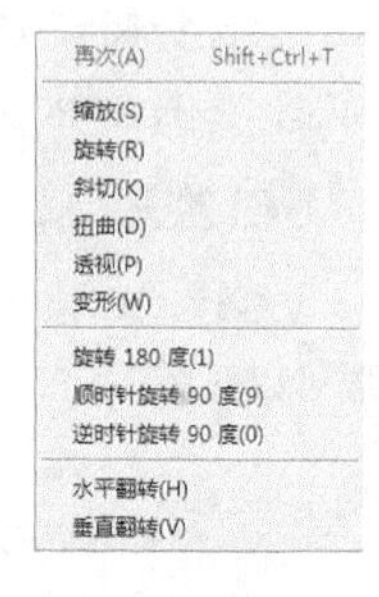

图 2-16

1. 缩放

选择“编辑 > 变换 > 缩放”命令，显示变换控制框，将鼠标移到变换框四个角的控制点上，当鼠标指针变为↗形状时按住鼠标左键不放并拖动，可以对图像进行缩放，如图 2-17 所示。

按住【Shift】键不放并拖动控制点，可以等比例缩放图像；按住【Shift+Alt】组合键，可以从中心等比例缩放图像；完成后按【Enter】键或单击属性栏中的“提交变换”按钮☑即可确认变换操作。

图 2-17

2. 旋转

选择“编辑 > 变换 > 旋转”命令，显示变换控制框，将鼠标指针移到变换框四个角的控制点上，当鼠标指针变为↰形状时按住鼠标左键不放并拖动，可以对图像进行旋转。按住【Shift】键不放并拖动控制点，可以每次旋转 15° 。

3. 斜切

选择“编辑 > 变换 > 斜切”命令，显示变换控制框，将鼠标指针移到变换框外，当鼠标指针变为形状时按住鼠标左键不放并拖动，可以对图像进行斜切，如图 2-18 所示。

4. 扭曲

选择“编辑 > 变换 > 扭曲”命令，显示变换控制框，将鼠标指针移到变换框外，当鼠标指针变为形状时按住鼠标左键不放并拖动，可以对图像进行扭曲，如图 2-19 所示。

图 2-18

图 2-19

5. 透视

选择“编辑 > 变换 > 透视”命令，显示变换控制框，将鼠标指针移到变换框的任意一个角的控制点上，当鼠标指针变为形状时按住鼠标左键不放并拖动，拖动方向上的另一个角点也会随之变换，得到梯形，如图 2-20 所示。

6. 变形

选择“编辑 > 变换 > 变形”命令，会出现一个 3×3 的变形控制框，拖动边框中的任意一个控制点都可以对图像进行变形，如图 2-21 所示。

图 2-20

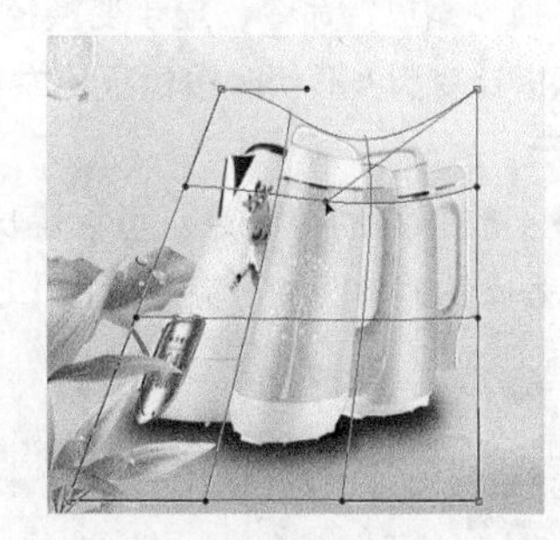

图 2-21

7. 水平翻转和垂直翻转

选择“编辑 > 变换 > 水平翻转”命令，可以对图像进行水平翻转；选择“编辑 > 变换 > 垂直翻转”命令，可以对图像进行垂直翻转。

8. 自由变换

在实际操作中，一个一个去选择相应的菜单命令太麻烦，这时可以使用“自由变换”命令来操作。选择“编辑 > 自由变换”命令，或按【Ctrl+T】组合键来对图像进行变换操作。

在自由变换状态下配合【Ctrl】【Shift】【Alt】键，可以对图像进行缩放、旋转、透视等操作。其中【Ctrl】键控制自由变化；【Shift】键控制方向、角度和等比例放大缩小；【Alt】键控制中心对称。

- 【Alt】键：按【Alt】键，再用鼠标左键单击变形框角点不放并拖动，可得到对角不变的中心对称自由矩形，或者是对边不变的等高或等宽的自由矩形。

- 【Ctrl】键：按【Ctrl】键，用鼠标左键单击变形框角点不放并拖动，可得到对角为直角的自由四边形，或是对边不变的自由平行四边形。
- 【Shift】键：按【Shift】键，再用鼠标左键单击变形框角点不放并拖动，可以等比例放大或缩小图形，若是用鼠标左键在变形框外拖动，可按 15° 增量旋转图形。
- 【Ctrl+Shift】组合键：按【Ctrl+Shift】组合键，用鼠标左键单击变形框角点不放并拖动，可得到对角为直角的直角梯形。若用鼠标左键按住变形框边点，可得到对边不变的等高或等宽的自由平行四边形。
- 【Ctrl+Alt】组合键：按【Ctrl+Alt】键，用鼠标左键单击变形框角点不放并拖动，可得到相邻两角位置不变的中心对称自由平行四边形。
- 【Shift+Alt】组合键：按【Shift+Alt】组合键，用鼠标左键单击变形框角点不放并拖动，可得到中心对称的等比例放大或缩小的矩形。
- 【Ctrl+Shift+Alt】组合键：按【Ctrl+Shift+Alt】组合键，用鼠标左键单击变形框角点不放并拖动，可得到等腰梯形、三角形或等腰三角形。
- 【Esc】键：按【Esc】键，可以退出自由变换状态。

提 示

对于自由变换的快捷键操作，可以在处理图像的实际运用中熟悉各个快捷键所能实现的相关功能。在自由变换状态下，单击鼠标右键，在弹出的快捷菜单中可以选择相关的变换操作命令。

2.2.4 图像编辑操作的恢复与还原

在编辑图像的过程中，难免会出现一些误操作，这时便需要对编辑操作进行撤销或还原。主要可以通过菜单命令和“历史记录”面板来撤销和还原。

1. 使用菜单命令还原操作

选择“编辑 > 还原”命令，可以撤销最近一次的操作；撤销后选择“编辑 > 重做”命令，可以重做刚刚还原的操作。需要注意的是，由于操作的不同，菜单命令中的“还原”和“重做”命令也会不同，如图 2–22 所示。

还原移动(O) Ctrl+Z
前进一步(W) Shift+Ctrl+Z
后退一步(K) Alt+Ctrl+Z

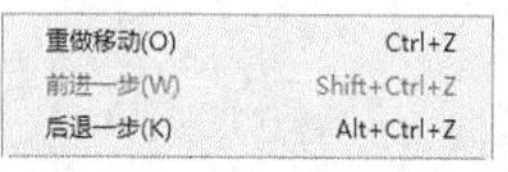

图 2–22

提 示

按【Ctrl+Z】组合键，可在“还原”和“重做”操作之间切换；按【Alt+Ctrl+Z】组合键可后退多步操作；按【Shift+Ctrl+Z】组合键可前进多步操作。

2. 使用“历史记录”面板恢复操作

“历史记录”面板用于记录图像的操作步骤，使用“历史记录”面板可以帮助使用者恢复到之前操作中的任意一步。

打开“历史记录”面板，如图 2-23 所示，其面板中的各个工具具体介绍如下。

图 2-23

- （设置历史记录画笔的源）：当其变为状态时，表示右侧的状态或快照将成为使用历史记录工具或命令的源。
- 产品主图.ps（快照）：无论进行多少操作，单击创建的快照，即可将图像恢复到快照状态。
- 历史记录状态：在其中记录了对图像进行的操作。
- （从当前状态创建新文档）：单击该按钮，将从当前选择的操作步骤的图像状态创建一个新文档，新建的文档会以当前步骤名来命名。
- （创建新快照）：单击该按钮，可以为当前选择的操作步骤创建一个快照。
- （删除当前状态）：单击该按钮，可以删除当前选中的操作及其以后的所有操作。

选择“编辑 > 首选项 > 性能”命令，或按【Ctrl+K】组合键，打开“首选项”对话框，在“性能”选项卡中可以更改存储历史记录的步数，如图 2-24 所示。

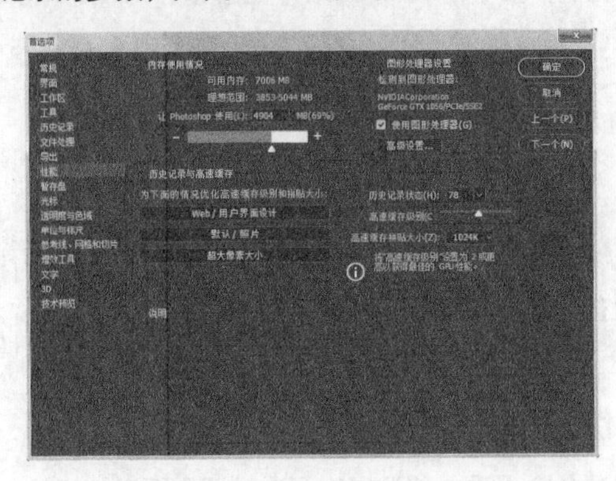

图 2-24

提示

需要注意的是，若回到之前的操作步骤后又进行了新的操作，那“历史记录”面板会自动从选择的操作步骤后记录新的操作。

2.3 图层的基本操作

在设计制作图像文件时，为了方便后期修改，需要掌握图层的基本操作，同时要将每一个元素放在不同的图层里。图层的基本操作包括图层的新建、复制和删除，选择图层和合并图层，以及对齐和分布图层。在这之前需要对“图层”面板中的各个按钮的功能有所了解，如图 2-25 所示。

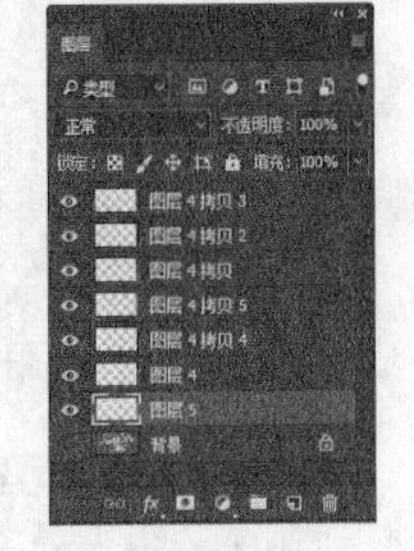

图 2-25

- 类型（选择滤镜类型）：在该下拉列表框中可选择 6 种不同的搜索方式。也可单击右侧的“像素图层过滤器”按钮、“调整图层过滤器”按钮、“文字图层过滤器”按钮、“形状图层过滤器”按钮、“智能对象过滤器”按钮来搜索需要的图层类型。

- 正常（设置图层的混合模式）：用于设置图层的混合模式，共包含 27 种混合模式。
- 不透明度：100%（设置图层总体的不透明度）：用于设置图层的不透明度。
- 填充：100%（设置图层的内部不透明度）：用于设置图层的填充百分比。
- 锁定（锁定工具按钮）：单击“锁定透明像素”按钮可以锁定当前图层中的透明像素，使透明区域不能被编辑；单击“锁定图像像素”按钮可以使当前图层和透明区域不被编辑；单击“锁定位置”按钮可以使当前图层不能被移动；单击“防止在画板内外自动嵌套”按钮可以防止当前图层自动嵌套在画板中；单击“锁定全部”按钮可以使当前图层或序列完全被锁定。
- （图层工具按钮）：“链接图层”按钮可以使选择的图层和当前图层成为一组，当对一个链接图层进行操作时，会影响一组链接图层，再次单击该按钮，可取消链接；“添加图层样式”按钮可以为当前图层添加图层样式；“添加图层蒙版”按钮可以为当前图层添加图层蒙版，在图层蒙版中，黑色表示隐藏图像，白色表示显示图像；“创建新的填充或调整图层”按钮可以对图层进行颜色填充和效果调整；“创建新组”按钮可以新建一个图层组；“创建新图层”按钮可以在当前图层上方新建一个图层；“删除图层”按钮可将选择的图层删除。
- （指示图层可见性）：单击该图标可以显示或隐藏图层。按【Alt】键的同时单击图层左侧的图标，可以只显示该图层，而隐藏其他图层。在图标上单击鼠标右键，在弹出的快捷菜单中还可设置图标颜色。

2.3.1 选择和重命名图层

在对图层进行编辑时，首先需要选中图层，当前处于选中状态的图层称为当前图层。若要在多个图层中快速找到需要的图层，可以对图层进行重命名。

1. 选择图层

在“图层”面板中单击某个图层即可将其选中，选中的图层以灰色底显示。若要选择多个图层，可先选中第一个图层，然后按住【Shift】键不放，单击选择最后一个图层，则可选中两个图层之间的所有图层，如图 2-26 所示；按住【Ctrl】键依次单击图层可选择多个不连续的图层，如图 2-27 所示。

图 2-26

图 2-27

在“图层”面板中“背景”图层下方的空白区域中单击可取消选择图层；选择“选择 > 取消选择图层”命令也可取消选择图层。

在设计制作图像文件时，有时图层太多，在“图层”面板中选择图层太麻烦，可在移动工具的属性栏中单击选中“自动选择”复选框，在后面的下拉列表框中选择“图层”或“图层组”选项，此时在图像窗口中单击相应的图像即可选中该图像所在的图层。

2. 重命名图层

Photoshop 中图层的名称默认是以“图层 1，图层 2……”的顺序进行命名的，但这样不利于操作时分辨图层中的内容，因此，可以将图层的名称更改为更具有辨识意义的名称。

在“图层”面板中双击图层名称，此时图层名称处于可修改状态，如图 2-28 所示；输入新的名称按【Enter】键或在面板空白处单击即可确认修改，如图 2-29 所示。

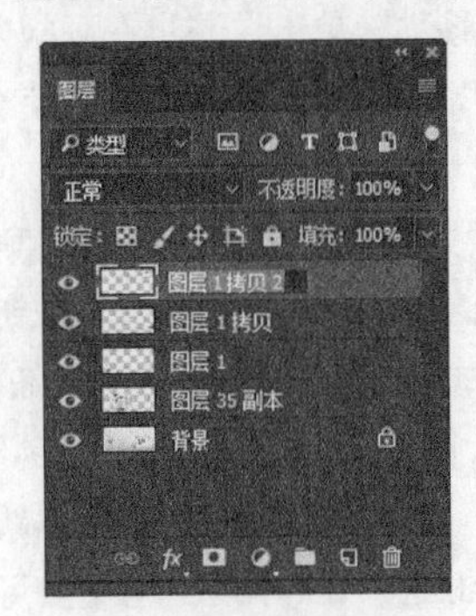

图 2-28

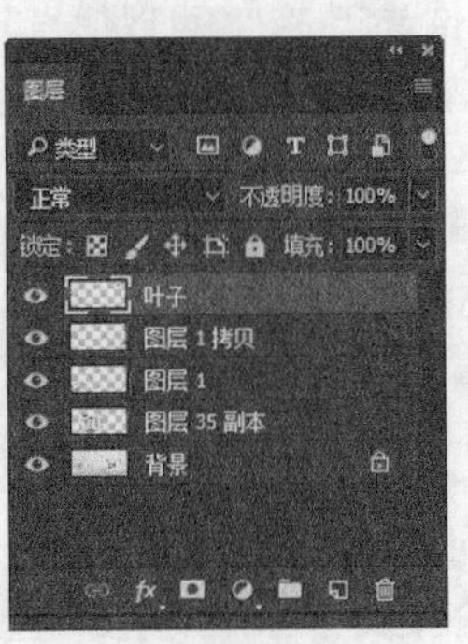

图 2-29

2.3.2 转换“背景”图层与普通图层

在 Photoshop 中新建图像文件时，在“图层”面板中都会有一个“背景”图层，该图层后面有一个图标，表示该图层被锁定，不可编辑。为了操作需要，用户需掌握“背景”图层和普通图层相互转换的操作方法。

双击“背景”图层，打开“新建图层”对话框，在其中可以对图层的名称、颜色、模式和不透明度进行修改，单击 确定 按钮，即可将“背景”图层转换为普通图层，如图 2-30 所示。

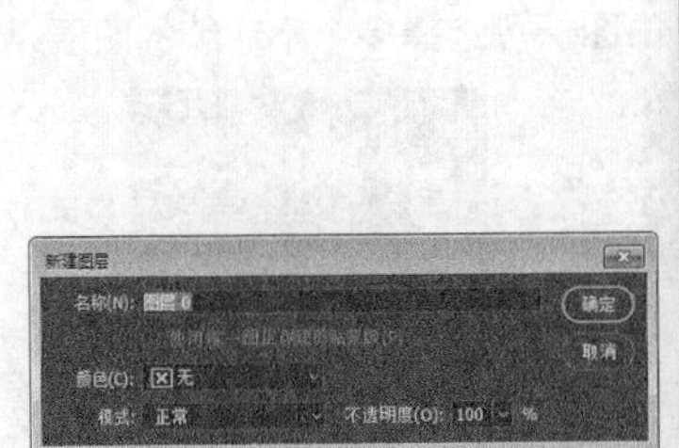

图 2-30

提示

在“图层”面板中也可将普通图层转换为“背景”图层。选择需要转换的图层，选择“图层>新建>图层背景”命令，即可将选择的普通图层转换为“背景”图层。

2.3.3 新建和复制图层

在编辑过程中，若要保留图层不被修改，可利用新建图层和复制图层来辅助操作。新建图层和复制图层的方法都有多种，在操作过程中可根据需要选择效率高的操作方法。

1. 新建图层

下面对新建图层的几种方法进行介绍。

- 单击“图层”面板右上角的按钮，在打开的菜单中选择“新建图层”命令，可以打开如图 2–30 所示的“新建图层”对话框，在对话框中进行设置后单击确定按钮即可。
- 单击“图层”面板下方的“创建新图层”按钮，可以在当前图层上方新建一个图层；按住【Alt】键的同时单击“创建新图层”按钮，可以打开“新建图层”对话框。
- 选择“图层 > 新建 > 图层”命令或按【Shift+Ctrl+N】组合键，也可打开“新建图层”对话框。

2. 复制图层

下面对复制图层的几种方法进行介绍。

- 单击“图层”面板右上角的按钮，在打开的菜单中选择“复制图层”命令，可以打开图 2–31 所示的“复制图层”对话框，其中“为”文本框用于设置复制图层的名称；在“文档”下拉列表框中可选择复制层的文件来源，设置后单击确定按钮即可。

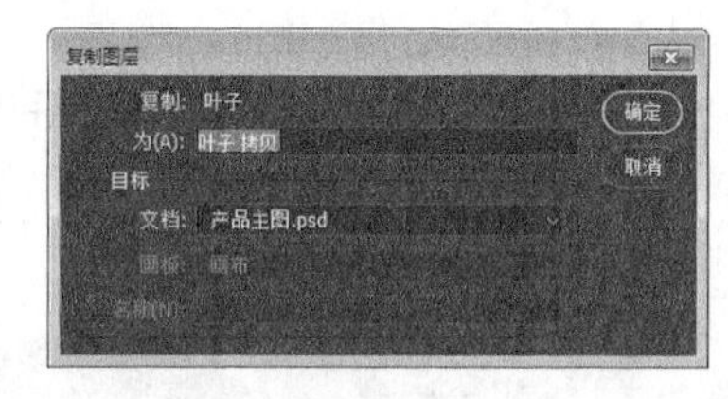

图 2–31

- 将需要复制的图层拖曳到“图层”面板下方的“创建新图层”按钮上，即可复制该图层。
- 选择“图层 > 复制图层”命令也可打开“复制图层”对话框，进行设置即可。
- 在图像窗口中选中图像，按住【Alt】键后鼠标指针变为形状，然后按住鼠标左键不放并拖动可复制一个选中图像的图层，如图 2–32 所示。

图 2–32

2.3.4 栅格化图层

对于文字图层、形状图层和智能对象等包含矢量数据的图层，有时需要先栅格化图层才能进行编辑。栅格化是指将矢量图层转换为位图图层，选中要栅格化的图层，选择“图层 > 栅格化”命令，在打开的子菜单中可选择栅格化的对象，如图 2–33 所示。

若不确定是否需要栅格化图层，可先进行编辑，若需要栅格化才能操作，Photoshop 会提醒用户需要对该图层栅格化后才能继续进行编辑操作，如图 2–34 所示。

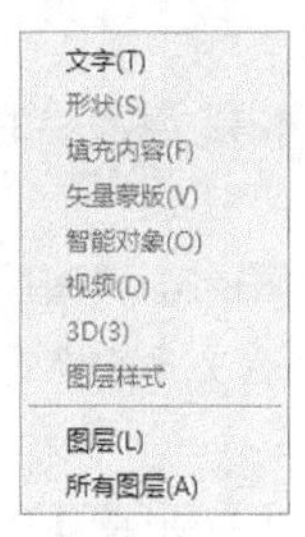

图 2–33

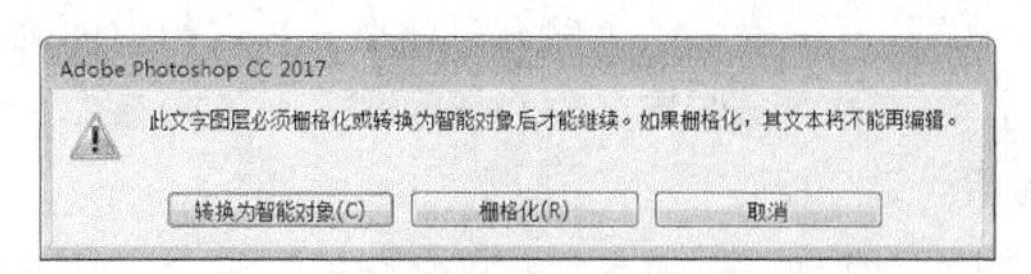

图 2–34

2.3.5 对齐、分布和排列图层

在实际设计时，除了使用参考线、网格等来对齐图像外，还可通过对齐与分布来对齐图像。在对图像进行分布和对齐时，首先要选中这些图像所在的图层或对图层进行链接，然后选择“图层 > 对齐”或“图层 > 分布”菜单中的子命令来进行对齐和分布操作。

除此之外还可通过移动工具属性栏中的按钮来完成对齐和分布操作，如图 2-35 所示。需要注意的是，只有选中两个或两个以上的图层，“对齐”命令才有效；选中 3 个或 3 个以上的图层，“分布”命令才有效。

图 2-35

在“图层”面板中选中图层，按住鼠标左键不放并拖曳鼠标，当出现一条线时，释放鼠标可以将该图层调整到其他图层的上方或下方，如图 2-36 所示。也可选择“图层 > 排列”菜单中的子命令来选择排列方式。

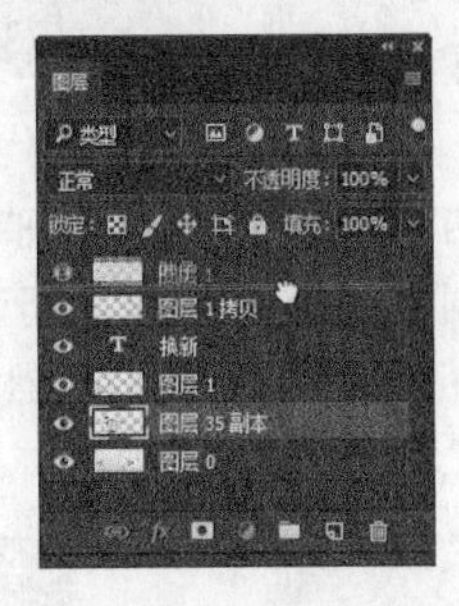

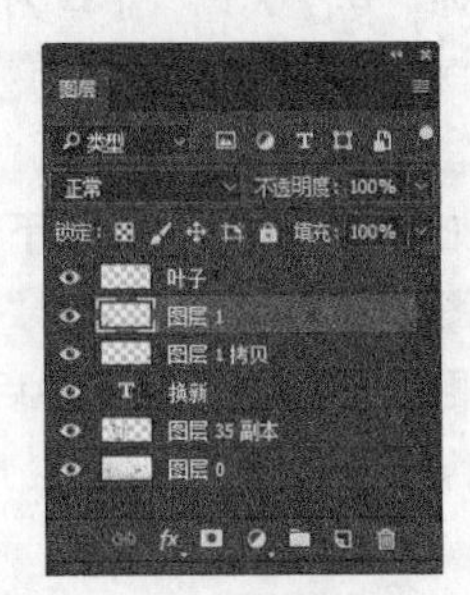

图 2-36

提示

按【Ctrl+[】组合键，可将当前图层向下移动一层；按【Ctrl+]】组合键，可将当前图层向上移动一层；按【Shift+Ctrl+[】组合键，可将当前图层向下移动到除“背景”图层外的所有图层下方；按【Shift+Ctrl+]】组合键，可将当前图层移动到所有图层上方。“背景”图层需要将其转换为普通图层后才能被移动。

2.3.6 合并图层和盖印图层

在 Photoshop 中图层越多，占用的内存和存储空间会越大，因此，为了释放内存和节省磁盘空间，可以对不需要修改的图层进行合并，还可盖印图层以方便查看图像内容。

1. 合并图层

合并图层主要包括向下合并、合并可见图层和拼合图像，使用“图层”菜单中的对应命令可完成这些操作。

- 向下合并：选择“图层 > 向下合并”命令，可以将当前选择的图层与“图层”面板中的下一个图层合并，合并时下一图层必须为显示状态。选择该命令也可合并多个选择的图层，快捷键为【Ctrl+E】组合键。
- 合并可见图层：选择“图层 > 合并可见图层”命令，或按【Shift+Ctrl+E】组合键，可以将当前可见的图层合并，留下隐藏的图层。

- 拼合图像：选择“图层 > 拼合图像”命令，可合并所有图层。

在最终拼合图像时，若“图层”面板中包含有隐藏图层，或打开提示对话框提示用户是否要删除隐藏图层，单击 确定 按钮会扔掉隐藏图层然后拼合图像，单击 取消 按钮将取消合并操作。

2. 盖印图层

盖印图层，是指将多个图层合并到一个新的图层中，其他图层不变。选择要盖印的图层，按【Ctrl+Alt+E】组合键，可以得到一个包含当前所有选择图层内容的新图层，如图 2-37 所示；按【Ctrl+Shift+Alt+E】组合键，可以自动盖印所有可见图层，如图 2-38 所示。

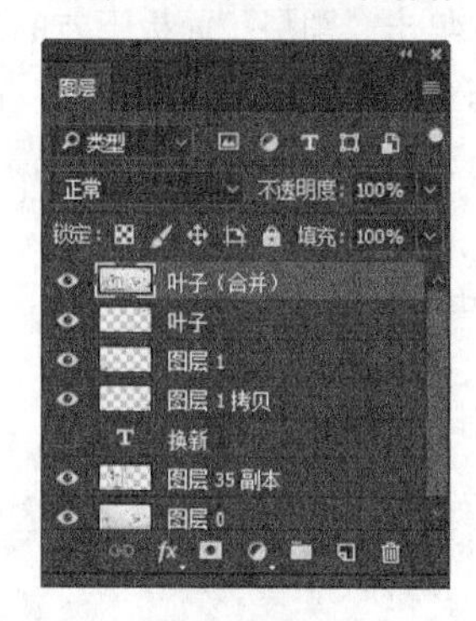

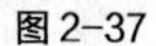

图 2-37

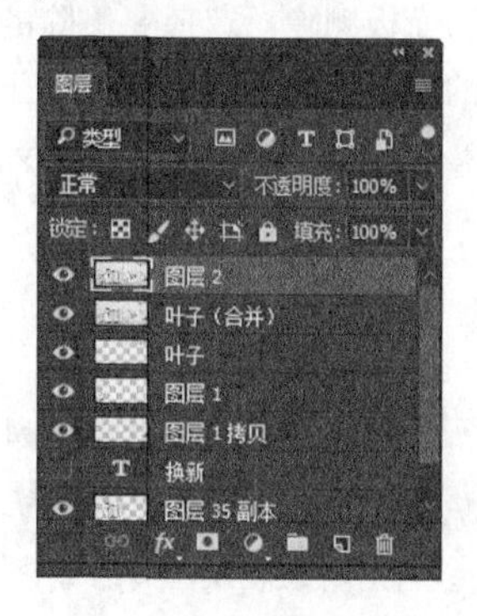

图 2-38

2.3.7 使用图层组管理图层

当图层数量太多时，为了方便管理图层，可以将同一区域的图层放置在图层组中，图层组和大部分操作同图层类似，下面进行具体讲解。

1. 创建图层组

在“图层”面板中单击“创建新组”按钮，或选择“图层 > 新建 > 组”命令，可在当前图层上方新建一个图层组，如图 2-39 所示。双击该图层组也可更改图层组的名称。

选中图层，按住鼠标左键不放将其拖动到图层组上，释放鼠标即可将选择的图层放置到图层组中，组中的图层会向右缩进一段距离进行显示，如图 2-40 所示。

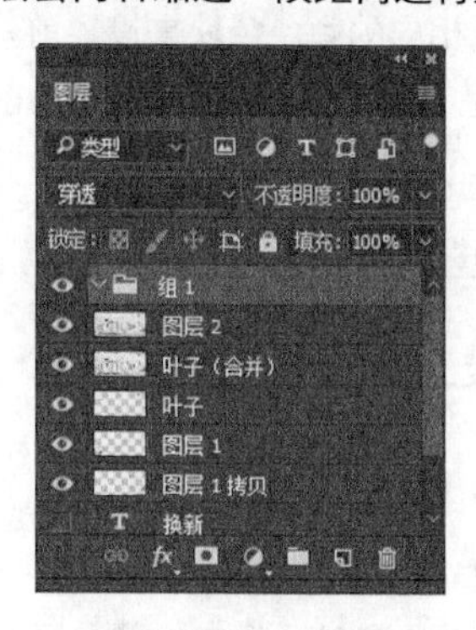

图 2-39

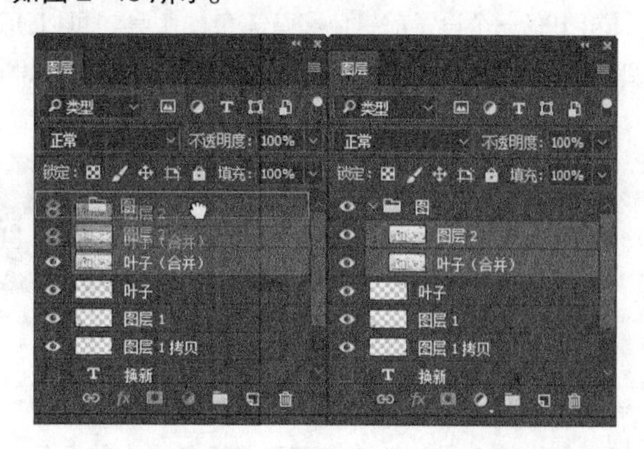

图 2-40

选择图层后，选择“图层 > 新建 > 从图层新建组”命令，或按【Ctrl+G】组合键，可将选择的图层快速放置到一个新的图层组中。

2. 合并组

在图层组上单击鼠标右键，在弹出的快捷菜单中选择“合并组”命令，或按【Ctrl+E】组合键都可将图层组合并为一个图层。

2.3.8 删除图层

删除图层的方法有多种，可以通过“图层”面板、“图层”菜单命令来删除图层，也可在选择图层后按【Delete】键来删除图层。

- 通过“图层”面板删除：选择要删除的图层，单击“图层”面板下方的“删除图层”按钮，或将要删除的图层直接拖曳到该按钮上，都可删除图层；单击“图层”面板右上角的按钮，在打开的菜单中选择“删除图层”命令，再在打开的提示对话框中单击确定按钮也可删除图层。
- 通过“图层”菜单删除：选择图层后，选择“图层 > 删除 > 图层”命令，也可删除图层。

删除图层组的方法和删除图层的方法相同。选择“图层 > 删除 > 隐藏图层”命令，可删除图像文件中所有隐藏图层，但若是隐藏图层中有锁定图层，该菜单命令不可用。

2.4 设置前景色与背景色

在设计制作图像时，颜色的使用决定设计的风格，且 Photoshop 中部分操作都同设置的前景色和背景色有着密切的关系。如使用画笔工具在图像中进行绘画时，使用的是前景色；使用橡皮擦工具擦除背景图层时，使用的是背景色来填充擦除区域。下面具体介绍在 Photoshop 中设置前景色和背景色的多种方法。

2.4.1 使用工具箱中的颜色工具设置前景色和背景色

在工具箱中有一个设置前景色和背景色的工具，可以通过单击相应的颜色色块来设置前景色和背景色，如图 2-41 所示。按【D】键可快速恢复默认的前景色和背景色，按【X】键可快速切换前景色和背景色。

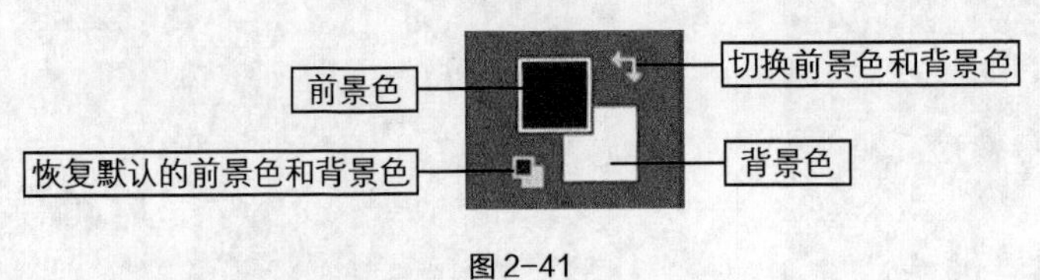

图 2-41

2.4.2 使用“拾色器”对话框设置前景色和背景色

单击工具箱中的前景色色块，打开“拾色器（前景色）”对话框，在对话框中的颜色区域中单击可设置当前颜色，拖动颜色带的三角滑块可以设置颜色的色相。也可直接在色值文本框中输入颜色值来确定颜色，如图 2–42 所示。

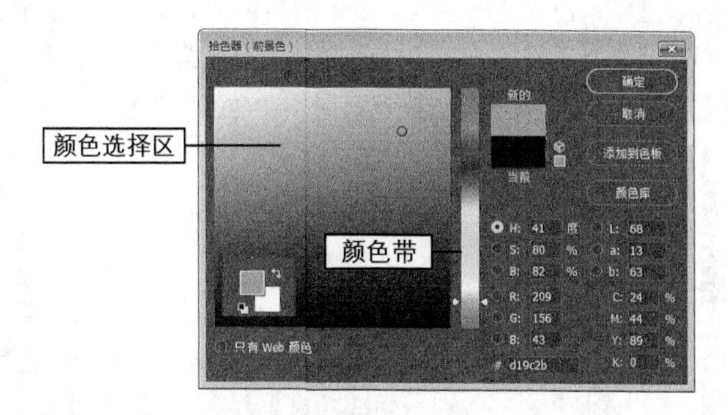

图 2–42

单击工具箱中的背景色色块，打开“拾色器（背景色）”对话框，其设置方法同前景色相同。

选中对话框中的“只有 Web 颜色”复选框，颜色选择区中出现的是供网页使用的颜色，且在 # cc9933 数值框中显示的是网页颜色数值。

2.4.3 使用“颜色”面板设置前景色和背景色

选择“窗口 > 颜色”命令，打开“颜色”面板，在其中单击前景色和背景色色块，通过拖动 R、G、B 颜色带上的滑块即可调整颜色，如图 2–43 所示。

单击面板中的按钮，在打开的菜单中提供了多种颜色显示模式，选择相应的命令后可以在不同的颜色模式中调整颜色，如图 2–44 所示。

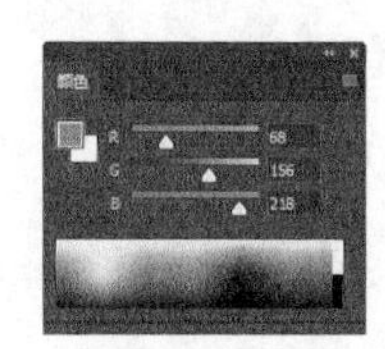

图 2–43

图 2–44

2.4.4 使用吸管工具设置前景色和背景色

在处理图像的过程中，为了保持颜色统一，常会用吸管工具从图像中获取颜色。在工具箱中选择吸管工具，将鼠标指针移到图像窗口中，此时鼠标指针变为形状，在需要取色的位置单击即可吸取该位置的颜色，吸取的颜色即为前景色，如图 2–45 所示。

按住【Alt】键吸取颜色，则吸取的颜色为背景色。

图 2–45

2.4.5 使用“色板”面板设置颜色

在“色板”面板中可以直接单击相应的色块来设置前景色，如图 2-46 所示。

在“色板”面板中将鼠标指针移至空白处，此时鼠标指针变为形状，单击鼠标左键可打开“色板名称”对话框，单击确定按钮可以将当前前景色添加到“色板”面板中，如图 2-47 所示。

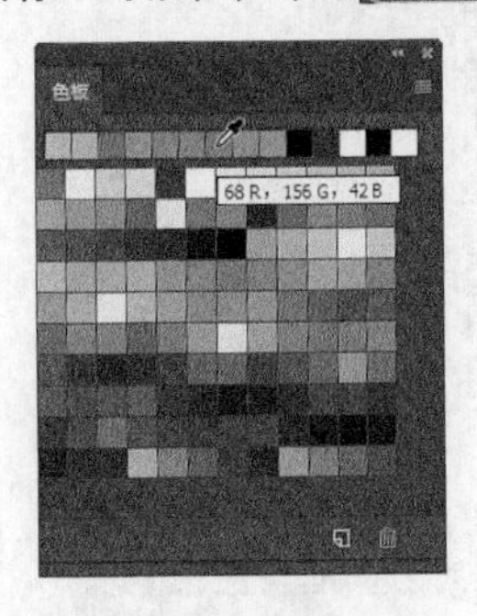

图 2-46

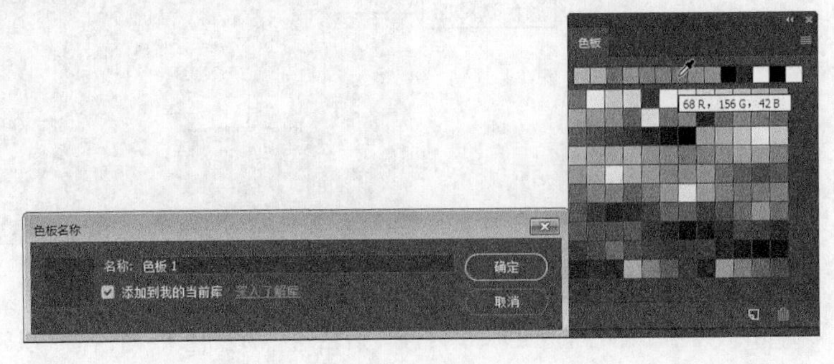

图 2-47

在“色板”面板中，按住【Alt】键的同时单击颜色色块，此时鼠标指针变为形状，单击色块，可删除当前的颜色色标。

2.5 常用快捷键

1. 文件操作

新建图形文件 【Ctrl+N】
用默认设置创建新文件 【Ctrl+Alt+N】
打开已有的图像 【Ctrl+O】
打开为 ... 【Ctrl+Alt+O】
关闭当前图像 【Ctrl+W】
保存当前图像 【Ctrl+S】
另存为 ... 【Ctrl+Shift+S】
存储为 Web 所用格式 【Ctrl+Alt+Shift+S】
页面设置 【Ctrl+Shift+P】
打印 【Ctrl+P】
打开“预置”对话框 【Ctrl+K】

2. 选择

全部选取 【Ctrl+A】
取消选择 【Ctrl+D】
重新选择 【Ctrl+Shift+D】
羽化选择 【Shift+F6】
反向选择 【Ctrl+Shift+I】

路径变选区，数字键盘的	【Ctrl+Enter】
载入选区	【Ctrl】+ 点击图层、路径、通道面板中的缩略图

3. 滤镜

按上次的参数再做一次上次的滤镜	【Ctrl+F】
退去上次所做滤镜的效果	【Ctrl+Shift+F】
重复上次所做的滤镜（可调参数）	【Ctrl+Alt+F】

4. 视图操作

显示彩色通道	【Ctrl+2】
显示单色通道	【Ctrl+ 数字】
以 CMYK 方式预览（开关）	【Ctrl+Y】
放大视图	【Ctrl++】
缩小视图	【Ctrl+–】
满画布显示	【Ctrl+0】
实际像素显示	【Ctrl+Alt+0】
左对齐或顶对齐	【Ctrl+Shift+L】
中对齐	【Ctrl+Shift+C】
右对齐或底对齐	【Ctrl+Shift+R】
左 / 右选择 1 个字符	【Shift+ ←/→】
上 / 下选择 1 行	【Shift+ ↑ / ↓】

5. 编辑操作

还原 / 重做前一步操作	【Ctrl+Z】
还原两步以上操作	【Ctrl+Alt+Z】
重做两步以上操作	【Ctrl+Shift+Z】
剪切选取的图像或路径	【Ctrl+X】或【F2】
复制选取的图像或路径	【Ctrl+C】
合并复制	【Ctrl+Shift+C】
将剪贴板的内容粘到当前图形中	【Ctrl+V】或【F4】
将剪贴板的内容粘到选框中	【Ctrl+Shift+V】
自由变换	【Ctrl+T】
应用自由变换（在自由变换模式下）	【Enter】
从中心或对称点开始变换（在自由变换模式下）	【Alt】
限制（在自由变换模式下）	【Shift】
扭曲（在自由变换模式下）	【Ctrl】
取消变形（在自由变换模式下）	【Esc】
自由变换复制的像素数据	【Ctrl+Shift+T】
再次变换复制的像素数据并建立一个副本	【Ctrl+Shift+Alt+T】
删除选框中的图案或选取的路径	【Delete】
用背景色填充所选区域或整个图层	【Ctrl+BackSpace】或【Ctrl+Delete】
用前景色填充所选区域或整个图层	【Alt+BackSpace】或【Alt+Delete】

弹出“填充”对话框　【Shift+BackSpace】
从历史记录中填充　【Alt+Ctrl+Backspace】

6. 图像调整

调整色阶　【Ctrl+L】
自动调整色阶　【Ctrl+Shift+L】
打开曲线调整对话框　【Ctrl+M】
打开“色彩平衡”对话框　【Ctrl+B】
打开“色相 / 饱和度”对话框　【Ctrl+U】
去色　【Ctrl+Shift+U】
反相　【Ctrl+I】

7. 图层操作

从对话框新建一个图层　【Ctrl+Shift+N】
以默认选项建立一个新的图层　【Ctrl+Alt+Shift+N】
通过复制建立一个图层　【Ctrl+J】
通过剪切建立一个图层　【Ctrl+Shift+J】
与前一图层编组　【Ctrl+G】
取消编组　【Ctrl+Shift+G】
向下合并或合并链接图层　【Ctrl+E】
合并可见图层　【Ctrl+Shift+E】
盖印或盖印链接图层　【Ctrl+Alt+E】
盖印可见图层　【Ctrl+Alt+Shift+E】
将当前层下移一层　【Ctrl+[】
将当前层上移一层　【Ctrl+]】
将当前层移到最下面　【Ctrl+Shift+[】
将当前层移到最上面　【Ctrl+Shift+]】
激活下一个图层　【Alt+[】
激活上一个图层　【Alt+]】
激活底部图层　【Shift+Alt+[】
激活顶部图层　【Shift+Alt+]】

Chapter 3

第3章 选区与移动

本章将介绍使用Photoshop CC的选区进行图像抠取的相关知识，包括使用选区工具、绘制选区和编辑选区等。通过本章的学习，读者可以快速掌握利用选区进行简单抠图的方法，为制作淘宝店铺广告及海报打下基础。

课堂学习目标

- 了解选区的相关工具
- 掌握创建和编辑选区的方法
- 掌握针对不同图像选择抠图工具的方法

3.1 创建选区

为了使商品展示效果更好，很多时候需要进行抠图，也就是把图片中的商品抠取出来，放到其他背景图案中。在 Photoshop CC 中，可以使用选框工具、魔棒工具、套索工具和“选择并遮住”按钮 选择并遮住... 等进行简单抠图。

【课堂案例】店铺宝贝简单抠图

淘宝店铺经常会不定期地举行促销活动，淘宝美工需要根据不同的活动主题制作促销广告，将不同的宝贝图像抠取出来，放到一张活动广告中。而在实际应用时，图像的情况可能比较复杂，需要美工根据实际情况来分析具体应该使用什么工具进行抠图，同一图片中的不同对象，可能需要不同的抠图工具，而同一对象也不一定只局限于某一个工具。

本案例主要制作店铺活动图像，使读者通过学习不同选区工具的抠图方法，掌握如何判断和选择最适合图片的抠图工具。本案例的最终效果如图 3-1 所示（资源包 /03/ 效果 / 店铺宝贝简单抠图）。

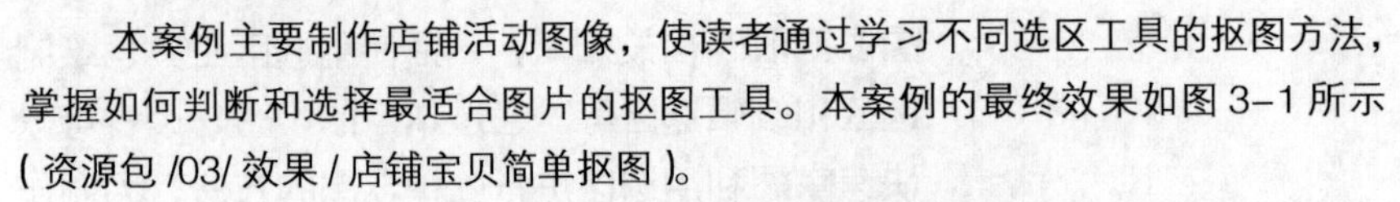

图 3-1

3.1.1 什么是选区

在 Photoshop CC 中若要对图像的局部进行处理，首先需要指定一个有效的编辑处理区域，这个指定的过程称为选取，选取后形成的区域即为选区。

通过选择特定的图像区域，可以对该区域内的图像进行编辑处理，并保持未选定区域不会被改变。如对人物的衣服进行颜色调整，可以利用选区先选中衣服，然后再进行颜色调整；或者利用选区进行抠图，选中需要抠取的图像区域，然后再将其从原图像中分离出来，并置入新的背景中，如图

3–2 所示。

在 Photoshop 中可以创建两种类型的选区：一种是普通选区，普通选区具有明显的边界，使用普通选区选中的图像边界会清晰、准确，如图 3–3 所示；另一种是羽化选区，使用羽化选区选出的图像，其边界会呈现逐渐透明的效果，使图像的边缘看起来不那么生硬，通常在图像合成时会使用羽化来更好地过渡图像，如图 3–4 所示。

图 3–2

图 3–3

图 3–4

通常在进行图像合成时，为了使图像的边缘模糊，可以对其使用羽化操作。在处理图像的过程中，要根据实际情况来确定是否要进行羽化操作。

3.1.2 选区工具

Photoshop CC 的工具箱中提供了 3 个创建选区的工具组，包括选框工具组、套索工具组、魔棒工具组，不同的工具组中又包含多个创建选区的工具，每个工具都有自己不同的特点，适合创建不同类型的选区。除了工具箱中的选区工具外，还可以使用“选择并遮住”功能来抠图。

1. 选框工具组

选框工具组包括矩形选框工具、椭圆选框工具、单行选框工具和单列选框工具，该工具组中的工具操作方法相同，下面具体进行讲解。

在工具箱中选择“选框工具” （快捷键为【Shift+M】），按住鼠标左键不放，然后拖动鼠标，到合适位置释放鼠标即可绘制选区。其对应的工具属性栏状态如图 3-5 所示。

图 3-5

下面对该工具栏中的各个工具进行介绍，以便于后面的应用。

- （新选区）按钮：单击（新选区）按钮，可以去除旧选区，绘制新的选区。如果图像中已经存在了选区，则新建的选区会替换原有的选区。
- （添加到选区）按钮：单击（添加到选区）按钮，绘制的选区将和已有的选区相加从而得到新的选区，如图 3-6 所示。
- （从选区减去）按钮：单击（从选区减去）按钮，将从已有的选区减去绘制的选区得到新的选区，如图 3-7 所示。
- （从选区交叉）按钮：单击（从选区交叉）按钮，绘制的选区和已有的选区相交的部分将成为新的选区，如图 3-8 所示。

图 3-6

图 3-7

图 3-8

- 羽化：0 像素（羽化）：通过设置羽化的数值，可以使创建的选区边缘变得柔和，羽化值越高，边缘越柔和。
- 样式：正常（样式）：在“样式”下拉列表框中可以选择选区的创建方式，包括 3 种方式。选择“正常”选项时，可以通过鼠标创建需要的选区，选区的大小和形状不受限制；选择“固定比例”选项时，可以激活右侧的“宽度”和“高度”文本框 宽度：1 高度：1 ，用于创建固定宽度和高度的选区；选择“固定大小”选项时，可以在右侧的“宽度”和“高度”文本框中输入相应的数值，创建固定的选区。

在绘制选区时，拖动鼠标的同时按住【Shift】键可绘制正方形 / 圆形；按住【Alt】键拖动鼠标，可以让选区以鼠标按下点为中点创建选区；按住【Shift+Alt】组合键，可以以起始点为中心向外拖出正方形 / 圆形选区。若要取消选区，可按【Ctrl+D】组合键，或选择“选择 > 取消选择”命令。

2. 套索工具组

套索工具组包括套索工具、多边形套索工具和磁性套索工具。利用套索工具可以在图像中绘制不规则形状的选区，从而选取不规则形状的图像。

在工具箱中单击“套索工具”按钮（快捷键为【Shift+L】），即可选择对应工具，其工具属性栏如图 3–9 所示。

羽化：0 像素 消除锯齿 选择并遮住...

图 3–9

套索工具的工具属性栏中的大多数工具按钮同选框工具相同，这里不再赘述。其中“消除锯齿”主要用于清除选区边缘的锯齿。套索工具组中的工具用法与此类似，但也有相应的区别，下面具体讲解套索工具组中工具的使用方法。

- （套索工具）：选择该工具后，在图像上拖动鼠标即可绘制选区边界，释放鼠标后，选区会自动闭合形成选区，如图 3–10 所示。

图 3–10

- （多边形套索工具）：多边形套索工具主要用于绘制一些边缘转折明显的选区。选择该工具后，在图像上单击鼠标左键创建选区的起始点，然后拖动鼠标沿需要的轨迹依次单击鼠标左键来创建锚点，回到起始点时，当鼠标指针变为形状时单击鼠标左键即可创建选区，如图 3–11 所示。

图 3–11

提 示

使用多边形套索工具时，按住【Shift】键可以在水平 / 垂直 /45° 方向上绘制直线，按【Delete】键或【Backspace】键可以删除最近绘制的一个锚点。

- （磁性套索工具）：使用磁性套索工具可以自动识别图像对象的边界，其绘制方法同多边形套索工具类似。如果图像对象的边缘较为清晰，且与背景对比明显，则可以使用磁性套索工具来快速选择对象，如图 3–12 所示。

图 3-12

提 示

使用磁性套索工具时，当绘制的边界出现错误，可按【Delete】键或【Backspace】键来删除最近绘制的锚点，然后再继续绘制。按【Caps Lock】键，鼠标光标变为形状，表示该工具能检测到的边缘宽度，按【[】和【]】键，可调整检测宽度。

3. 魔棒工具组

魔棒工具组包括快速选择工具和魔棒工具（快捷键为【Shift+W】）。利用魔棒工具可以在图像中选取某一点，然后将与这一点相同或相近颜色的点自动融于选区中；利用快速选择工具可以通过调整笔尖的大小来快速涂抹绘制选区，选区会自动向外扩展并查找跟随图像中定义的边缘。

在工具箱中选择“快速选择工具”，使用该工具可以像画画一样涂抹出选区。其对应的工具属性栏如图 3-13 所示。

图 3-13

下面对“快速选择工具”的工具栏中的各个工具进行介绍。

- （选区运算）：其功能同前面选框工具组的功能相同，可以绘制新选区，添加到选区，从选区减去。
- （画笔选项）：单击按钮，可在打开的下拉面板中设置笔尖大小、硬度、间距。在绘制的过程中可按【[】和【]】键来调整笔尖大小。
- （对所有图层取样）：可基于所有图层（而不是仅基于当前选择的图层）创建选区。
- （自动增强）：可以减少选区边界的粗糙度和块效应。选中该复选框会自动将选区向图像边缘进一步流动并做一些边缘调整。

在工具箱中选择“魔棒工具”，使用该工具在图像上单击，就可选择与单击点色调相似的选区。其对应的工具属性栏如图 3-14 所示。

图 3-14

下面对“魔棒工具”的工具栏中的各个工具进行介绍。

- 取样大小：取样点（取样大小）：用于设置取样范围。选择“3x3 平均”选项，将会对光标所在位置 3x3 个像素区域内的平均颜色进行取样，其他选项的作用依此类推。
- 容差：32（容差）：容差的值决定了什么样的像素能与鼠标单击点的色调相似，值越高，对像素相似度的要求越低，反之亦然。
- 连续（连续）：选中该复选框时，可只选择颜色连接的区域，如图 3–15 所示。取消选中时，则可选择与鼠标单击点颜色相似的区域，包括没有连接的区域，如图 3–16 所示。

图 3–15　　图 3–16

4.“选择并遮住”面板

选择并遮住功能是 Photoshop CC 2017 中的一个重要功能，对应以前的调整边缘工具。该功能可以对图像进行细化。

选择“选择 > 选择并遮住”命令，或按【Alt+Ctrl+R】组合键打开“选择并遮住…”面板（在选区工具的工具栏中单击“选择并遮住”按钮也可打开该面板），其布局同主界面相似，左侧的工具箱中包括（快速选择工具）、（调整边缘画笔工具）、（画笔工具）、（套索工具）、（抓手工具）、（缩放工具）；上方是工具栏，右侧是属性设置区域，中间是预览操作区，如图 3–17 所示。

图 3–17

下面对“选择并遮住…”工具右侧属性设置区域中的各个工具进行介绍，以便后面的应用。

- 视图模式：用于预览效果，单击“视图模式”栏中的“视图”下拉按钮，在打开的下拉列表框中包括 7 种预览模式——洋葱皮、闪烁虚线、叠加、黑底、白底、黑白和图层。
- 透明度：用于设置视图的透明效果。

- 边缘检测：其中的半径用于设置选区的半径大小，即选区边界内外扩展的范围；选中“智能半径”复选框可以在调整半径参数时更加智能化。
- 全局调整：该栏中包括“平滑”“羽化”“对比度”和“移动边缘”滑块，以及清除选区按钮和反相按钮。其中“平滑”滑块用于设置选区边缘的光滑程度；“羽化”滑块用于调整羽化的参数大小；“对比度”滑块用于设置选区的对比度，对比度数值越大，得到的选区边界越清晰，反之亦然；“移动边缘”滑块向左拖动可以减小百分比值，收缩选区边缘，向右拖动可以增大百分比值，扩展选区边缘。
- 输出设置：在“输出到”下拉列表框中可以选择输出选项；选中“记住设置”复选框可以在下次打开“选择并遮住…”工作面板时保持现有的设置。

3.1.3 使用选框工具组抠图

选框工具主要用于选择一些简单的、形状明确的图像，如圆形、椭圆形、长方形、正方形，以及这些图形的组合图形等，下面使用选框工具组抠取空调的图形，操作步骤如下。

STEP 1 按【Ctrl+O】组合键，打开素材文件“1.jpg”（资源包 /03/ 素材 /1.jpg）。

STEP 2 按【Alt】键不放同时滚动鼠标放大图像，然后选择工具箱中的（椭圆选框工具），在图像上拖动鼠标绘制椭圆选区，如图 3-18 所示。

STEP 3 将鼠标指针移动到选区上，当鼠标指针变为形状时，按住鼠标左键不放同时移动鼠标，将选区移动到合适位置，如图 3-19 所示。

图 3-18

图 3-19

STEP 4 继续使用（椭圆选框工具）在空调的下面绘制椭圆工具，如图 3-20 所示。

STEP 5 选择工具箱中的（矩形选框工具）按钮，单击工具栏中的（添加到选区）按钮，然后缩小图像，在图像上绘制矩形选区，此时选区与之前的椭圆选区相加得到新的选区，如图 3-21 所示。

图 3-20

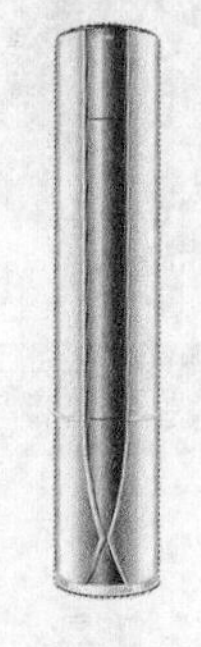

图 3-21

STEP 6 按【Ctrl+J】组合键复制粘贴图层，即可抠出空调图像。

STEP 7 在“图层”面板中单击“背景”图层前面的（指示图层可见性）图标，隐藏背景图层，如图 3–22 所示。

STEP 8 选择“文件 > 存储为”命令，或按【Shift+Ctrl+S】组合键，打开“另存为”对话框，保持默认设置单击 保存(S) 按钮，然后在打开的提示对话框中单击 确定 按钮保存图像，如图 3–23 所示（资源包 /03/ 效果 /1.psd）。

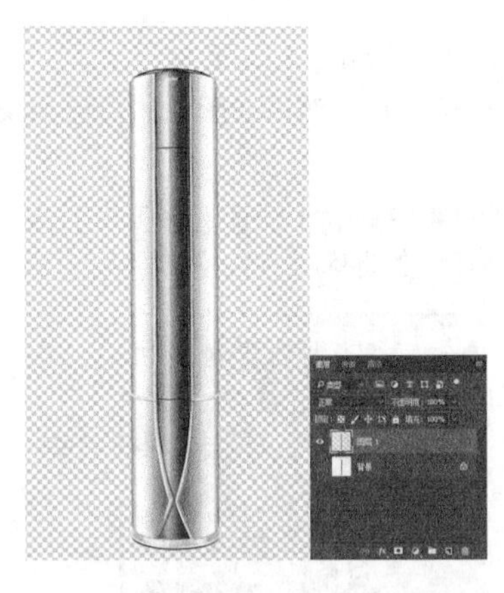

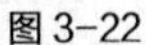

图 3–22

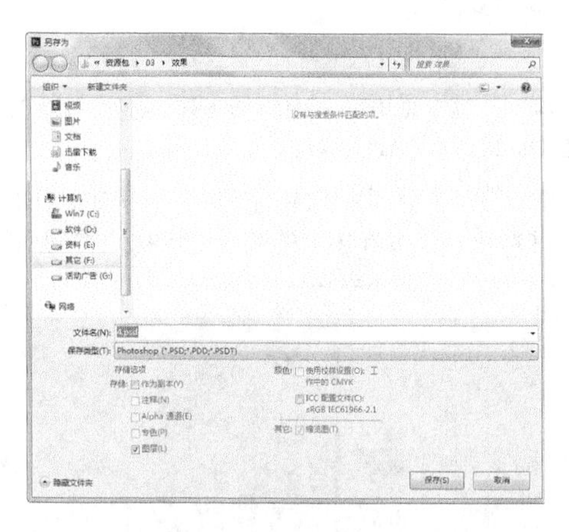

图 3–23

3.1.4 使用磁性套索工具抠图

对于图像简单但形状不规则，或图像边缘清晰且与背景颜色相差较大的宝贝图片，可以使用套索工具来抠图。下面使用磁性套索工具来抠取电视图像，操作步骤如下。

STEP 1 按【Ctrl+O】组合键，打开素材文件“2.jpg”（资源包 /03/ 素材 /2.jpg）。

STEP 2 选择工具箱中的（磁性套索工具），在图像上拖动鼠标绘制选区，在拖动时，如果绘制的选区有误，要随时按【Delete】键来删除调整，如图 3–24 所示。

STEP 3 按【Ctrl+J】组合键复制粘贴图层，抠出图像，如图 3–25 所示。

STEP 4 将抠取出来的电视图像存储到计算机中（资源包 /03/ 效果 /2.psd）。

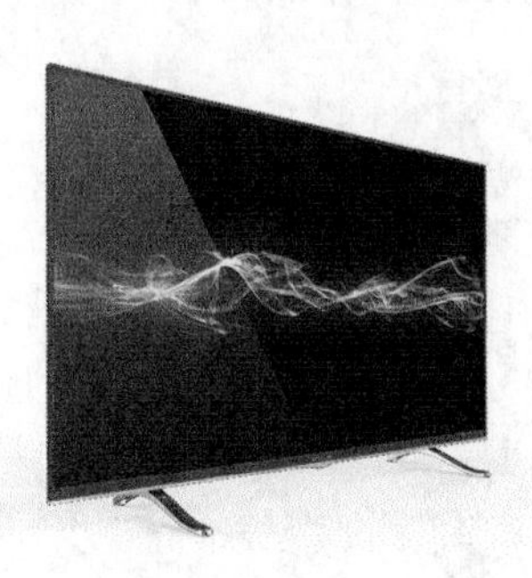

图 3–24

图 3–25

提示

在使用磁性套索工具时，有时图像与背景的对比不明显，可以在绘制选区时在需要的位置单击，手动确定锚点，然后再沿着图像边缘绘制。

3.1.5 使用魔棒工具抠图

魔棒工具抠图主要适用于分界清晰、颜色区分明显的图像。对于颜色复杂，背景颜色单一的图像，可以先使用魔棒工具选择背景，获得背景选区后再反选选区，从而得到选区。下面使用魔棒工具抠取冰箱图像，操作步骤如下。

STEP 1 按【Ctrl+O】组合键，打开素材文件“3.jpg”（资源包/03/素材/3.jpg）。

STEP 2 选择工具箱中的（魔棒工具），设置容差为10，然后在图像的白色背景上单击，得到如图3-26所示的选区。

STEP 3 此时图像中的选区并不确定，因此选择工具箱中的（快速选择工具），在工具栏中设置从选区减去，然后在多余的选区上涂抹，得到如图3-27所示的选区。

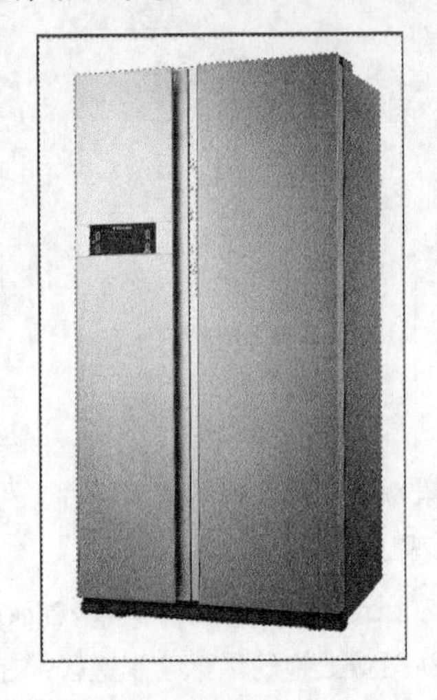

图3-26

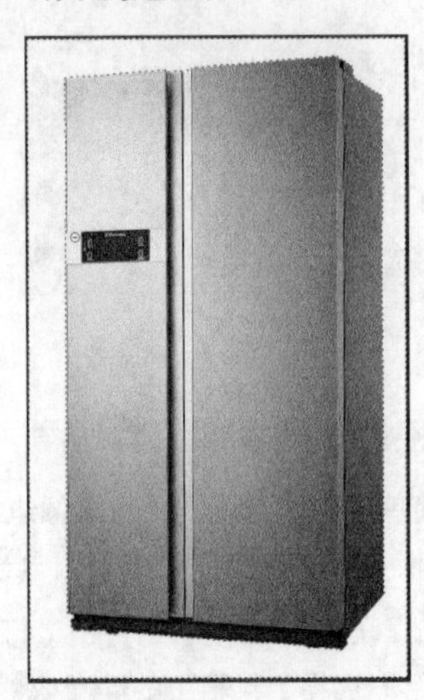

图3-27

STEP 4 按【Ctrl+Shift+I】组合键反选图像，然后按【Ctrl+J】组合键复制粘贴图层，如图3-28所示。将抠取的图像保存在计算机中即可（资源包/03/效果/3.psd）。

图3-28

3.1.6 应用“选择并遮住…”工作面板

“选择并遮住…”功能在抠图应用中使用较广，它适用于大部分图像的抠图，特别是细节多的图像，如模特头发、产品边缘等。下面使用“选择并遮住…”工作面板来抠取图像，操作步骤如下。

STEP 1 打开素材文件“4.jpg”（资源包 /03/ 素材 /4.jpg）。

STEP 2 按【Alt+Ctrl+R】组合键打开“选择并遮住…”工作面板，在左侧的工具箱中选择（快速选择工具）在图像中涂抹，涂抹后的图像覆盖上了另一种颜色，效果如图 3–29 所示。

STEP 3 继续涂抹图像，使洗衣机主体变得清晰，可以在工具栏中调整画笔的大小，效果如图 3–30 所示。

图 3–29

图 3–30

STEP 4 此时的图像细节还不准确，选择不同的视图模式，配合工具箱中的工具再进行图像的抠取，然后设置平滑为 5，羽化为 1，完成后单击确定按钮，效果如图 3–31 所示。

STEP 5 打开素材文件“背景 1.psd”（资源包 /03/ 素材 / 背景 1.psd），将刚刚抠取的图像拖动到素材文件中，并等比例缩放图像，效果如图 3–32 所示。

图 3–31

图 3–32

STEP 6 依次打开前面抠取的其他宝贝图像，并将其拖动到背景文件中，等比例缩放宝贝图像，然后将宝贝图像放置在背景的合适位置中，效果如图 3–33 所示（资源包 /03/ 效果 / 店铺宝贝简单抠图 .psd）。

图 3–33

3.2 编辑选区

制作店铺活动海报需要用到多种宝贝素材，美工除了需要将这些宝贝图像抠取出来外，还要懂得如何对这些图像的大小、位置、展示角度等进行调整处理。所以，为了让抠取的宝贝图像更好地融入背景中，必须掌握对选区进行编辑的方法，包括变换、修改和存储选区等。

【课堂案例】制作淘宝首页海报

淘宝的首页海报是指店铺首页与计算机屏幕等宽的活动海报，全屏大海报宽度是 1920 像素，这个数值来源于 22 寸液晶显示器的宽度，高度可以自行决定。美工在制作淘宝广告时，将创建和编辑选区结合操作，能更快速地制作出需要的图像效果，但也要结合实际情况来判断使用何种选区的编辑操作，如羽化效果是为了让图像融合到背景中，但并不是每个选区都需要使用羽化操作。本案例制作淘宝首页海报，涉及选区的编辑操作，主要包括选区的移动、全选、反选、修改、变换和存储等。

本案例的最终效果如图 3-34 所示（资源包 /03/ 效果 / 端午活动图 .psd）。

图 3-34

3.2.1 调整选区和“色彩范围”对话框

前文介绍了利用选区工具来创建选区的方法，在创建选区的过程中，还需要对选区进行编辑和修改。下面分别进行介绍。

1. 移动选区

创建选区后，选择工具箱中任意一种选区创建工具，然后将鼠标指针移动到选区内，当指针变为形状时按住鼠标左键不放并拖动，即可移动选区。在拖动过程中鼠标指针会变为形状。需要注意的是，移动选区时，其对应工具的属性栏中必须选择（新选区）按钮。

按键盘中的 4 个方向键可轻微移动选区，每按一次可移动 1 个像素的位置；若按住【Shift】键的同时按方向键，则一次可移动 10 个像素的位置。

2. 全选和反选选区

选择“选择 > 全部”命令或按【Ctrl+A】组合键，可以选择画布范围内的所有图像。在图像中创建一个选区，选择“选择 > 反向”命令或按【Ctrl+Shift+I】组合键，可以将选区反向，即取消当前选择的区域，转而选择之前未选择的区域，如图 3-35 所示。

图 3-35

3. 修改选区

选择“选择 > 修改”命令，在弹出的子菜单中包括多种选区的修改命令，如图 3-36 所示。下面分别对这些命令进行讲解。

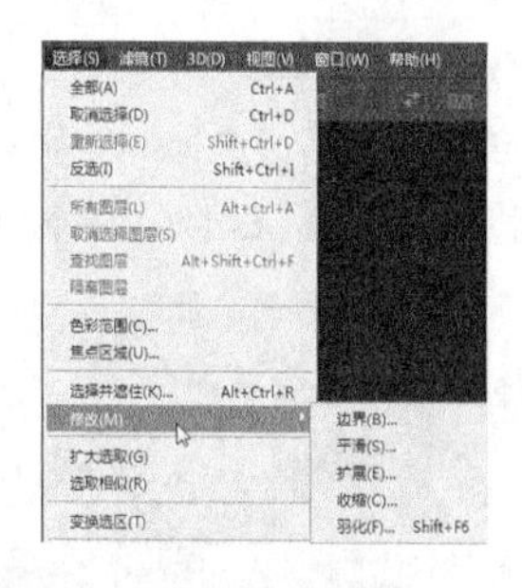

图 3-36

- 边界：创建选区后，选择“选择 > 修改 > 边界”命令，在打开的“边界选区”对话框中设置扩展的数值，可以将选区的边界向内和向外扩展，扩展后的边界与原来的边界形成新的选区。图 3-37 所示为将边界的宽度值设置为 40 像素，原来的选区会向内和向外分别扩展 20 像素。

图 3-37

- 平滑：创建选区后，选择“选择 > 修改 > 平滑”命令，在打开的“平滑选区”对话框中设置“取样半径”的数值，可以让选区变得平滑，图 3-38 所示为数值为 50 时的平滑效果。

图 3-38

- 扩展和收缩：创建选区后，选择“选择 > 修改 > 扩展”命令，在打开的“扩展选区”对话框中设置“扩展量”的数值，可以扩展选区的范围，如图 3-39 所示；创建选区后，选择“选择 > 修改 > 收缩”命令，在打开的“收缩选区”对话框中设置“收缩量”的数值，可以收缩选区的范围，如图 3-40 所示。

图 3-39

图 3-40

- 羽化：创建选区后，选择“选择 > 修改 > 羽化”命令，或按【Shift+F6】组合键，在打开的“羽化”对话框中设置“羽化半径”的数值，可以让选区与选区周围像素之间的过渡更加自然，但是会丢失选区边缘的图像细节。

4. 变换选区

创建选区后，选择“选择 > 变换选区”命令，可以对选区进行移动、旋转和缩放等操作，如图 3-41 所示。完成后按【Enter】键确认或单击工具箱中的☑（提交变换）即可。

图 3-41

提 示

变换选区和自由变换的操作方法相同，只是“变换选区”命令是针对选区进行操作，“自由变换”操作是针对所在图层选中的图像。在缩放选区时，按【Shift】键不放可以等比例缩放选区；按【Shift+Alt】组合键可以以选区中心为原点等比例缩放选区；若要放弃当前的变换操作，可单击工具栏中的⊘（取消变换）按钮。

5. 存储选区

在抠一些复杂图像时需要花费大量时间，有时需要重复使用选区，这就涉及选区的保存。创建选区后，选择“选择 > 存储选区”命令，打开“存储选区”对话框，可以存储当前选区，如图 3-42 所示。

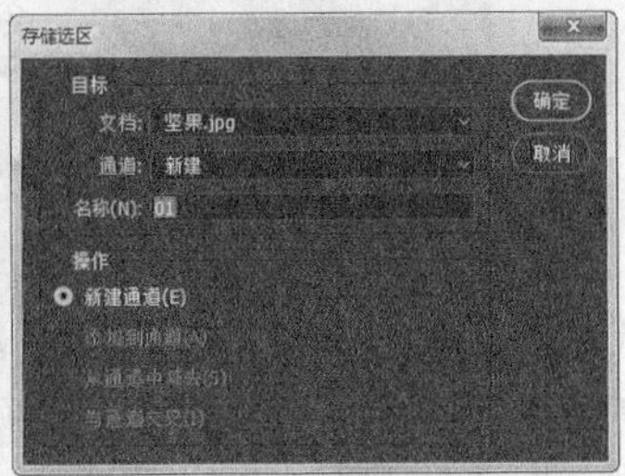

图 3-42

下面我们对“存储选区”对话框中的各个参数进行介绍。

- “文档”下拉列表框：在该下拉列表框中可以选择保存选区的目标文件。默认情况下，选区保存在当前文件中，也可以选择将其保存在一个新建文档中。
- “通道”下拉列表框：在该下拉列表框中可以选择将选区保存到一个新建的通道，或保存到其他 Alpha 通道中。
- “名称”文本框：用于设置存储选区的名称。
- “操作”栏：如果保存的目标文件含有选区，则可以选择在通道中合并选区。“新建通道”单选项可以将当前选区存储在新通道中；“添加新通道”单选项可以将选区添加到目标通道的现有选区中；“从通道中减去”单选项可以从目标通道内的现有选区中减去当前的选区；“与通道交叉”单选项可以从当前选区和目标通道中的现有选区交叉的区域中存储一个选区。

单击“通道”面板底部的（将选区存储为通道）按钮，也可将选区保存在通道中。且在存储文件时，选择 PSB、PSD、PDF 和 TIF 等格式可以保存多个选区。

6. 载入选区

选择“选择 > 载入选区”命令，打开“载入选区”对话框，可以载入之前存储的选区，如图 3-43 所示。此外，按住【Ctrl】键的同时单击“通道”面板中的通道缩略图，也可将选区载入到图像中，如图 3-44 所示。

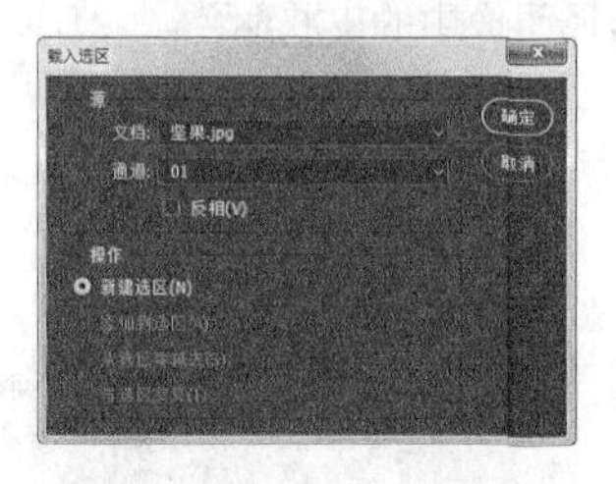

图 3-43

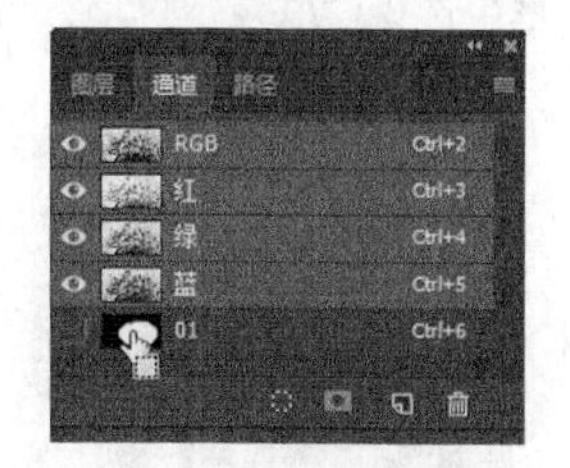

图 3-44

下面我们对“载入选区”对话框中的各个参数进行介绍。

- “文档”下拉列表框：该下拉列表框主要用于选择包含选区的目标文件。
- “通道”下拉列表框：该下拉列表框主要用于选择包含选区的通道。
- “反相”复选框：选中该复选框可以反转选区，相当于载入选区后执行的“反选”命令。
- “操作”栏：如果当前文件含有选区，则可以设置如何载入选区。“新建选区”单选项可以用载入的选区替换当前选区；“添加新选区”单选项可以将载入的选区添加到当前选区中；“从选区中减去”单选项可以从当前选区中减去载入的选区；“与选区交叉”单选项可以得到载入的选区与当前选区交叉的区域。

7. 填充选区

创建选区后，选择“编辑 > 填充”命令，或按【Shift+F5】组合键可打开“填充”对话框，如图 3-45 所示。

下面我们对“填充”对话框中的各个参数进行介绍。

- “内容”栏：用于设置填充的内容，包括前景色、背景色、颜色、内容识别、图案、历史记录、黑色、50% 灰和白色等。

- “模式”下拉列表框：用于设置填充内容的混合模式。
- “不透明度”文本框：用于设置填充内容的不透明度。
- “保留透明区域”复选框：选中该复选框后，只填充图层中包含像素的区域，而透明区域不会被填充。

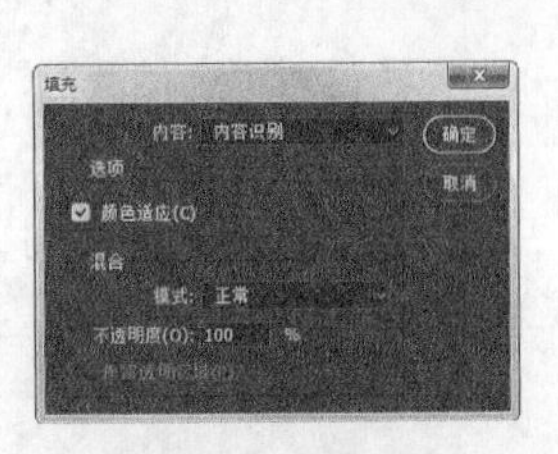

图 3-45

8. 色彩范围

使用“色彩范围”命令可以根据图像的颜色范围来创建选区，打开图像后，选择“选择 > 色彩范围”命令，可打开“色彩范围”对话框，如图 3-46 所示。

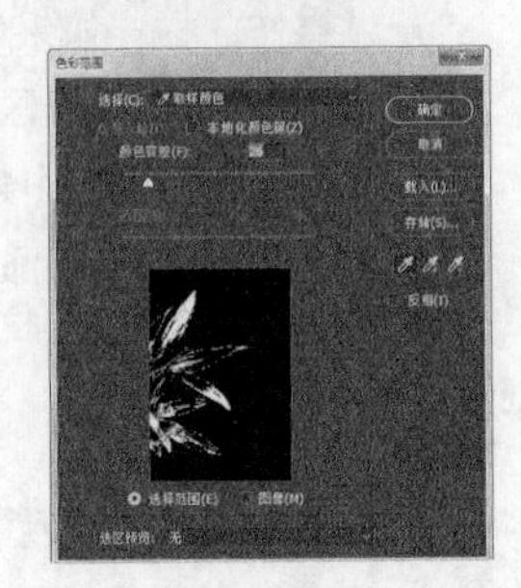

图 3-46

下面我们对“色彩范围”对话框中的各个参数进行介绍。

- 选区预览图：选区预览图下方包含两个单选项，选中“选择范围”单选项时，预览区域的图像中，白色表示被选择的区域，黑色表示未选择的区域，灰色表示被部分选择的区域（带有羽化效果的区域）；而选中“图像”单选项，则预览区域中会显示彩色图像。
- “选择”下拉列表框：用于设置选区的创建方式。选择“取样颜色”选项时，鼠标指针变为形状时，在文档的图像上或在对话框中的预览图像上单击，可对颜色进行取样。在该下拉列表框中选择“红色”“黄色”或“绿色”选项，可选择图像中的指定颜色，如图 3-47 所示；在该下拉列表框中选择“高光”“中间调”或“阴影”选项，可选择图像中的指定色调，如图 3-48 所示；在该下拉列表框中选择“溢色”选项，可选择图像中出现的溢色；在该下拉列表框中选择“肤色”选项，可选择图像中的皮肤颜色。

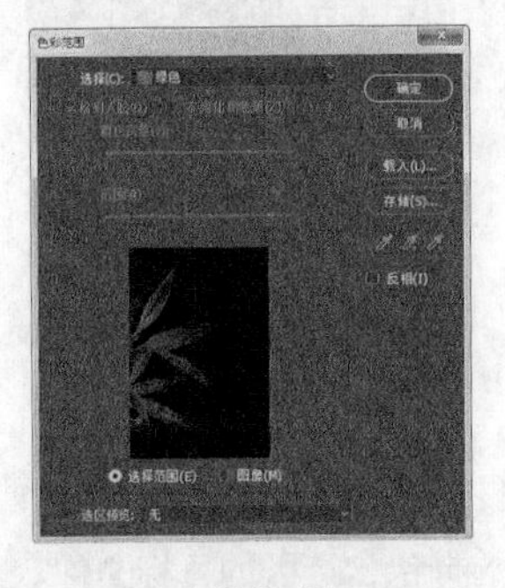

图 3-47

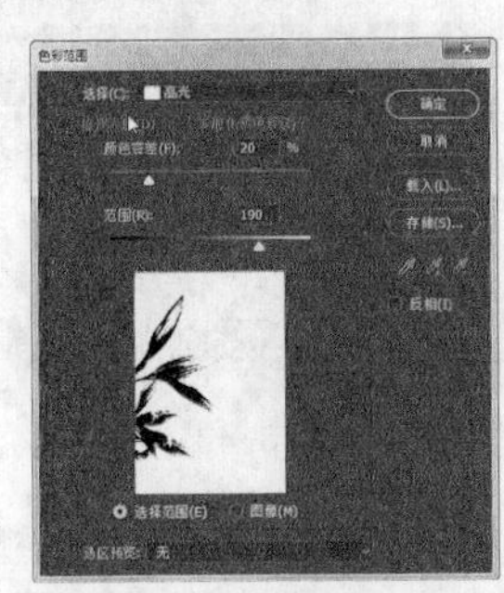

图 3-48

提示

使用取样颜色选择图像时，单击（添加到取样）按钮可添加颜色；单击（从取样中减去）按钮可减去颜色。

- “选区预览”下拉列表框：用于设置文档窗口中选区的预览方式。“无”选项表示不在窗口中显示；“灰度”选项表示可以按照选区在灰度通道中的外观来显示选区；“黑色杂边”选项表示可在未选择区域上覆盖一层黑色；“白色杂边”选项表示可在未选择区域上覆盖一层白色；“快速蒙版”选项表示可显示选区在快速蒙版状态下的效果。
- “检测到人脸”复选框：当选择人像或人物皮肤时，可选中该复选框，以便更准确地选择肤色。
- “本地化颜色簇”复选框：该复选框可配合“范围”滑块使用，选中该复选框时，拖动“范围”滑块可以控制要包含在蒙版中的颜色取样点的最大和最小距离。

- “颜色容差”滑块：该滑块主要用于控制颜色的选择范围，值越高，包含的颜色越广。
- 存储(S)...（存储）/ 载入(L)...（载入）按钮：单击存储(S)...（存储）按钮，可将当前的设置状态保存为选区预设；单击载入(L)...（载入）按钮，可载入存储的选区预设文件。
- “反相”复选框：选中该复选框后可以反转选区。

提示

如果在图像中创建了选区，则“色彩范围”命令只应用于选区中的图像，如果要细调选区，可重复使用该命令。

3.2.2 利用反选和羽化选区操作制作海报背景

在制作海报之前首先需要新建文件，然后再使用羽化选区操作来制作海报背景，操作步骤如下。

STEP 1 新建一个宽度为 1920 像素，高度为 700 像素的文件，将其以“海报 .psd”为名保存。

STEP 2 打开“背景 .jpg”文件（资源包 /03/ 素材 / 背景 2.jpg），使用魔棒工具在白色背景上单击，此时选中的选区不准确，可以结合“选择并遮住…”面板抠图，确定后的效果如图 3-49 所示。

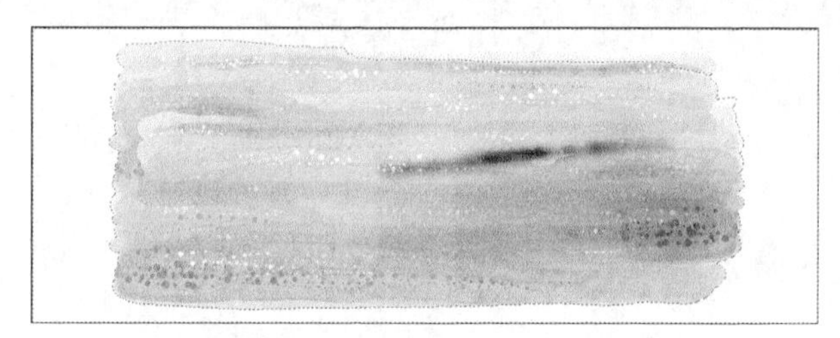

图 3-49

STEP 3 按【Ctrl+Shift+I】组合键反选选区，选中中间的颜色图像，如图 3-50 所示。

STEP 4 按【Shift+F6】组合键，打开“羽化”对话框，设置羽化值为 20，如图 3-51 所示。

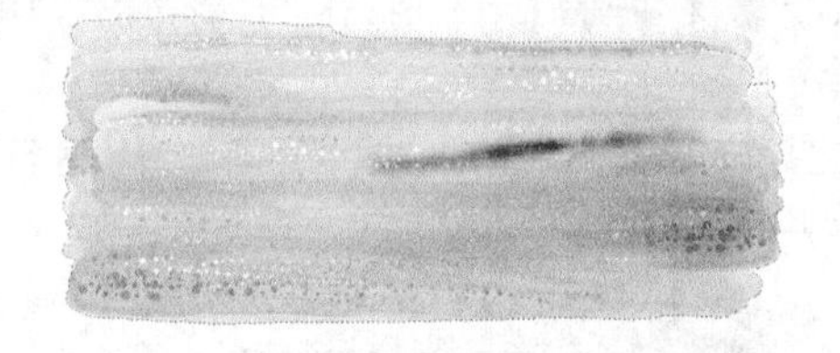

图 3-50

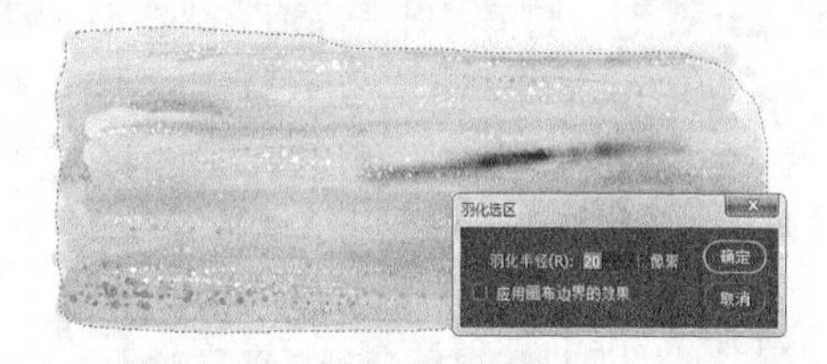

图 3-51

STEP 5 按【Ctrl+J】组合键复制粘贴图层，然后将该图像拖动到新建的“海报 .psd”文件中，并等比例缩放到合适大小，如图 3-52 所示。

图 3-52

STEP 6 打开“7.jpg”文件（资源包 /03/ 素材 /7.jpg），使用相同的方法用魔棒工具设置容差为 40，选取图像，然后设置羽化值为 30，把树的图像抠出来，效果如图 3-53 所示。

STEP 7 将抠出的图像拖动到“海报 .psd”文件中，调整位置和大小，效果如图 3-54 所示。

图 3-53

图 3-54

STEP 8 将“云 .png”（资源包 /03/ 素材 / 云 .png）拖动到“海报 .psd”文件中，调整位置和大小，然后将其放置在背景图层上方，效果如图 3-55 所示。

图 3-55

3.2.3 使用“色彩范围”对话框抠图

下面使用“色彩范围”对话框来抠取图像，操作步骤如下。

STEP 1 打开“叶子 .jpg”图像（资源包 /03/ 素材 / 叶子 .jpg），打开“色彩范围”对话框，在图像上的叶子上单击，设置取样颜色，如图 3-56 所示。

STEP 2 单击（添加到取样）按钮继续在图像上单击，并拖动“颜色容差”滑块进行调整，使对话框中预览区域中的树干叶子都显示为白色，如图 3-57 所示。

图 3-56

图 3-57

STEP 3 单击 确定 按钮后的选区如图 3-58 所示。

STEP 4 设置选区羽化值为 10，按【Ctrl+J】组合键，将抠出的图像拖动到“海报 .psd”文件中，并调整其位置和大小，效果如图 3-59 所示。

图 3-58

图 3-59

提示

在抠取一张图片之前，需要对图片进行观察，然后使用最为方便快捷的方式抠图（本章的某些图片其实可以用更方面的操作来抠取图像，为了提高效率要学会善于观察图片）。

STEP 5 打开“8.jpg”图像（资源包/03/素材/8.jpg），抠取图像并拖动到“海报 .psd”文件中，效果如图 3-60 所示。

图 3-60

STEP 6 将素材文件“文字 .psd”图像（资源包 /03/ 素材文字 .psd）拖曳到“海报 .psd”文件中，调整位置和大小后的效果如图 3-61 所示。

图 3-61

STEP 7 打开“6.jpg”图像（资源包/03/素材/6.jpg），抠取图像并拖动到“海报 .psd”文件中，调整位置和大小。

STEP 8 打开“9.png”图像（资源包/03/素材/9.png），按住【Ctrl】键的同时单击图层缩略图，将其载入选区并羽化选区，然后复制图层，将其拖动到“海报 .psd”文件中，并调整位置和大小，效果如图 3-62 所示。

图 3-62

3.2.4 填充选区

美工在制作一些效果时，为了使其更加逼真立体，通常会为某些图像添加倒影和阴影。下面便使用填充命令为图像绘制阴影效果，使图像看起来更加立体，操作步骤如下。

STEP 1 新建图层，使用套索工具沿图像的下边缘绘制一个选区，并设置羽化值为 20，如图 3-63 所示。

STEP 2 按【D】键恢复默认的前景色和背景色，然后按【Shift+F5】组合键打开“填充”对话框，在其中设置不透明度为 80%，单击确定按钮后的效果如图 3-64 所示。

图 3-63

图 3-64

STEP 3 按【Ctrl+D】组合键取消选区，将该图层放置在产品图层下方，效果如图 3-65 所示。

图 3-65

3.3 技能提升——为书籍绘制阴影

扫一扫
为书籍绘制阴影

本章主要制作了两个淘宝促销广告，并在这两个案例中分别介绍了选区的相关知识，通过本章的学习，读者应掌握以下内容。

（1）常用选区工具有哪些？选框工具、套索工具、魔棒工具等。

（2）如何判断用哪种选区工具抠取宝贝图像？

（3）编辑选区的方法：图像大小、位置、效果、角度等。

完成以上知识点的学习后，下面通过为产品绘制阴影的操作来复习和巩固所学知识，提升技能。操作步骤如下。

STEP 1 打开素材文件“书.psd”（资源包/03/素材/书.psd）。

STEP 2 使用（矩形选框工具）在图像中绘制一个矩形选区，然后变换选区，如图 3-66 所示。

STEP 3 将选区羽化 40 个像素，设置前景色为灰紫色（RGB：118；114；121），在背景图层上新建图层，然后打开“填充”对话框，设置以前景色填充，并设置不透明度为 60%，效果如图 3-67 所示。

图 3-66

图 3-67

STEP 4 取消选区后新建图层，使用相同的方法在书籍的下方也绘制一个相同颜色的阴影，取消选区后的效果如图 3-68 所示。

STEP 5 新建图层，绘制矩形选区并变换选区，设置羽化值为 20 个像素，然后设置填充颜色为灰紫色（RGB：118；114；121），不透明度为 80%，效果如图 3-69 所示。

图 3-68

图 3-69

STEP 6 取消选区后新建图层，使用相同的方法在书籍的下方也绘制一个相同的阴影，取消选区后的效果如图 3-70 所示。

STEP 7 新建图层，使用相同的方法在书籍的左上角的两边绘制一个高光，羽化值为 60，颜色为浅灰（RGB：223；220；225），效果如图 3-71 所示。

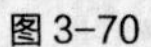
图 3-70

图 3-71

3.4 课后练习

1. 宝贝抠图

打开“宝贝抠图 .jpg”素材文件（资源包 /03/ 素材 / 宝贝抠图 .jpg），使用“色彩范围”对话框将产品主体抠取出来，然后使用选框工具绘制选区，设置羽化值并填充黑色，为其绘制阴影，效果如图 3-72 所示（资源包 /03/ 效果 / 宝贝抠图 .psd）。

图 3-72

2. 产品主图

打开“背景图 .jpg”素材文件（资源包 /03/ 素材 / 背景 3.jpg），将前面抠出的产品图放置在背景中，然后打开“树叶 .jpg”素材文件（资源包 /03/ 素材 / 树叶 .jpg），抠出树叶，拖动到背景图中，复制图层并变换图像，效果如图 3-73 所示（资源包 /03/ 效果 / 产品主图 .psd）。

图 3-73

Photoshop CC

Chapter 4

第4章 路径、图形及文字

本章主要介绍路径的绘制编辑、图形的绘制编辑，以及文字的应用技巧。通过本章的学习，读者可以快速掌握绘制和编辑路径的方法、绘制出系统自带图形的方法，以及为淘宝店铺的装修输入相关文字的方法。

课堂学习目标

- 掌握钢笔工具的使用方法
- 掌握文字的输入与编辑操作
- 掌握图形的绘制方法

4.1 钢笔工具的使用

前面学习了使用各种选区工具来抠图的方法，而在实际应用中，有时拍摄的宝贝照片背景非常复杂，需要使用钢笔工具配合快捷键来快速抠取宝贝图像。

【课堂案例】钢笔复杂抠图

淘宝店铺中商品的详情页面上一般会有几张商品的主图，主图一般包含 4~6 张不同角度的图片，在编辑时淘宝会提示上传 700×700 像素以上的图片，这样在发布后，宝贝详情页的主图才能使用放大镜功能（买家浏览宝贝时将鼠标移动到主图某个区域，会在右边显示放大图片的效果）。主图大小一般在 500K 以内，但也不要压缩得太小，小了图片会丢失细节。

扫一扫
钢笔复杂抠图

本案例主要制作店铺的淘宝主图，使读者通过学习钢笔工具的使用方法，可以精确创建选区，然后抠取复杂图像。本案例的最终效果如图 4-1 所示（资源包/04/ 效果 / 淘宝主图）。

图 4-1

4.1.1 认识“路径”面板

使用钢笔工具和形状工具等绘制的路径都会被保存在“路径”面板中，在其中显示了当前工作路径、存储的路径和当前矢量蒙版的名称及缩略图。因此，在学习使用钢笔工具绘制形状前，需要对“路径”面板中的各个工具有所了解，如图 4-2 所示。

下面介绍“路径”面板中各个工具的含义。

- 路径：表示当前文件中包含的路径。
- 工作路径：表示当前文件中包含的临时路径。若不存储工作路径，后面绘制的新路径会代替原来的工作路径。
- （用前景色填充路径）：单击该按钮，可以用当前的前景色填充路径。
- （用画笔描边路径）：单击该按钮，可以用画笔工具和设置的前景色描边路径。
- （将路径作为选区载入）：单击该按钮，可以将路径转换为选区。
- （将选区生成工作路径）：单击该按钮，可以将选区转换为路径。
- （添加矢量蒙版）：单击该按钮，可以从当前路径创建矢量蒙版。
- （创建新路径）：单击该按钮，可以创建新的路径。
- （删除当前路径）：单击该按钮，可以删除选择的路径。

单击“路径”面板右上角的按钮，也可从打开的菜单中选择路径的相关操作命令，如图 4-3 所示。

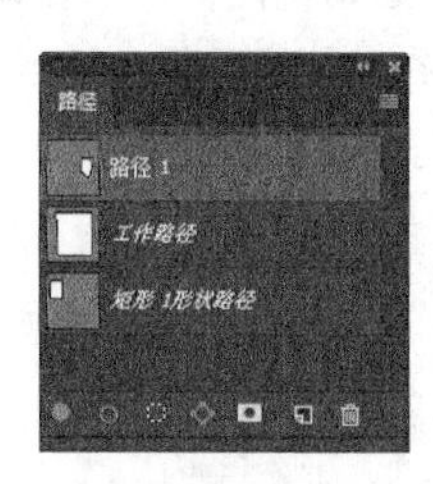

图 4-2

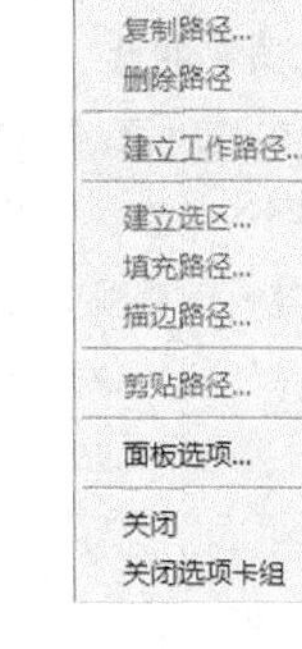

图 4-3

4.1.2 认识钢笔工具及其基本使用方法

钢笔工具是路径绘制的基本工具，使用钢笔工具可以绘制各种各样的路径。下面对钢笔工具的使用方法和路径的编辑进行具体讲解。

1. 认识钢笔工具组

钢笔工具组包括钢笔工具、自由钢笔工具、添加锚点工具、删除锚点工具和转换点工具，其中钢笔工具和自由钢笔工具的属性栏相同，其他 3 个工具没有对应的属性栏。

在工具箱中选择钢笔工具（快捷键为【Shift+P】），其对应的工具属性栏如图 4-4 所示。

图 4-4

下面对属性栏中的各个工具进行介绍，以便于后面的应用。

- （选择工具模式）：该下拉列表框用于选择钢笔工具的工具模式，包括“形状”“路径”和“像素”3 个选项。
- （建立选区）：单击该按钮，可以建立选区，并可设置选区的羽化半径。
- （新建矢量蒙版）：单击该按钮，可以新建矢量蒙版。
- （新建形状图层）：单击该按钮，可以新建形状图层。
- （路径操作）：单击该按钮，可以选择路径的操作模式，包括“新建图层”“合并形状”“减去顶层形状”“与形状区域相交”“排除重叠形状”和“合并形状组件”6 种操作模式。
- （路径对齐方式）：单击该按钮，可以选择路径的对齐方式。
- （路径排列方式）：单击该按钮，可以选择“将形状置为顶层”“将形状前移一层”“将形状后移一层”和“将形状置为底层”4 种路径排列方式。
- （绘制时显示路径外延）：单击该按钮，选中“橡皮带”复选框可以在绘制路径时显示路径的外延。
- （当位于路径上时自动添加或删除锚点）：选中该复选框，可以在绘制路径时单击锚点来删除该锚点，在线段上单击添加锚点，如图 4-5 所示。

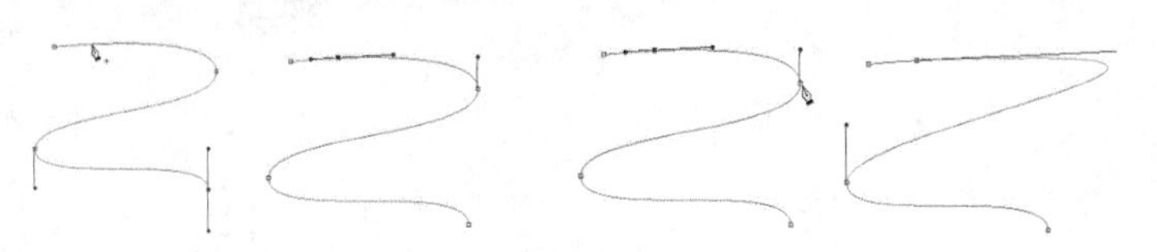

图 4-5

2. 绘制路径

路径的绘制主要是绘制直线和绘制曲线，下面分别进行介绍。

- 绘制直线：选择钢笔工具在绘制区域单击确定起始锚点，然后移动鼠标指针到下一个位置单击创建第一个锚点，即可得到一条直线，再继续在其他位置单击确定其他锚点，最后将鼠标指针移动到起始锚点位置处，当鼠标指针变为形状时单击鼠标左键，即可闭合路径，如图 4-6 所示。

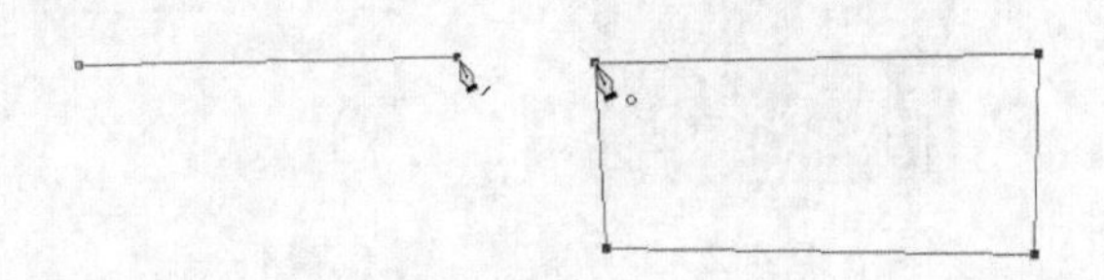

图 4-6

- 绘制曲线：使用钢笔工具单击确定起始锚点，并按住鼠标左键不放拖动鼠标，确定要创建的曲线段斜度，继续使用钢笔工具在其他位置单击并按住鼠标左键不放拖动鼠标，确定第二个曲线锚点的位置和角度，完成绘制后闭合路径即可，如图 4-7 所示。

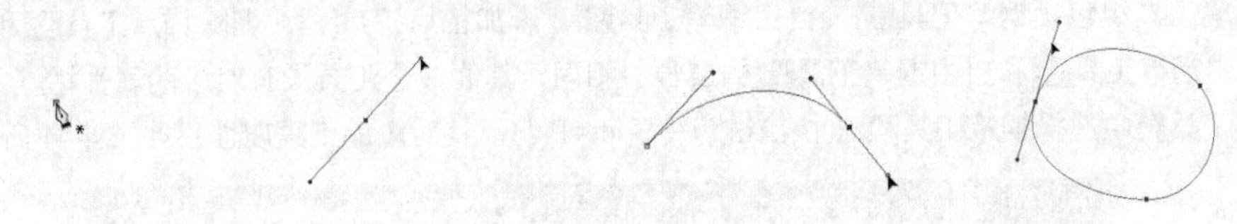

图 4-7

在绘制路径时，按住【Shift】键可绘制水平或垂直的直线路径。按住【Alt】键并使用钢笔工具单击刚刚创建的锚点，可将该锚点转换为直线锚点，可在曲线路径中绘制直线路径。

3. 选择和移动路径

路径的选择和移动主要通过路径选择工具和直接选择工具来完成，下面分别进行讲解。

- 路径选择工具：选择工具箱中的路径选择工具，在路径的任意位置上单击即可选择路径，选择后的路径锚点以黑色实心显示，拖动选择的路径可移动路径，移动过程中按住【Alt】键则可复制路径，按【Delete】键可删除选中的路径，如图 4-8 所示。

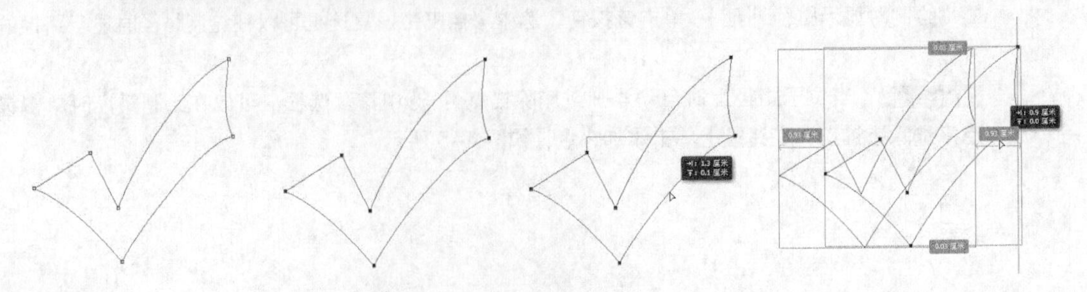

图 4-8

- 直接选择工具：选择工具箱中的直接选择工具单击路径，此时路径被激活，单击锚点可选中该锚点，且锚点以黑色实心显示并显示方向控制柄，拖动两边的方向控制柄可以调整线段的形状，也可单击选择两个锚点之间的线段，选中的线段两边会显示方向控制柄，按【Delete】键可删除该线段，如图 4-9 所示。

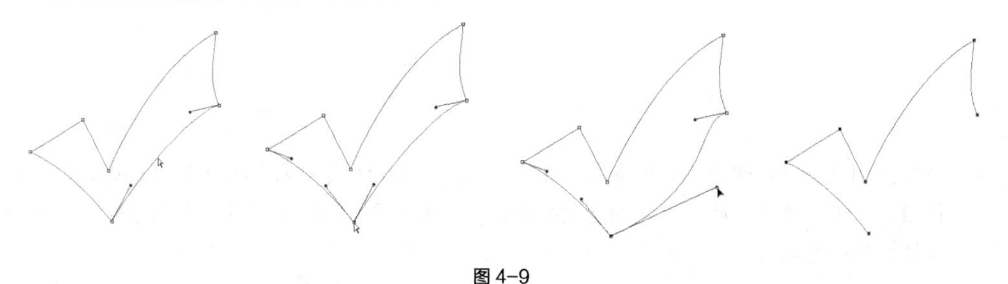

图 4-9

在选择路径时，按住【Shift】键可选择多个路径或锚点，也可拖动鼠标绘制一个虚线框来框选路径和锚点。选择路径后，利用路径选择工具属性栏中的“路径对齐方式”按钮可对齐和分布路径。

4. 转换锚点类型

路径包含 4 种锚点类型，分别为直线锚点、平滑锚点、拐点锚点和复合锚点。改变锚点的类型可以调整路径的形状。

直线锚点没有方向控制柄，用于连接两个直线段；平滑锚点有两个方向控制柄，且都在一条直线上；拐点锚点有两个方向控制柄，且不在一条直线上；复合锚点只有一个方向控制柄，如图 4-10 所示。

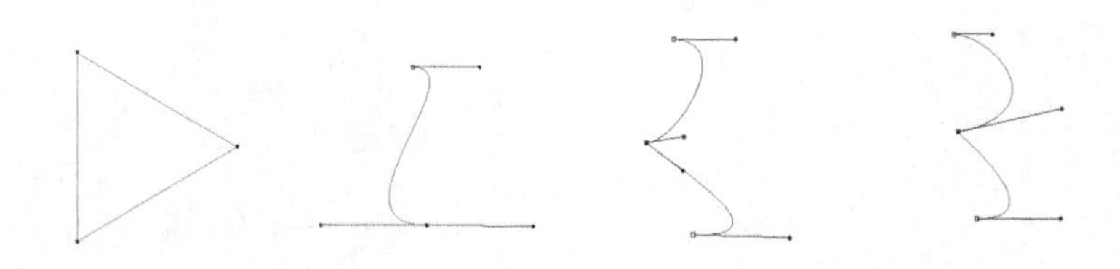

图 4-10

- 转换为直线锚点：选择工具箱中的转换点工具，将鼠标指针移动到任意的平滑锚点、拐点锚点或复合锚点上单击，即可将该锚点转换为直线锚点，如图 4-11 所示。

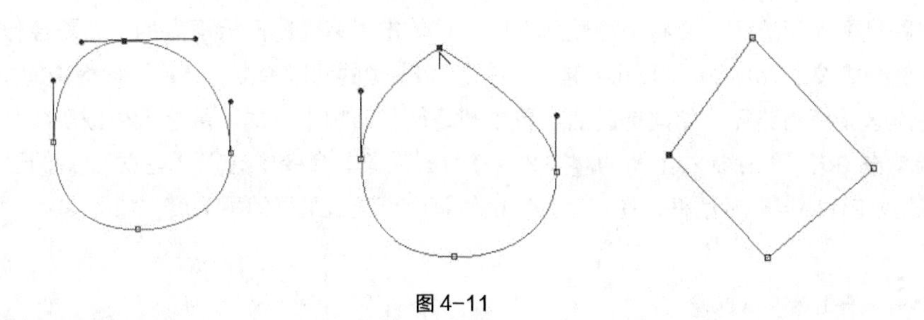

图 4-11

- 转换为平滑锚点：选择工具箱中的转换点工具，将鼠标指针移动到路径角点的锚点处，然后单击鼠标左键不放并拖动，可以将该锚点转换为平滑锚点，如图 4-12 所示。

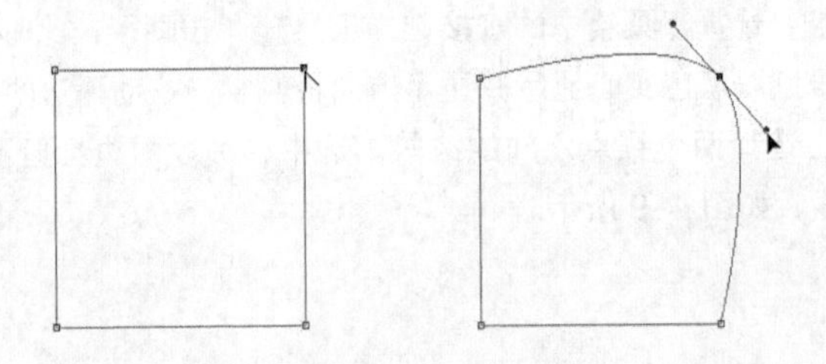

图 4-12

- 转换为拐点锚点：选择工具箱中的转换点工具，将鼠标指针移动到要转换的路径上，然后按住鼠标左键不放并拖动锚点上的方向控制柄，使两个方向控制柄不在一条直线上，可以将该锚点转换为拐点锚点，如图 4-13 所示。

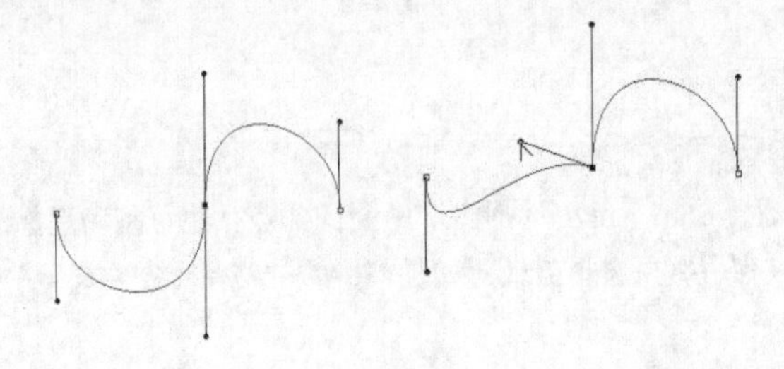

图 4-13

- 转换为复合锚点：选择工具箱中的转换点工具，将鼠标指针移动到要转换的锚点上，然后按【Alt】键的同时单击该锚点，可以将该锚点转换为复合锚点，如图 4-14 所示。

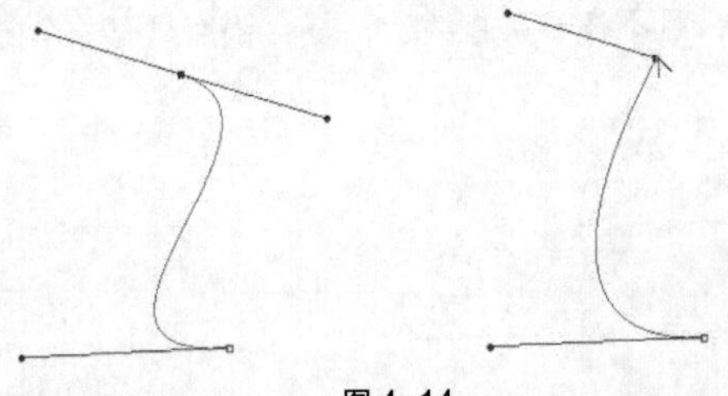

图 4-14

5. 路径与选区的转换

在抠取宝贝图像时，使用钢笔工具建立路径后，还需要将路径转换为选区才能抠出图像。而选区同样也可转换为路径，下面分别进行介绍。

- 将路径转换为选区：要将路径载入选区，可单击“路径”面板下方的“将路径作为选区载入”按钮或按【Ctrl+Enter】组合键，或按【Ctrl】键的同时单击“路径”面板中的路径缩略图。
- 将选区转换为路径：创建选区后，单击“路径”面板下方的“从选区生成工作路径”按钮，或单击“路径”面板右上角的按钮，在打开的菜单命令中选择“建立工作路径”命令，打开“建立工作路径”对话框，在“容差”数值框中可设置路径的平滑度，如图 4-15 所示。

需要注意的是，将复杂选区转换为路径后，路径并不一定是平滑的。在“建立工作路径”对话框设置的容差数值越小，路径上的锚点越多。

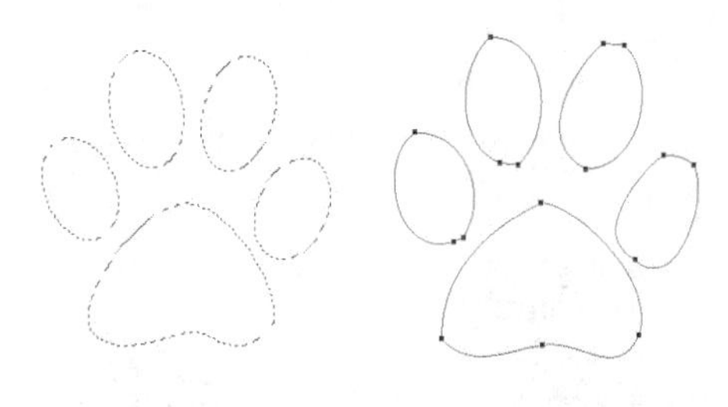

图 4-15

4.1.3 使用钢笔工具组抠图

钢笔工具主要适用于对一些复杂的图像进行抠图，下面使用钢笔工具结合其他工具进行抠图，操作步骤如下。

STEP 1 新建一个 800×800 像素的图像文件，将其保存为“主图 .psd”。

STEP 2 将素材文件“1.jpg”(资源包 /04/ 素材 /1.jpg) 拖动到图像文件中，按【Enter】键确定置入。

STEP 3 按住【Alt】键不放的同时滚动鼠标放大图像，然后选择工具箱中的钢笔工具，在属性栏中选择“路径”工作模式，在图像边缘上单击确定锚点，然后继续单击绘制一条直线路径，如图 4-16 所示。

STEP 4 继续单击绘制曲线路径，然后按住【Alt】键的同时单击该曲线锚点，将其转换为复合锚点，如图 4-17 所示。

图 4-16

图 4-17

STEP 5 继续使用钢笔工具沿图像边缘进行绘制，在绘制过程中出现转折时，可按住【Alt】键并拖动该锚点的方向控制柄调整路径，如图 4-18 所示。

STEP 6 继续沿边缘创建路径，遇到需要调整曲线弧度时，可以按住【Ctrl】键并拖动锚点的方向控制柄，使曲线贴合图像边缘，如图 4-19 所示。

STEP 7 在绘制路径的过程中可以不断放大或缩小图像来查看路径效果，并按住【Backspace】键使用抓手工具来移动图像。

STEP 8 继续使用相同的方法沿图像边缘绘制路径，绘制完成后闭合路径的效果如图 4-20 所示。

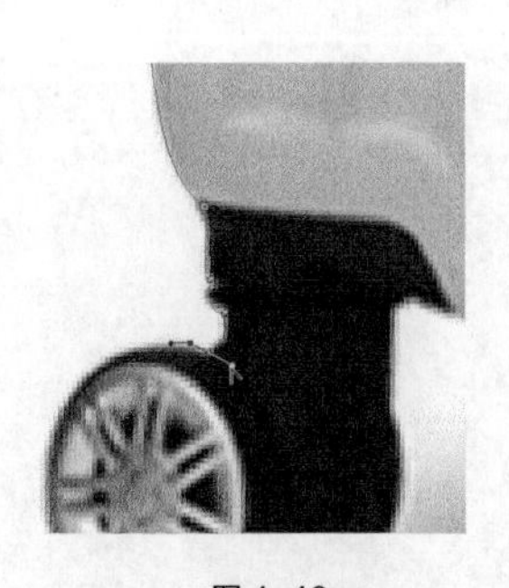

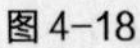

图 4-18

图 4-19

图 4-20

4.1.4 将路径转换为选区

路径绘制完成后需要将其转换为选区，然后再抠出图像。下面将绘制后的路径转换为选区，操作步骤如下。

STEP 1 按【Ctrl+Enter】组合键将绘制的路径转换为选区，效果如图 4-21 所示。

STEP 2 按【Ctrl+J】组合键复制粘贴图层，隐藏原始图层和背景图层，并按【Ctrl+T】组合键等比例缩放图像，效果如图 4-22 所示。

图 4-21

图 4-22

STEP 3 将素材文件“2.jpg”（资源包 /04/ 素材 /2.jpg）拖动到图像文件中，按【Enter】键确定置入，并将其放置在箱子图像图层下方，放大使其铺满整个画布，效果如图 4-23 所示。

STEP 4 先隐藏箱子图层，使用钢笔工具将背景叶子的图像抠取一些出来，放置在箱子图层的上方，显示箱子图层后的效果如图 4-24 所示。

图 4-23

图 4-24

4.2 文字的输入与编辑

文字在网页美工设计中是不可缺少的一部分，成功地运用文字可以点明主题，增强画面感染力，是非常有效的宣传手段之一。本节将对文字的输入和编辑进行讲解。

【课堂案例】制作淘宝详情页

淘宝详情页是商品的描述页面，优秀的淘宝详情页可以激发顾客的消费欲望，树立顾客对店铺的信任感，也是最终促使顾客下单的一个重要因素，因此，详情页的设计也是网页美工设计的重要部分。淘宝商品详情页的一般尺寸为宽 750 像素，高不限，但并不是越长越好。若商品详情页太长，会导致页面加载速度缓慢，且会引起顾客的反感。要注意的是，商品的类别不同，其详情页包括的内容也不同，如衣服、帽子、眼镜等商品需在商品详情页上放上商品的各个尺寸，以便顾客更了解商品。本案例将制作蛋糕的淘宝详情页，涉及文字的输入和编辑操作，主要包括输入文字、创建变形文字和路径文字等。

本案例的产品详情只是描述中的一部分，最终效果如图 4–25 所示（资源包 /04/ 效果 / 蛋糕详情页 .psd）。

图 4–25

4.2.1 认识“字符”和“段落”面板

在 Photoshop 中可以输入普通文字，也可输入段落文字。文字的属性都可以在“字符”和“段落”

面板中设置，包括设置文字的大小、字体、间距、段落对齐方式、段落缩进方式等，下面分别进行介绍。

1. “字符”面板

选择“窗口 > 字符”命令，打开“字符”面板，在其中可以对文字的字体、字号、字形和间距等进行设置，其中字体、字号、字形、颜色等同文字工具属性栏中的相应选项功能相同，如图 4-26 所示。下面对“字符”面板中的各个选项进行介绍。

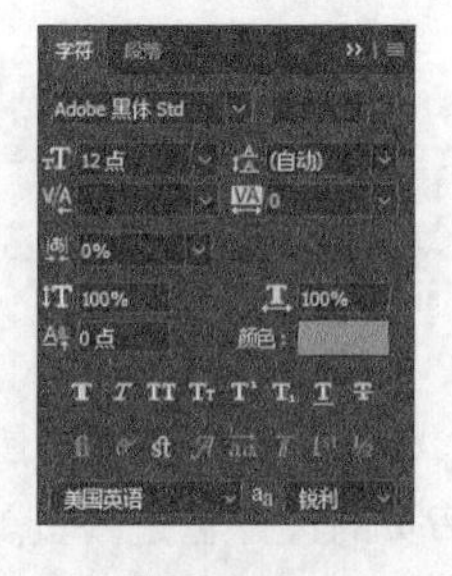

图 4-26

- Adobe 黑体 Std（搜索和选择字体）：用于选择计算机中已安装的字体。
- 12点（设置字体大小）：用于设置字体大小，也可直接输入需要的字体大小。
- (自动)（设置行距）：用于设置所选中文字行与行之间的间距。
- 0（设置两个字符间的字距微调）：用于设置所选文字之间的距离，数值越大，文字间距越大。
- 0%（设置所选字符的比例间距）：用于设置文字之间的字距比例，数值越大，字距越小。
- 100% / 100%（垂直缩放 / 水平缩放）：用于设置所选文字的垂直缩放比例和水平缩放比例。
- 0点（设置基线偏移）：用于设置所选文字与基线的距离，正值表示上移，负值表示下移。
- 颜色:（设置文本颜色）：用于设置所选文字的文字颜色。
- （字形按钮）：分别用于设置所选文字的仿粗体、仿斜体、全部大写字母、小型大写字母、上标、下标、下划线和删除线。

2. “段落”面板

“段落”面板主要用于设置段落文字，段落文字是指使用文字工具拖出一个定界框，在定界框中输入文字。在需要输入大量文字内容时可以使用段落文字。打开“段落”面板，在其中可以对输入的段落文字设置对齐方式和缩进方式等，如图 4-27 所示。下面对“段落”面板中的各个选项进行介绍。

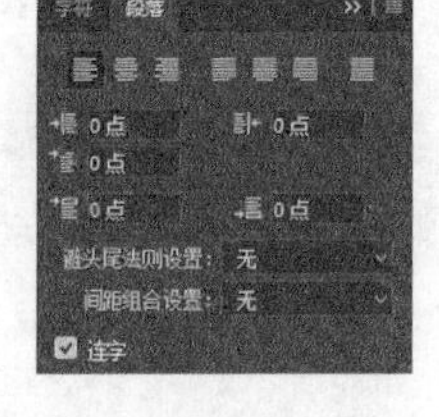

图 4-27

- （对齐按钮）：分别用于设置所选段落文字的对齐方式，包括段落左对齐、段落居中对齐、段落右对齐、行末左对齐、行末居中对齐、行末右对齐和段落两端对齐。
- 0点（左缩进）：用于设置所选段落文字的左缩进。
- 0点（右缩进）：用于设置所选段落文字的右缩进。
- 0点（首行缩进）：用于设置所选段落文字首行的缩进距离。
- 0点（段前添加空格）：用于设置所选段落文字段前的空格数。
- 0点（段后添加空格）：用于设置所选段落文字段后的空格数。

单击“段落”面板右上角的按钮，在打开的菜单命令中选择“对齐”命令，打开“对齐”对话框，在其中可对选择的段落文字设置字间距、字符间距、字形缩放和自动行距。

4.2.2 文字工具组

文字工具组主要包括横排文字工具、直排文字工具、直排文字蒙版工具和横排文字蒙版工具 4 种，使用横排文字工具 和直排文字工具 可以输入点文字、段落文字和路径文字；使用直排文字蒙版工具 和横排文字蒙版工具 可以创建文字选区。

选择工具箱中的横排文字工具 ，其属性栏如图 4-28 所示。

图 4-28

下面对属性栏中与“字符”面板中不同的工具进行介绍，以便于后面的应用。

- （切换文本方向）：输入文字后单击该按钮，可以将文字在水平和垂直方向上切换。
- 锐利：用于设置文字边缘消除锯齿的方式。
- （创建文字变形）：单击该按钮，可以打开“变形文字”对话框，在其中可以设置文字的变形样式，如图 4-29 所示。

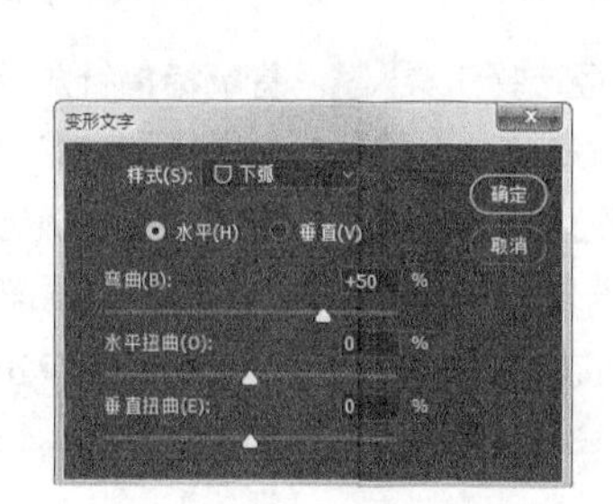

图 4-29

- （切换字符和段落面板）：单击该按钮，可以打开“字符”面板和“段落”面板。

1. 输入文字

在图像中输入文字的方法很简单，选择工具箱中的横排文字工具 ，将鼠标指针移动到图像窗口中，此时鼠标指针变为 形状，在要输入文字的位置单击确定插入点，然后直接输入文字即可，此时会生成一个新的文字图层。输入直排文字和蒙版文字的方法相同。

输入段落文字时，可选择工具箱中的横排文字工具 ，然后将鼠标指针移动到图像窗口中，单击鼠标左键不放并拖动，在图像窗口中绘制一个文本框，此时文本框中将出现闪烁的光标，如图 4-30 所示。在文本框中输入文字时，文字可以自动换行，若输入的文字过多，超出文本框的范围，此时文本框右下角会显示为 形状，表示有文字被隐藏，如图 4-31 所示。拖动文本框周围的控制柄，可改变文本框的大小，还可对文本框进行旋转、缩放变换等。

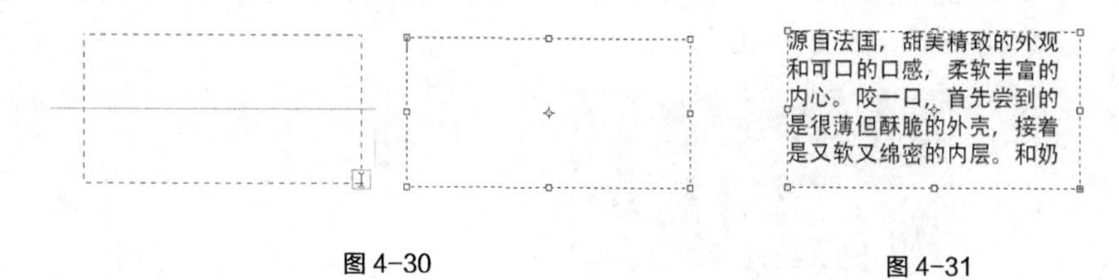

图 4-30　　图 4-31

2. 路径文字

路径文字，是指使用钢笔工具等路径工具创建路径，然后输入文字，使文字沿路径排列，或在路径内。当路径的形状改变时，文字会随着路径改变。

- 创建路径文字：选择工具箱中的钢笔工具绘制一条路径，然后选择横排文字工具，将鼠标指针移到路径上，此时鼠标指针变为形状，单击确定文字的插入点，在出现闪烁光标后输入文字，文字可沿路径进行排列，如图 4-32 所示。

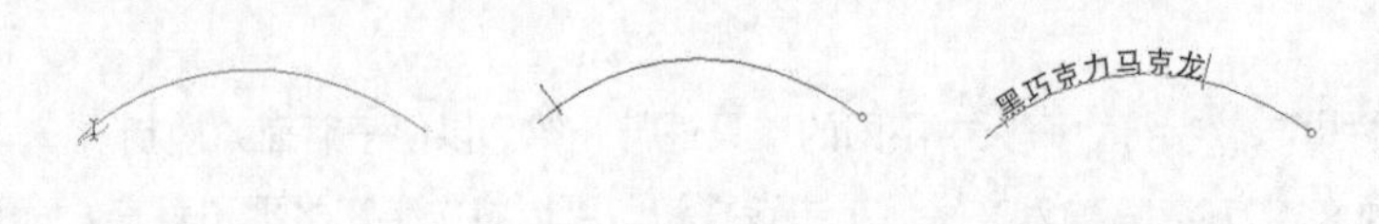

图 4-32

文字输入完成后，在“路径”面板中会自动生成文字路径层。选择“视图 > 显示额外内容”命令，使其不呈选中状态，可以隐藏文字路径。且删除文字图层后，文字的路径层会自动删除。

- 移动路径文字：选择工具箱中的路径选择工具，将鼠标指针放置在文字上，此时鼠标指针显示为形状，单击鼠标左键不放并沿着路径拖动鼠标，即可移动文字，如图 4-33 所示。
- 翻转路径文字：选择工具箱中的路径选择工具，将鼠标指针放置在文字上，此时鼠标指针显示为形状，单击鼠标左键不放并将文字向路径内部拖动，即可翻转文字，如图 4-34 所示。
- 修改文字的形态：选择工具箱中的直接选择工具，在路径上单击显示路径的方向控制柄，拖动方向控制柄修改路径形态，文字会按照修改后的路径进行排列，如图 4-35 所示。

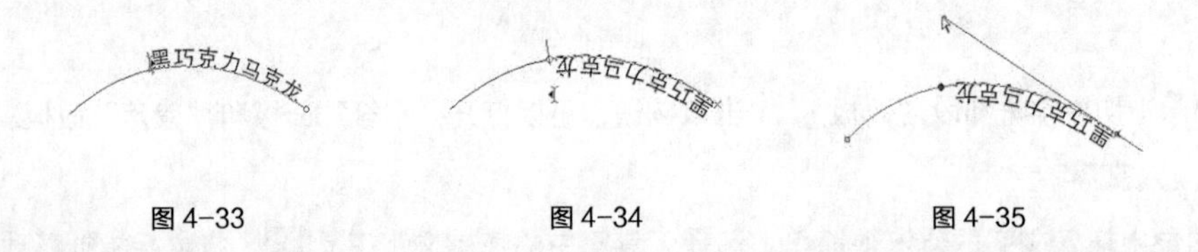

图 4-33　　图 4-34　　图 4-35

3. 变形文字

变形文字主要是通过“变形文字”对话框进行各种样式的变形，在对话框中的“样式”下拉列表框中选择一种变形方式，然后在下方设置样式的数值即可。

要取消文字变形效果，可在对话框中的“样式”下拉列表框中选择“无”选项。

4. 文字选区

选择工具箱中的直排文字蒙版工具和横排文字蒙版工具，在图像窗口中单击鼠标左键，图像窗口会进入快速蒙版状态，整个窗口呈透明的红色显示，输入文字后按【Ctrl+Enter】组合键，即可退出蒙版状态，得到文字选区，如图 4-36 所示。

图 4-36

也可先输入文字，然后按【Ctrl】键的同时单击“图层”面板中的文字图层缩略图，即可将文字载入选区。

5. 栅格化文字

要将文字图层栅格化，可以选择“文字 > 栅格化文字图层”命令，可以将文字图层转换为普通图层，也可以使用鼠标右键单击文字图层，然后在弹出的快捷菜单中选择“栅格化文字”命令。

4.2.3 输入文字

制作之前需要先新建文件，添加相应的素材元素，然后输入相应的文字和段落文字，并设置文字属性，操作步骤如下。

STEP 1 新建一个宽度为 750 像素，高度为 1200 像素的文件，将其以“宝贝描述 .psd”为名保存。

STEP 2 使用矩形选框工具绘制一个选区，新建图层，将其填充为粉色（RGB：252；176；212）。

STEP 3 取消选区，选择工具箱中的横排文字工具在粉色色块上单击，然后输入文字“产品描述”，如图 4-37 所示。

STEP 4 拖动鼠标选中文字，打开“字符”面板，在其中设置字体为“方正大黑简体”，字体的字距为“200”，字体大小为“16 点”，字体颜色为“白色”，按【Ctrl+Enter】组合键确定后的效果如图 4-38 所示。

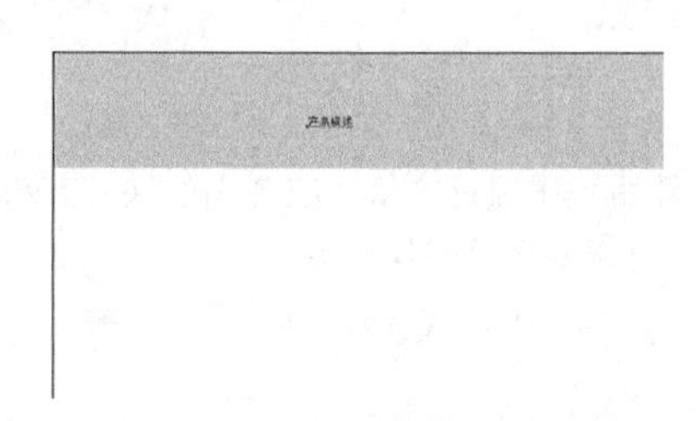

图 4-37

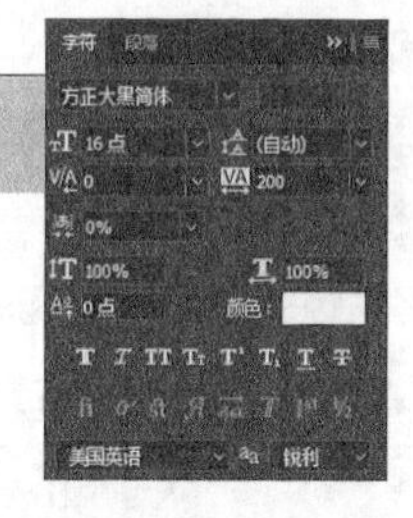

图 4-38

STEP 5 选中文字图层和图层 1，选中工具箱中的选择工具，然后在属性栏中单击“垂直居中对齐”按钮和“水平居中对齐”按钮，将其对齐。

STEP 6 将素材文件“3.jpg”（资源包 /04/ 素材 /3.jpg）拖入文件中，按【Enter】键置入，并栅格化该图层，使用矩形选框工具框选中需要的图像区域，然后按【Ctrl+Shift+I】组合键反选图像，按【Delete】键删除不需要的部分，取消选区后将其移动到合适位置，效果如图 4-39 所示。

STEP 7 新建图层，使用矩形选框工具绘制一个矩形，填充为淡黄色（RGB：246；238；208）。

STEP 8 取消选区，选择工具箱中的横排文字工具，拖动绘制一个文本框，然后在文本框中输入文字，选中文字，设置字体为“方正细等线简体”，字体大小为“7 点”，颜色为巧克力色（RGB：112；85；71），效果如图 4-40 所示。

图 4-39

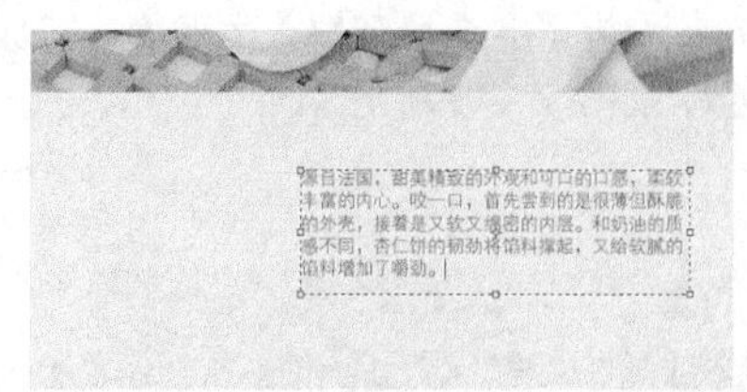

图 4-40

STEP 9 单击“段落”面板中的按钮，在打开的菜单中选择“对齐”命令，在打开的“对齐”对话框中设置自动行距为“170%”，如图 4-41 所示。

STEP 10 此时文字的行距加宽，拖动文本框的控制点显示隐藏的文字，效果如图 4-42 所示。

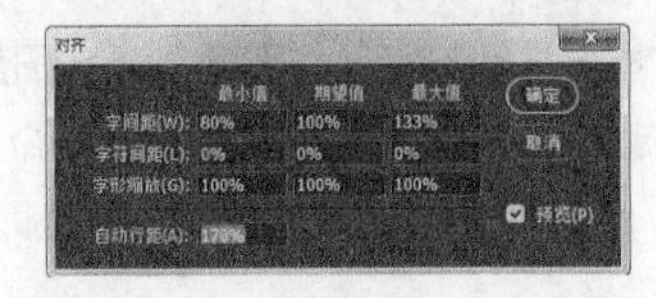

图 4-41

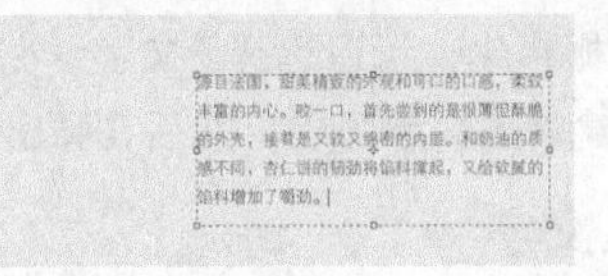

图 4-42

STEP 11 将素材文件“花边 .png”(资源包 /04/ 素材 / 花边 .png) 拖入，按【Enter】键置入，并栅格化该图层，将该图层载入选区并填充为白色，效果如图 4-43 所示。

STEP 12 复制花边图层，将其调整到合适位置，然后选中这两个花边图层，按【Ctrl+E】组合键合并图层，并缩放大小，删除多余的图像像素，效果如图 4-44 所示。

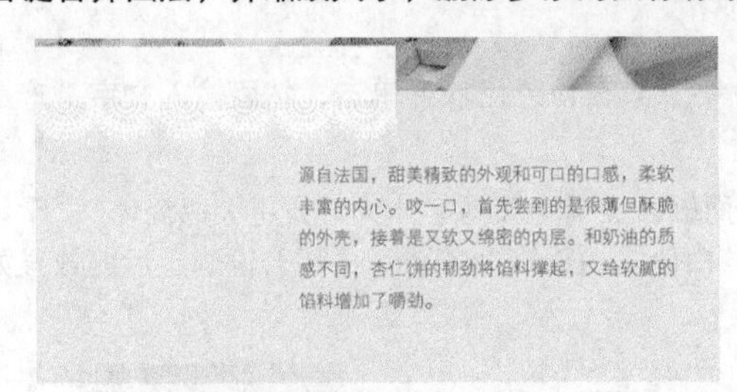

图 4-43

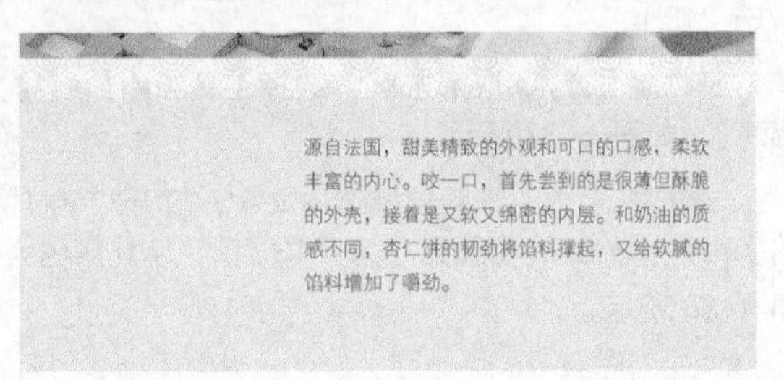

图 4-44

STEP 13 复制花边图层，按【Ctrl+T】组合键，然后单击鼠标右键，在弹出的快捷菜单中选择“垂直翻转”命令，翻转花边图层，将其调整到合适位置，效果如图 4-45 所示。

STEP 14 将素材文件“1.png”(资源包 /04/ 素材 /1.png) 拖入，按【Enter】键置入，缩放图像后的效果如图 4-46 所示。

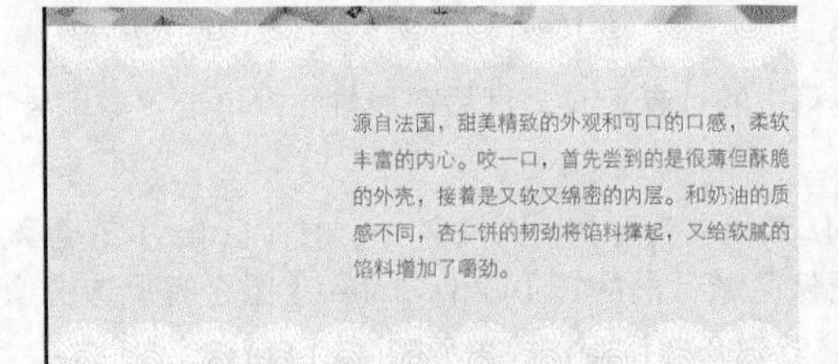

图 4-45

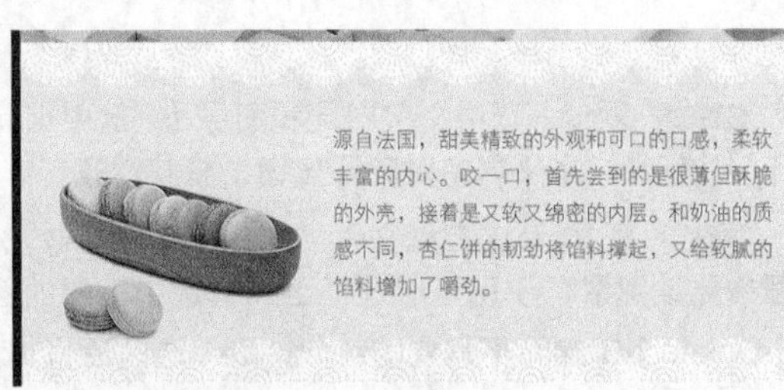

图 4-46

STEP 15 拖入素材文件“4.jpg”(资源包 /04/ 素材 /4.jpg)，按【Enter】键置入，缩放图像后的效果如图 4-47 所示。

STEP 16 为了完全显示置入的图像，可以使用工具箱中的裁剪工具将画布向下加长，使图像完全显示，效果如图 4-48 所示。

提示

在宝贝详情描述中，除了产品详情外，通常还包括产品规格、配送服务等介绍，美工在制作宝贝详情描述时，要根据产品性质来确定顾客需要了解的宝贝商品的相关信息。

图 4-47

图 4-48

4.2.4 输入路径文字

下面在图像文件中输入路径文字，操作步骤如下。

STEP 1 使用工具箱中的钢笔工具绘制一条路径，如图 4-49 所示。

STEP 2 使用横排文字工具沿路径输入文字，此时文字没有全部显示，选择工具箱中的路径选择工具将鼠标指针放置在文字上，此时鼠标指针显示为形状，单击鼠标左键不放并沿着路径拖动鼠标，显示隐藏的文字，如图 4-50 所示。

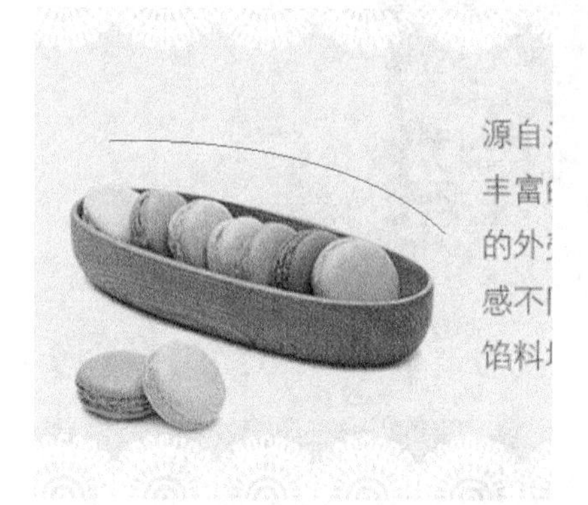

图 4-49

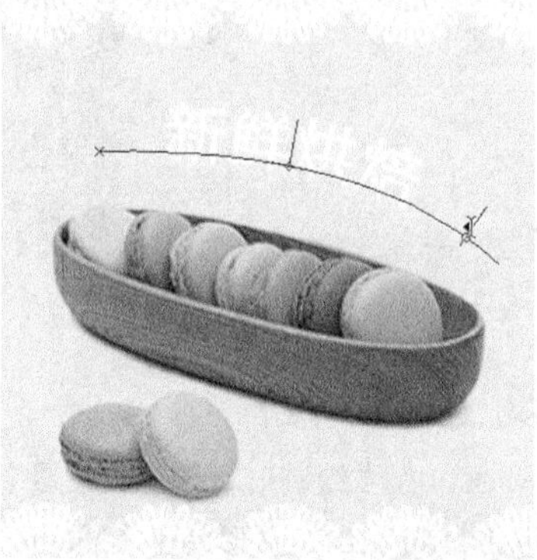

图 4-50

STEP 3 选中文字，在“字符”面板中设置字体为“方正幼线简体”，字体大小为“10 点”，字符间距为“460”，颜色为粉色（RGB：252；176；212），效果如图 4-51 所示。

STEP 4 设置选区羽化值为 10，按【Ctrl+J】组合键，将抠出的图像拖动到当前文件中，并调整其位置和大小，效果如图 4-52 所示。

图 4-51

图 4-52

4.3 绘制形状

在 Photoshop 中除了可以使用钢笔工具来创建路径外，还可以使用工具箱中提供的形状工具来绘制形状，下面将对各种形状工具进行介绍。

【课堂案例】制作淘宝优惠券

淘宝优惠券是每个商家发出的优惠活动，一般在淘宝店铺首页的海报上显示，美工在制作优惠券的时候要清楚优惠活动内容，是满减还是送礼品，一般的抵用券会让顾客购物到一定金额才能优惠一定的价格，这些主要的文字内容一定要写清楚。店铺优惠券的尺寸可以根据实际需要自行规定，但是要保证优惠券上的文字能被看清。本案例将制作淘宝店铺优惠券，涉及文字和形状的操作，主要包括绘制形状和输入文字等。

本案例的最终效果如图 4-53 所示（资源包 /04/ 效果 / 优惠券 .psd）。

图 4-53

4.3.1 形状工具

在 Photoshop 中绘制形状的工具主要包括矩形工具、圆角矩形工具、椭圆工具、多边形工具、直线工具和自定义形状工具，下面分别进行介绍。

1. 矩形工具

选择工具箱中的矩形工具可以绘制矩形，选择工具后在图像窗口中按住鼠标左键不放并拖动，可以绘制长方形，按【Shift】键并拖动鼠标，可以绘制正方形，按住【Alt】键并拖动鼠标，可从中心绘制矩形，按住【Shift+Alt】组合键并拖动鼠标，可从中心绘制正方形。图 4-54 所示为矩形工具的属性栏。

图 4-54

下面对属性栏中的不同工具进行介绍，以便于后面的应用。

- 形状（选择工具模式）：包括形状、路径和像素 3 种模式。形状模式：使用矩形工具将创建矩形形状图层，形状填充颜色为前景色；路径模式：该模式下将创建矩形路径；像素模式：在该模式下使用矩形工具将在当前图层中绘制一个填充前景色的矩形区域。
- 填充： 描边：（设置形状的填充色和描边）：用于设置矩形的填充色、描边色、描边宽度和描边类型。该选项只能在形状模式下才能使用。

- （路径操作）：用于设置路径的组合方式，如图 4–55 所示。绘制矩形形状后，按【Shift】键的同时按住鼠标左键不放并拖动，这时的矩形呈路径显示，在选中“矩形工具”的情况下单击“路径操作”按钮，在打开的列表中选择“合并形状组件”选项，在打开的对话框中单击 是(Y) 按钮，则两个形状会相加变成一个整体。按【Alt】键的同时按住鼠标左键不放拖动绘制形状，单击“路径操作”按钮，在打开的列表中选择“合并形状组件”选项，在打开的对话框中单击 是(Y) 按钮，则两个形状会相减变成一个整体，其他的路径操作方法都相同，如图 4–56 所示。

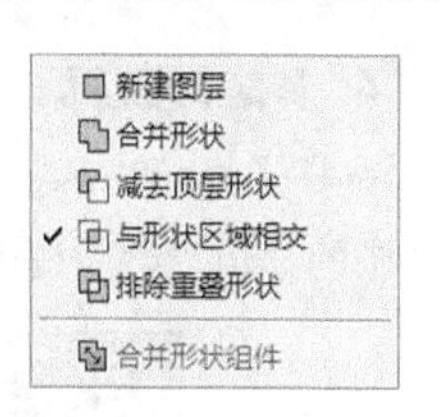

图 4–55

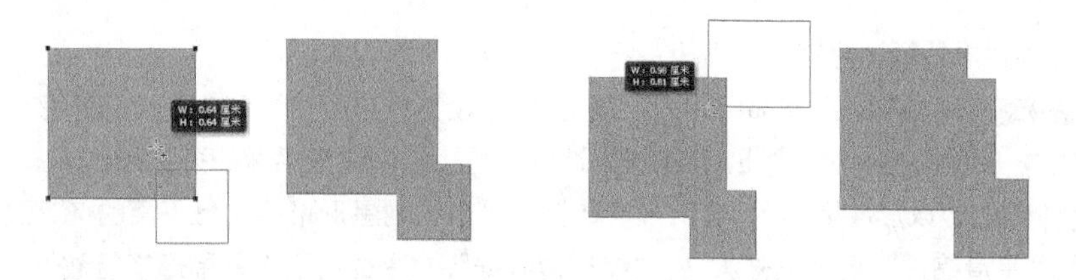

图 4–56

- （“几何选项”按钮）：单击该按钮，在打开的面板中可以控制矩形的大小和长宽比例。

2. 圆角矩形工具

选择工具箱中的圆角矩形工具可以绘制圆角的矩形。选择该工具后在图像窗口中按住鼠标左键不放并拖动，可以绘制圆角矩形；按【Shift】键并拖动鼠标，可以绘制圆角正方形；按【Alt】键并拖动鼠标，可从中心绘制圆角矩形；按【Shift+Alt】键并拖动鼠标，可从中心绘制圆角正方形。图 4–57 所示为圆角矩形工具的属性栏。

图 4–57

与矩形工具不同的是圆角矩形工具的属性栏中多了一个“半径”文本框，该文本框主要用于设置圆角矩形的圆角值，数值越大，矩形的圆角越圆滑。绘制圆角矩形后，可在“属性”面板中设置每个角的圆角半径，如图 4–58 所示。

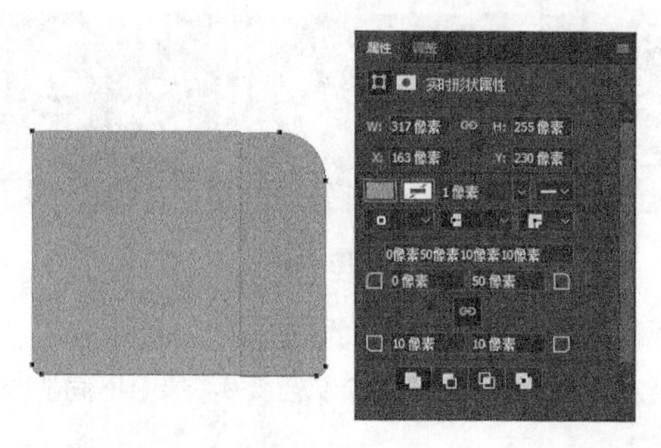

图 4–58

3. 椭圆工具

选择椭圆工具后在图像窗口中按住鼠标左键不放并拖动，可以绘制椭圆。按【Shift】键并拖动鼠标，可绘制圆形；按【Alt】键并拖动鼠标，可从中心绘制椭圆；按【Shift+Alt】键并拖动鼠标，可从中心绘制圆形。椭圆工具和矩形工具的属性栏基本相同。

4. 多边形工具

选择工具箱中的多边形工具，其绘制方法同前面几个工具的绘制方法相同，在绘制时可在其属性栏中的“边”数值框中设置多边形的边数，如图 4-59 所示。

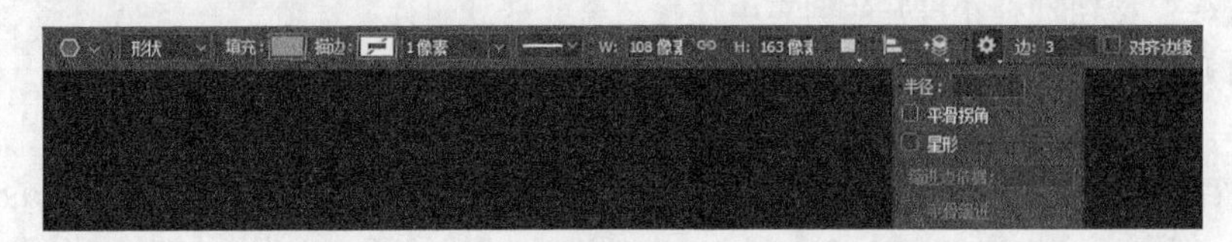

图 4-59

下面对属性栏中的按钮打开的面板进行介绍，以便于后面的应用。

- 半径：（设置中间到外部点间的距离）：用于设置多边形或星形的中心与外部点之间的距离。
- 平滑拐角（用圆角代替尖角）：选中该复选框，可以绘制边缘平滑的多边形。
- 星形（缩进边以形成星形）：选中该复选框，可以绘制星形路径，且下面的“缩进边依据”文本框和“平滑缩进”复选框被激活，“缩进边依据”文本框用于设置星形半径被占据的部分；选中平滑缩进”复选框，绘制的星形在缩进的同时会平滑边缘，如图 4-60 所示。

图 4-60

5. 直线工具

选择工具箱中的直线工具，在图像窗口中按住鼠标左键不放并拖动，可以绘制直线，按【Shift】键并拖动鼠标，可绘制水平、垂直或 45° 角的直线。通过属性栏中的按钮，在打开的“箭头”面板中通过设置可以绘制不同的箭头路径，如图 4-61 所示。

图 4-61

下面对“箭头”面板进行介绍，以便于后面的应用。

起点 终点（在线条头绘制箭头 / 在线条尾绘制箭头）：选中不同的复选框，可以在直线的线头或线尾添加箭头。

宽度：500%（将箭头宽度设置线条粗细的百分比）：用于设置箭头宽度和线段宽度的百分比。

长度：1000%（将箭头长度设置线条粗细的百分比）：用于设置箭头长度和线段长度的百分比。

凹度：0%（将箭头凹度设置线条长度的百分比）：用于设置箭头中央凹陷的程度。

6. 自定义形状工具

选择工具箱中的自定义形状工具，在图像窗口中按住鼠标左键不放并拖动，可以绘制 Photoshop

预设中的各种图形，单击属性栏中“形状”右侧的下拉按钮，在打开的面板中可选择不同的路径形状，如图 4-62 所示。

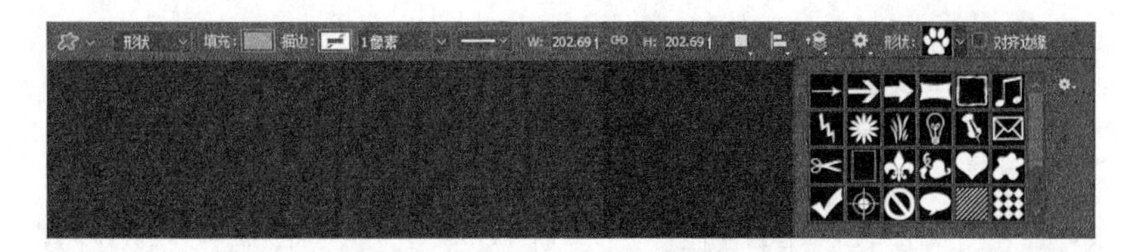

图 4-62

单击“形状”面板右上角的按钮，在打开的菜单中包括了 Photoshop 中提供的预设形状库，选择任意一个命令后，会打开一个提示对话框，单击确定按钮，即可用载入的形状代替原有的形状，单击追加(A)按钮，可在原有形状的基础上载入新添加的形状，如图 4-63 所示。

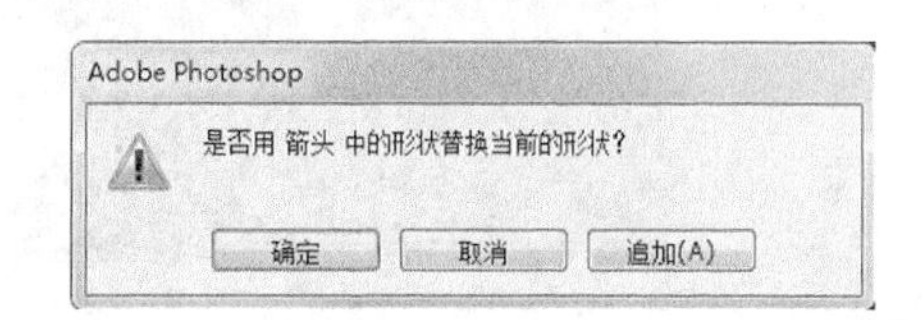

图 4-63

4.3.2 绘制矩形和椭圆形状

下面使用工具箱中的矩形工具、圆角矩形工具和椭圆工具绘制形状，操作步骤如下。

STEP 1 新建一个宽度为 800 像素，高度为 900 像素的文件，将其以“优惠券 .psd”为名保存。

STEP 2 选择工具箱中的矩形工具，在属性栏中选择“形状”的模式，填充颜色为洋红色（RGB：245；45；156），然后在图像窗口中单击鼠标左键，打开“创建矩形”对话框，在其中设置宽度和高度，单击确定按钮后的效果如图 4-64 所示。

图 4-64

STEP 3 选择工具箱中的椭圆工具，按【Shift+Alt】组合键从中心绘制一个圆形，按【Ctrl+Alt+T】组合键复制变换框，然后向下移动一些距离，按【Enter】键确定后按【Shift+Ctrl+Alt+T】组合键再绘制形状，效果如图 4-65 所示。

STEP 4 选择矩形形状和椭圆形状的两个图层，将其垂直居中对齐，然后将椭圆形状图层载入选区，选中矩形形状图层，栅格化该图层，按【Delete】键删除选区中的内容，隐藏椭圆形状图层后的效果如图 4-66 所示。

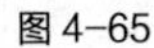
图 4-65

图 4-66

STEP 5 显示并选择椭圆形状图层，将其移动到矩形的右侧，载入椭圆形状图层选区，选择矩形图层，按【Delete】键删除选区中该图层中的内容，取消选区后隐藏椭圆形状图层的效果如图 4-67 所示。

STEP 6 选择工具箱中的横排文本工具，在图像窗口中输入文字，设置文字颜色为“黄色”，字体为“Impact”，分别按【Ctrl+T】组合键缩放文字，效果如图 4-68 所示。

图 4-67

图 4-68

STEP 7 选择工具箱中的横排文本工具，在图像窗口中输入其他文字，设置文字颜色为“白色”，字体为“黑体”，分别按【Ctrl+T】组合键缩放文字，效果如图 4-69 所示。

STEP 8 选择工具箱中的矩形工具，在图像窗口中绘制一个矩形，设置颜色为白色，然后在上面输入文字，设置文字字体为“黑体”，颜色为洋红色（RGB：245；45；156），效果如图 4-70 所示。

图 4-69

图 4-70

4.3.3 绘制其他形状

下面使用工具箱中的其他路径形状绘制其他的形状，操作步骤如下。

STEP 1 选择工具箱中的自定义形状工具，在属性栏中打开“形状”面板，追加箭头形状，然后在面板中选择箭头的一种形状，按【Shift】键绘制，设置形状颜色为洋红色（RGB：245；45；156），效果如图 4-71 所示。

STEP 2 调整各图层的位置，然后选中工具箱中的直线工具，绘制一条垂直线段，设置描边颜色为白色，粗细为 2 像素，效果如图 4-72 所示。

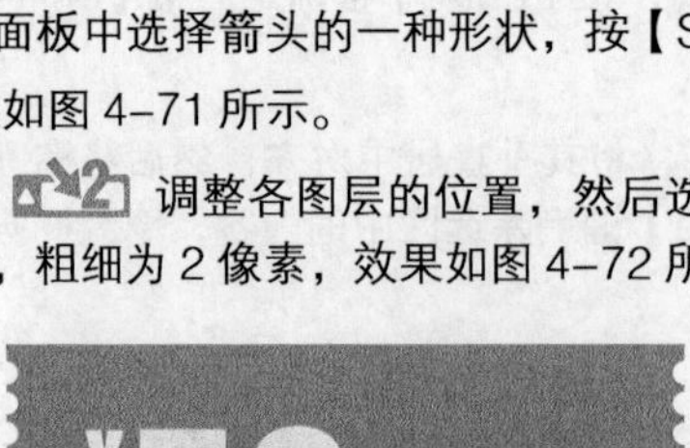

图 4-71

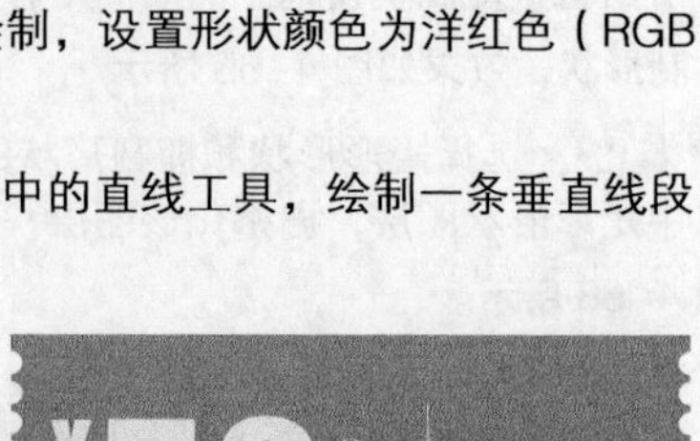

图 4-72

STEP 3 选择工具箱中的多边形工具，在图像窗口中单击打开“创建多边形”对话框，如图 4-73 所示设置，然后在属性栏中设置形状填充颜色为“白色”，无描边。

STEP 4 使用直接选择工具移动路径到合适位置，然后在上面输入文字，设置字体为“方正粗倩简体”，颜色为洋红色（RGB：245；45；156），按【Ctrl+T】组合键缩放大小，效果如图 4-74 所示。

图 4-73

图 4-74

4.4 技能提升——制作文字效果

本章主要制作了三个淘宝广告图，通过本章的学习，读者应掌握以下内容。

（1）使用钢笔工具抠图和绘制路径。

（2）使用文字工具输入文字，并设置相应的文字属性。

（3）使用各种形状工具绘制需要的形状路径。

扫一扫
制作文字效果

完成了以上知识点的学习，下面通过制作淘宝文字效果来复习和巩固所学知识，提升技能。操作步骤如下。

STEP 1 任意新建一个图像文件，将其保存为“文字标题 .psd”（资源包 /04/ 效果 / 文字标题 .psd）。

STEP 2 输入文字，设置字体为一个带有设计感的字体，字体颜色可以不用设置。然后在文字图层上单击鼠标右键，在弹出的快捷菜单中选择“创建工作路径”命令，将文字转换为路径文字，效果如图 4-75 所示。

STEP 3 隐藏文字图层，使用工具箱中的直接选择工具和钢笔工具对文字的锚点进行编辑，效果如图 4-76 所示。

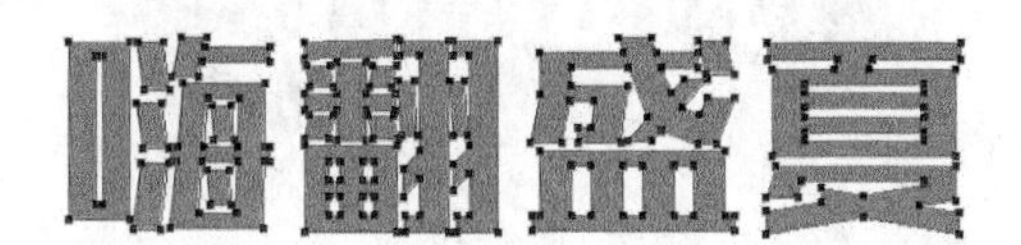

图 4-75

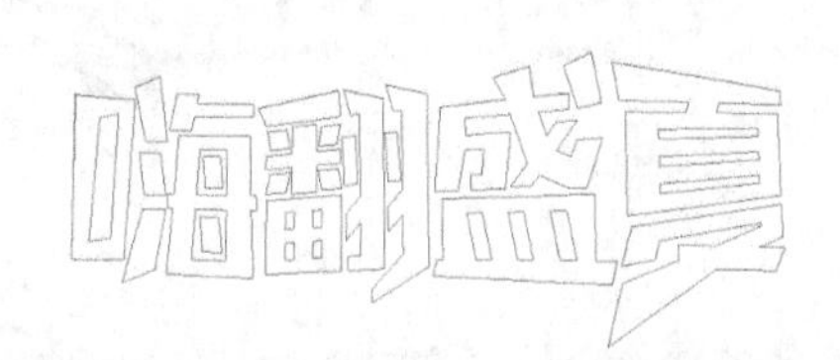

图 4-76

STEP 4 按【Ctrl+Enter】组合键将路径载入选区，新建图层，将选区填充为白色。

STEP 5 将选区扩展 13 个像素，在文字图层上方新建图层，将该图层中的选区填充为浅蓝色（RGB：0；183；238），效果如图 4-77 所示。

STEP 6 将选区收缩 3 个像素，在刚刚的图层上方继续新建图层，然后在该新建图层中将选区填充为蓝色（RGB：0；104；183），效果如图 4-78 所示。

图 4-77

图 4-78

STEP 7 取消选区，复制白色的文字图层，将复制的图层载入选区并将其填充为浅蓝色（RGB：0；183；238），将该图层放在文字图层的下方，并按方向键微调图层位置，效果如图 4-79 所示。

STEP 8 使用钢笔工具绘制路径，然后沿路径输入文字，并设置字体，效果如图 4-80 所示。

图 4-79

图 4-80

STEP 9 使用相同的方法对该文字进行编辑，效果如图 4-81 所示。

STEP 10 新建图层，使用钢笔工具绘制路径，载入选区后分别填充为浅蓝色（RGB：0；183；238）和蓝色（RGB：0；104；183），效果如图 4-82 所示。

图 4-81

图 4-82

STEP 11 新建图层，使用钢笔工具绘制路径，载入选区后将其填充为橘红色（RGB：243；80；0），效果如图 4-83 所示。

STEP 12 取消选区后按【Alt】键复制该图层，将其载入选区，填充一个比橘红色更深一点的颜色，然后将深色的图层放置在橘红色图像图层下方，并按方向键微调两个图层的距离，确定后取消选区，效果如图 4-84 所示。

图 4-83

图 4-84

STEP 13 将橘红色的图层放置在蓝色文字的下方，然后输入文字，设置字体为“方正大黑简体”，文字有两层，第一层文字为白色，第二层文字为深色的橘红，然后选中这两个文字图层，按【Ctrl+T】组合键变换文字，效果如图 4-85 所示。

STEP 14 打开素材文件“装饰 .png”(资源包 /04/ 素材 / 装饰 .png)，将其置于图像窗口中，缩放大小后放置在所有图层下方，效果如图 4-86 所示。

图 4-85

图 4-86

4.5 课后练习

1. 制作首页活动券模板

使用形状工具绘制形状并设置不同的颜色，橘色框可以使用选区工具来制作，将外框载入选区，然后收缩选区，并删除多余的图像。最后输入相应的文字即可，效果如图 4-87 所示（资源包 /04/ 效果 / 活动券模板 .psd）。

图 4-87

2. 制作首页热卖商品栏

新建文件，使用形状工具绘制出大体轮廓图，打开“练习”素材文件夹（资源包 /04/ 素材 / 练习），将其中的素材分别放置在合适位置，然后使用文字工具输入文字，效果如图 4-88 所示（资源包 /04/ 效果 / 宝贝描述 .psd）。

图 4-88

Photoshop CC

Chapter 5

第5章 绘制图像

本章将介绍颜色填充、画笔工具组和橡皮擦工具组的相关知识，包括使用工具填充颜色、使用画笔工具组绘制图层，以及使用橡皮擦工具组抠取简单图像等。通过本章的学习，读者可以掌握多种颜色填充的方法，以及绘制图像的方法。

课堂学习目标

- 掌握颜色填充的多种方法
- 掌握使用画笔工具组绘制图像的方法
- 掌握使用橡皮擦工具组抠取图像的方法

5.1 颜色填充

在淘宝店铺的装修中，多种颜色的搭配可以丰富店铺，使店铺在视觉上层次多变。在 Photoshop CC 中，可以使用渐变工具、油漆桶工具，以及“填充”和“描边”命令来对图像进行填充。

【课堂案例】绘制海报背景图像

淘宝店铺首页的设计最能吸引顾客，其活动、优惠券、热卖商品等会在店铺的首页推广，首页海报上不仅有海报主题文字、商品等，海报的搭配素材也非常重要，读者可以通过网络上的素材网站获取这些素材，也可自己绘制需要的素材图像。

本案例主要制作店铺海报的背景图像，使读者通过学习，掌握不同颜色填充的方法。本案例的最终效果如图 5-1 所示（资源包 /05/ 效果 / 海报背景 .psd）。

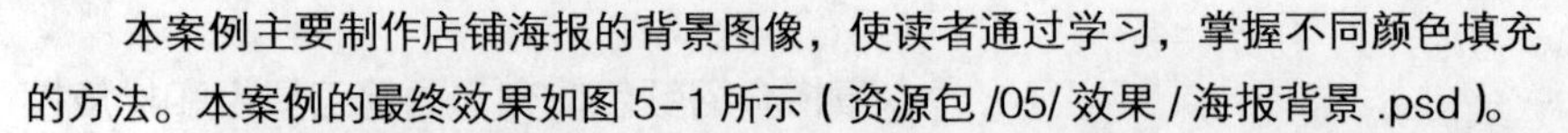

图 5-1

5.1.1 图像填充工具

除了前面介绍的填充选区的方法外，在 Photoshop 中还可使用渐变工具、油漆桶工具、吸管工具和菜单命令来对图像进行颜色填充，下面分别进行讲解。

1. 渐变工具

选择工具箱中的渐变工具，按住鼠标左键不放并拖动，可以使用渐变色填充图像，渐变色指的是具有多种过渡颜色的混合色，其工具属性栏如图 5-2 所示。

模式：正常 不透明度：100% 反向 仿色 透明区域

图 5-2

下面对工具栏中的各个工具进行介绍，以便于后面的应用。

- （点按可编辑渐变）：单击该项右侧的下拉按钮，可以打开“渐变编辑器”对话框。在对话框的“预设”栏中单击选择一种预设的渐变色，在下面“渐变类型”栏中的颜色带上单击可添加颜色色标，颜色带上方的不透明色标用于设置颜色不透明度、位置等；下方的色标可以设置颜色值和位置等，如图 5-3 所示。双击选中颜色色标，可以打开“拾色器（色标颜色）”对话框设置颜色，拖动色标可以改变色标位置，选中色标后按住鼠标左键不放并拖动到颜色带外，可删除选中的色标，也可单击下方的 删除(D) 按钮或按【Delete】键删除色标。

- （渐变模式）：用于设置渐变填充类型，分别为线性渐变、径向渐变、角度渐变、对称渐变和菱形渐变，如图 5-4 所示。

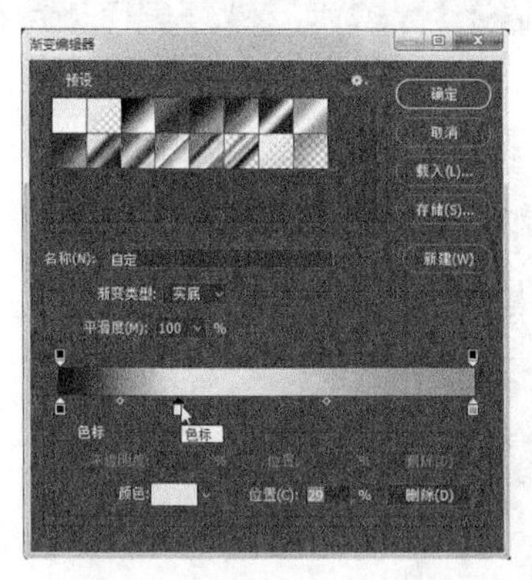
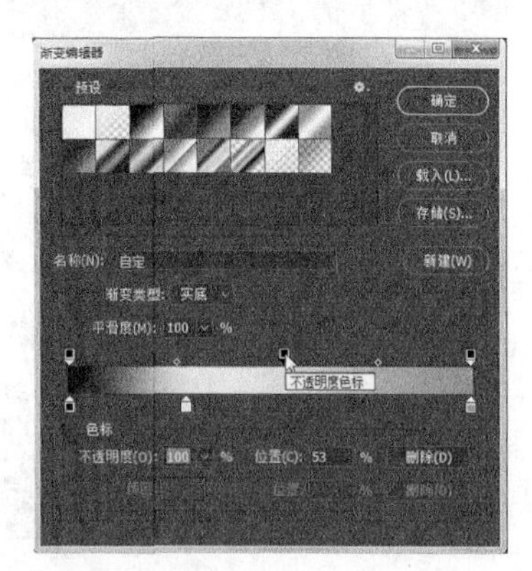

图 5-3

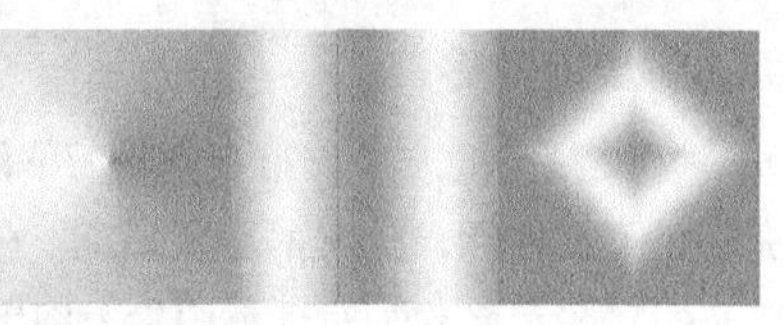

图 5-4

- 模式：正常（模式）：用于设置渐变填充的色彩与底图的混合模式。
- 不透明度：100%（不透明度）：用于控制渐变填充的不透明度。
- 反向（反向渐变颜色）：选中该复选框后，可以将渐变图层反向。
- 仿色（仿色以减少带宽）：选中该复选框后，可以使渐变图层的色彩过渡得更加柔和平滑。
- 透明区域（切换渐变透明度）：选中该复选框后，可启用编辑渐变时设置的透明效果，填充渐变得到透明效果。

2. 油漆桶工具

选择工具箱中的油漆桶工具，可以使用前景色和图案填充图像，其工具属性栏如图 5-5 所示。

图 5-5

下面对工具栏中的各个工具进行介绍，以便于后面的应用。

- 前景（设置填充区域的源）：在该下拉列表框中可以设置填充的源是前景色或图案，选择“图案”选项后，后面的“图案拾色器”下拉按钮会被激活，单击该下拉按钮，可在打开的面板中选择图案。
- 容差：32（填充色范围）：用于设置颜色填充的色差范围，数值越小，填充的区域也越少。
- 消除锯齿（平滑边缘转换）：选中该复选框，在填充颜色时可以消除边缘锯齿。
- 连续的（只填充连续像素）：选中该复选框，可以连续填充颜色。
- 所有图层（填充复合图像）：选中该复选框，可以对所有可见图层进行填充。

3. 吸管工具

选择工具箱中的吸管工具，其工具属性栏如图 5-6 所示。将鼠标指针移到图像中需要吸取颜色的位置，此时鼠标指针变为形状，单击可将当前前景色变为吸管吸取的颜色，在“信息”面板中可观察到吸取颜色的色彩信息，如图 5-7 所示。

图 5-6

图 5-7

4. “填充”和“描边”命令

使用“填充”命令填充颜色的方法与第 3 章讲解的填充选区的方法相同，这里不再赘述。需要注意的是，使用图案填充时，可以使用自定义的图案填充。使用选框工具选中需要的选区，选择“编辑 > 定义图案”命令，在打开的“图案名称”对话框中输入图案名称，单击确定按钮，如图 5-8 所示。取消选区并选中需要填充的图像，打开“填充”对话框，在“内容”下拉列表框中选择“图案”选项，然后在“自定义图案”下拉列表框中选择新定义的图案，单击确定按钮后即可使用定义的图案填充图像，如图 5-9 所示。

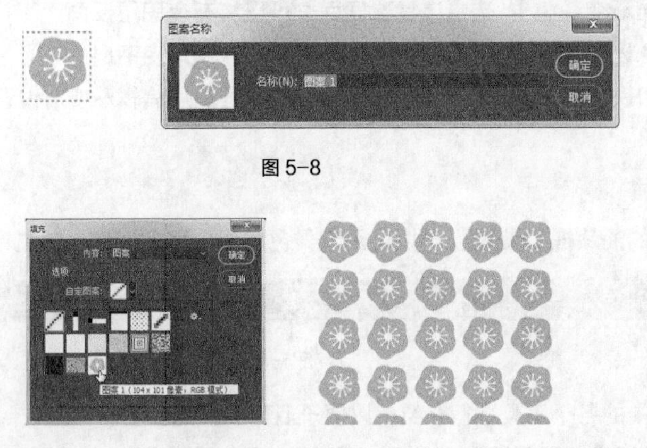

图 5-8

图 5-9

将需要描边的图像使用选区选中后，选择“编辑 > 描边”命令，打开“描边”对话框，在其中的“描边”栏中可设置描边的颜色、宽度；在“位置”栏中可设置描边相对于区域边缘的位置，包括内部、居中和居外 3 个单选项；在“混合”栏中可设置描边的模式、不透明度等，如图 5-10 所示。

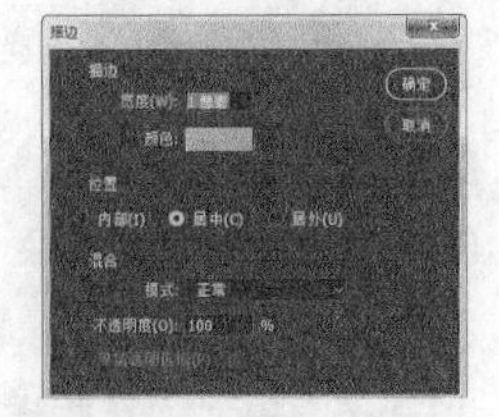

图 5-10

5.1.2 应用渐变工具

使用渐变工具可以绘制渐变色背景，制作渐变按钮等效果，下面使用渐变工具绘制海报背景素材，操作步骤如下。

STEP 1 新建一个 1920×900 像素的文件，分辨率为 72。

STEP 2 新建图层，选择工具箱中的渐变工具，打开“渐变编辑器”对话框，在下方颜色带上设置第一个色标，颜色为紫蓝色（RGB：100；112；246），第二个色标颜色为蓝色（RGB：39；182；252），如图 5-11 所示。

STEP 3 单击 确定 按钮，在属性栏中单击“线性渐变”按钮，将鼠标指针移到图像窗口中，按【Shift】键的同时按住鼠标左键不放从上往下拖动，为图层填充渐变色，效果如图 5-12 所示。

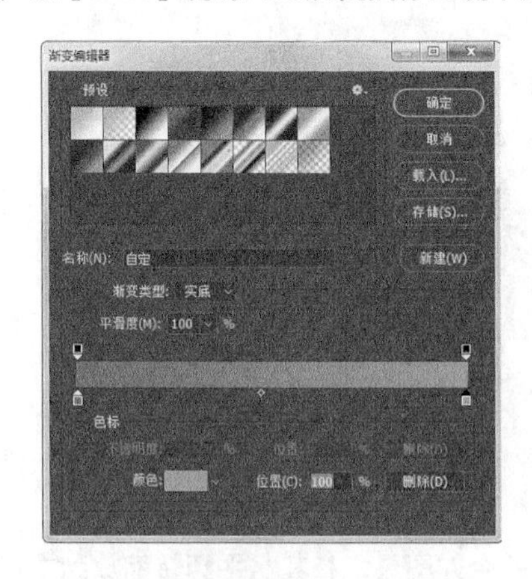

图 5-11

图 5-12

STEP 4 新建图层，按【Shift】键连续绘制圆形选区，注意在属性栏中单击“添加到选区”。然后将渐变颜色设置为蓝色（RGB：39；182；252）到浅一点的蓝色（RGB：74；177；252）线性渐变，进行填充，效果如图 5-13 所示。

STEP 5 取消选区后新建图层，使用相同的方法继续绘制椭圆图像，并填充渐变色，效果如图 5-14 所示。

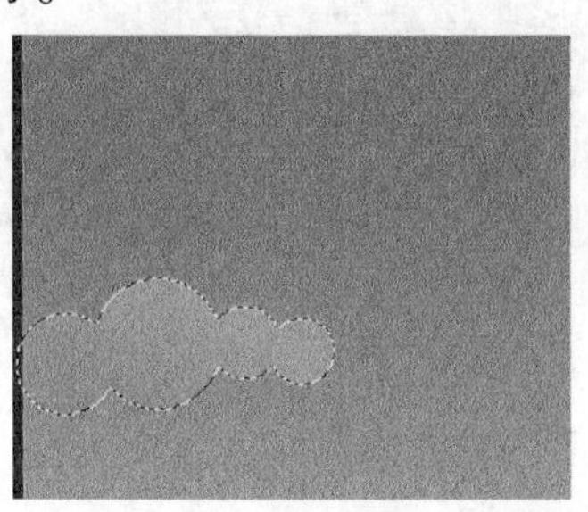

图 5-13

图 5-14

STEP 6 按【Ctrl+E】组合键将所有椭圆图层合并为一个图层，然后使用椭圆选框工具框选择下半部分并删除，效果如图 5-15 所示。

图 5-15

5.1.3 应用油漆桶工具

绘制完海报背景后，下面使用油漆桶工具来绘制海报素材，操作步骤如下。

STEP 1 新建图层，使用钢笔工具绘制路径，载入选区后，设置前景色为淡黄色（RGB：252；225；122），然后使用油漆桶工具填充颜色，效果如图 5-16 所示。

STEP 2 取消选区，选中该图层后按【Alt】键复制图层，然后将其填充为一个更深一点的黄色，并将复制后的图层放置在下方，效果如图 5-17 所示。

图 5-16

图 5-17

STEP 3 新建图层，使用相同的方法绘制其他图形，然后使用钢笔工具绘制形状，载入选区后使用油漆桶工具填充选区，注意填充时要填充到选区和图像相交的位置，效果如图 5-18 所示。

STEP 4 将椰子树的所有图层进行链接，然后复制并合并图层，将其水平翻转缩放到左侧的位置，效果如图 5-19 所示。

图 5-18

图 5-19

STEP 5 新建图层，使用钢笔工具绘制路径，然后载入选区，设置前景色后使用油漆桶工具分别填充选区，效果如图 5-20 所示。

图 5-20

5.2 画笔载入及预设

使用 Photoshop 中的画笔工具可以绘制不同的绘画效果，通过对画笔的不同设置可以绘制不同的线条，在美工设计中可以结合辅助工具（如数位板）绘制插图、美化商品等。而铅笔工具可以绘制出各种硬边效果的图像。

【课堂案例】制作毛笔文字

淘宝店铺每隔一段时间都会推出不同的促销活动，而每个促销活动都有不同的文字主题，这些文字主题可以通过计算机中安装的字体添加特效来美化，也可选择字体后结合画笔工具来制作。当下的设计中，使用的许多文字字体都是仿毛笔字，但在 Photoshop 中直接写出毛笔手写字体有很大的困难，这时就可以结合字体和笔刷来制作逼真的毛笔手写效果。本案例将制作毛笔文字，涉及画笔工具的使用以及设置笔刷等操作。

扫一扫
制作毛笔文字

本案例的最终效果如图 5-21 所示（资源包 /05/ 效果 / 毛笔字背景 .psd）。

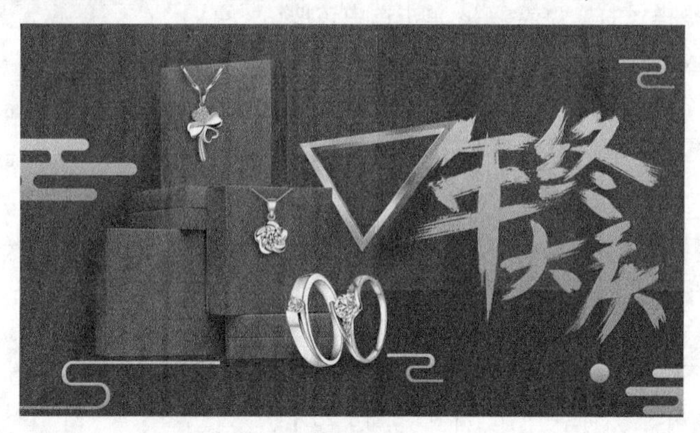

图 5-21

5.2.1 应用画笔工具

使用画笔工具并结合画笔设置可以绘制需要的图像效果，也可在绘制路径后使用画笔工具为路径描边以得到想要的效果。下面对画笔工具等相关知识分别进行介绍。

1. 画笔工具属性栏

选择工具箱中的画笔工具，在绘制图形前，需要在属性栏中设置画笔笔尖形状和大小，还可设置画笔的不透明度和流量等，设置后在图像窗口中单击鼠标左键不放并拖动鼠标可绘制需要的图形。其属性栏如图 5-22 所示。

图 5-22

下面对工具属性栏中的各个工具进行介绍，以便于后面的应用。

- （点按可打开“画笔预设”选取器）：单击该下拉按钮，可打开“画笔预设”选取器（也可选择工具箱中的画笔工具，然后在图像窗口中单击鼠标右键），在其中可设置画笔的笔触、大小和硬度等，如图 5-23 所示。

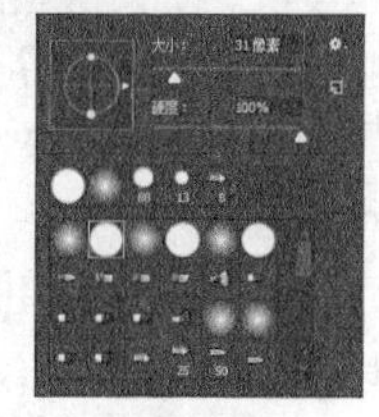
图 5-23

在“画笔预设”选取器中，单击“从此画笔创建新的预设”按钮，可将当前设置的画笔保存为新的画笔预设样本；单击按钮，在打开的菜单中可以重命名画笔、删除画笔、复位画笔、存储画笔和替换画笔等。

- （切换画笔面板）：单击该按钮，可打开如图 5-24 所示的“画笔”面板，在其中可对画笔笔尖的形状、角度和间距等进行详细设置。
- 流量：100%（设置描边的流动速率）：流量可以控制绘制过程中颜色的流动速度，数值越大，颜色流动得越快，颜色饱和度越高。在效果上看与设置不透明度的效果相同，但设置流量后，画笔绘制的图案重叠时颜色的饱和度会增加。
- （使用喷枪样式的建立效果）：单击选中该按钮，可以使用喷枪效果。
- （始终对“大小”使用“压力”）：使用压感笔压力可以覆盖“画笔”面板中的“不透明度”和“大小”的设置。

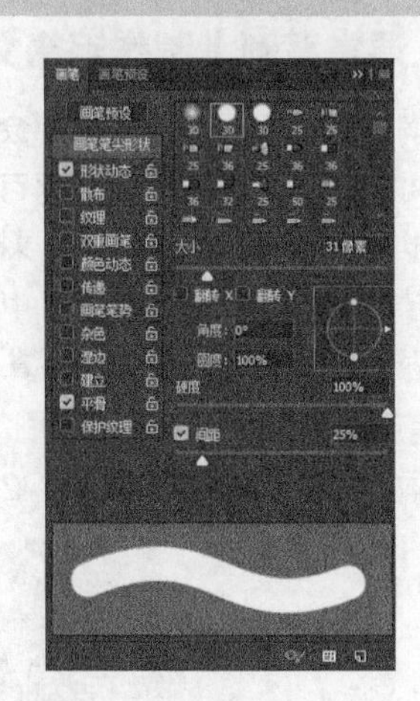

图 5-24

2. 铅笔工具

选择工具箱中的铅笔工具，其使用方法同画笔工具相同，属性栏中的多数设置也同画笔工具属性栏相同，如图 5-25 所示。

图 5-25

属性栏中的“自动抹除”复选框只适用于原始图像，它会自动判断绘画时的起始点颜色，如果起始点颜色为背景色，则铅笔工具将以前景色绘制，反之，如果起始点颜色为前景色，铅笔工具则会以背景色绘制。

按【[】键可将画笔调小，按【]】键可将画笔调大，按【Shift+[】组合键可减小画笔硬度，按【Shift+]】组合键可增加硬度，按数字键可调整画笔不透明度，按【1】键不透明度变为 1%，按【0】键不透明度变为 100%。绘制时按住【Shift】键可绘制水平、垂直和 45° 角的直线。

3. 自定义笔刷

在 Photoshop 中可以将图像制作为笔刷，选择要设置为画笔的图像，然后选择“编辑 > 定义画笔预设”命令，打开“画笔名称”对话框，在其中可设置画笔的名称，如图 5-26 所示，完成后单击按钮即可。

选择画笔工具，在属性栏中打开“画笔预设”选取器，在其中的画笔的形状列表框中即可找到刚刚自定义的画笔笔刷，如图 5-27 所示。

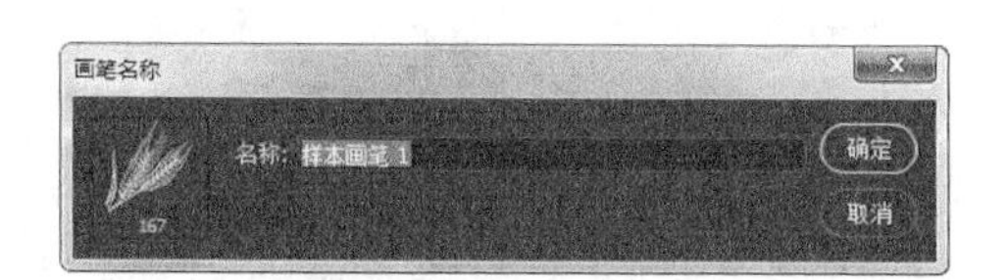

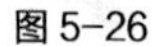

图 5-26

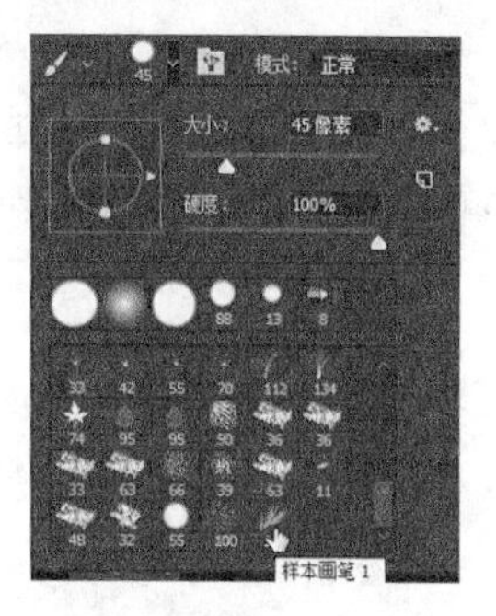

图 5-27

4. 载入笔刷

若是 Photoshop 中自带的笔刷达不到需要的效果，还可以从网上下载需要的画笔笔刷，下载后的笔刷需要将其载入到 Photoshop 中才能使用。

在“画笔预设”选取器中，单击按钮，在打开的菜单中选择“载入画笔”命令，然后选择笔刷的保存位置，如图 5-28 所示。单击 载入(L) 按钮即可将其载入到画笔形状的列表框中，如图 5-29 所示。

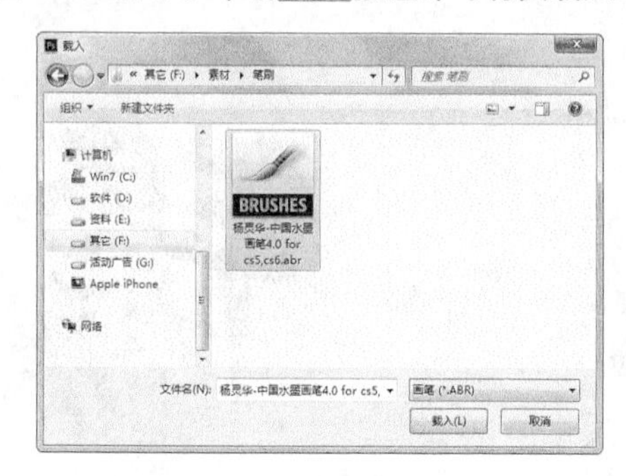

图 5-28

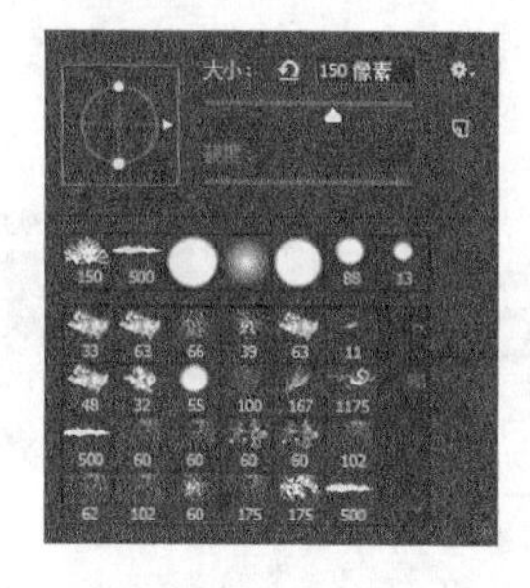

图 5-29

5.2.2 使用画笔绘制

毛笔字本身在中国有几千年的历史，发展到现在代表着设计上的一种艺术美，如果将其运用到设计中能体现独特的美感。下面使用画笔工具并结合字体来绘制毛笔字（这里使用的笔刷是从网上下载的毛笔笔刷），操作步骤如下。

STEP 1 新建一个 900×700 像素，分辨率为 300 的文件，将其以“毛笔字 .psd”为名保存。

STEP 2 将“年终大庆 .png”（资源包 /05/ 素材 / 年终大庆 .png）拖动到图像窗口中，调整位置后的效果如图 5-30 所示，其主要用于看文字的走势。

STEP 3 新建图层，选择工具箱中的画笔工具，打开“画笔”面板，在画笔笔尖形状的列表框中选择一种笔刷样式，然后调整大小，在图像窗口中单击，如图 5-31 所示。

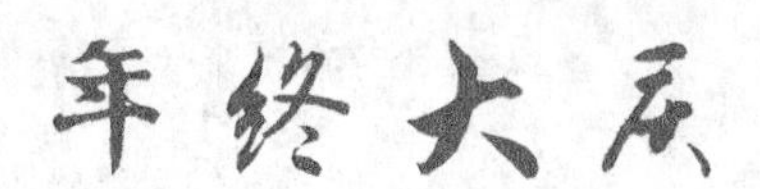

图 5-30

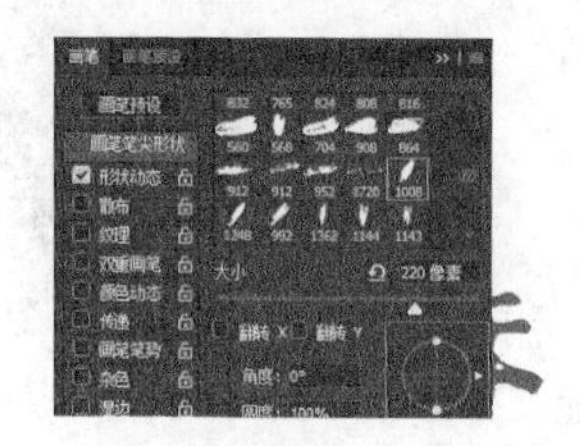

图 5-31

STEP 4 选中该图层，按【Ctrl+T】组合键变换笔刷，效果如图 5-32 所示。

STEP 5 新建图层，再选择一种合适的笔刷，然后在图像窗口中单击进行笔画绘制，并按【Ctrl+T】组合键变换调整笔画，效果如图 5-33 所示。

图 5-32

图 5-33

STEP 6 使用相同的方法添加文字的其他笔画笔触，效果如图 5-34 所示。

STEP 7 分别合并单个文字的所有笔画图层，然后按【Ctrl+T】组合键分别对文字进行调整，效果如图 5-35 所示。

图 5-34

图 5-35

STEP 8 将文字合并为一个图层，然后载入文字选区，使用渐变工具为其填充金色到金黄色的渐变，效果如图 5-36 所示。

STEP 9 打开“背景 .jpg”（资源包 /05/ 素材 / 背景 .jpg），将刚刚制作的毛笔字拖动到该文件中，调整大小和位置后的效果如图 5-37 所示。

图 5-36

图 5-37

5.3 橡皮擦工具的使用

使用橡皮擦工具可以擦除图像的颜色，同时在擦除位置上填入背景色或变为透明。因此，对于一些简单的要求效果不太高的图像，可以使用橡皮擦工具来抠取。

【课堂案例】抠取简单图像

在前面的章节中讲解了多种抠图方法，除了使用讲解过的工具来抠图外，还可使用橡皮擦工具来抠图，特别是在制作风景合成图时尤为适用。本案例将制作女鞋主图，在制作中会使用到魔术橡皮擦工具、文字工具等。

本案例的最终效果如图 5-38 所示（资源包 /05/ 效果 / 女鞋主图 .psd）。

图 5-38

5.3.1 擦除工具

在 Photoshop 中，擦除工具包括橡皮擦工具、背景橡皮擦工具和魔术橡皮擦工具。应用擦除工具可以擦除指定的图像颜色，还可擦除颜色相似的区域图像。

1. 橡皮擦工具

选择工具箱中的橡皮擦工具，在图像中单击鼠标左键不放并拖动，可擦除图像。其属性栏如图 5-39 所示。

图 5-39

其属性栏中的相关选项和画笔工具属性栏中的各选项功能相似，其中，“抹到历史记录”复选框主要用于确定以“历史”面板中确定的图像状态来擦除图像。

2. 背景橡皮擦工具

选择工具箱中的背景橡皮擦工具，可以将图像中的像素涂抹成透明，并在抹除背景的同时在前景中保留对象的边缘，常常适用于擦除背景较为复杂的图像，其属性栏如图 5-40 所示。

图 5-40

下面对属性栏中的各个工具进行介绍，以便于后面的应用。

- （取样按钮）：单击“取样：连续”按钮，表示擦除过程中连续取样；单击“取样：一次”按钮，表示擦除过程中仅取样单击时鼠标指针所在位置的颜色，并设置该颜色为基准颜色；单击“取样：背景色板”按钮，表示将背景色设置为基准颜色。
- 限制：连续（抹除操作的范围）：该下拉列表用于设置擦除限制类型，包括“不连续”“连续”和“查找边缘”3 个选项。选择“不连续”选项，可以擦除所有与取样颜色一致的颜色；选择“连续”选项，可以擦除与取样颜色相关联的区域；选择“查找边缘”选项，可以擦除与取样颜色相关的区域，并保留区域边缘的锐利清晰。
- 容差：50%（抹除相近颜色的范围）：用于设置擦除颜色的范围，数值越小，被擦除的图像颜色与取样颜色越接近。
- 保护前景色（请勿抹除前景色板颜色）：选中该复选框，可以防止具有前景色的图像区域被擦除。

图 5-41 所示为使用背景橡皮擦工具擦除的与画笔中心取样点颜色相同或相似区域的图像。

图 5-41

3. 魔术橡皮擦工具

选择工具箱中的魔术橡皮擦工具，可以自动分析图像边缘，将一定容差范围内的背景颜色全部擦除，其属性栏如图 5-42 所示。设置参数后，在要擦除的背景上单击，即可擦除背景。

图 5-42

下面对属性栏中的各个工具进行介绍，以便于后面的应用。

- 容差：32（抹除相近颜色的范围）：用于设置可擦除的颜色范围。
- 消除锯齿（平滑边缘转换）：选中该复选框，可以使擦除区域的边缘平滑。
- 连续（只抹除连续像素）：选中该复选框，只能擦除与目标位置颜色相同且连续的像素；取消选中该复选框，可以擦除图像中所有与目标位置颜色相同的像素。
- 对所有图层取样（使用合并数据来确定待擦除区域）：选中该复选框，可以对当前图像所有可见图层的数据进行擦除。

5.3.2 使用魔术橡皮擦工具抠图

下面使用魔术橡皮擦工具来抠取图像，操作步骤如下。

STEP 1 打开素材文件“1.jpg”（资源包 /05/ 素材 /1.jpg）。

STEP 2 选中工具箱中的魔术橡皮擦工具，在属性栏中设置容差为 30，然后在图像背景上单击鼠标左键，效果如图 5-43 所示。

STEP 3 此时，即可看到图像背景被擦除，但还有一些背景未被擦除。继续在背景图像上单击擦除背景，抠取鞋子图像，效果如图 5-44 所示。

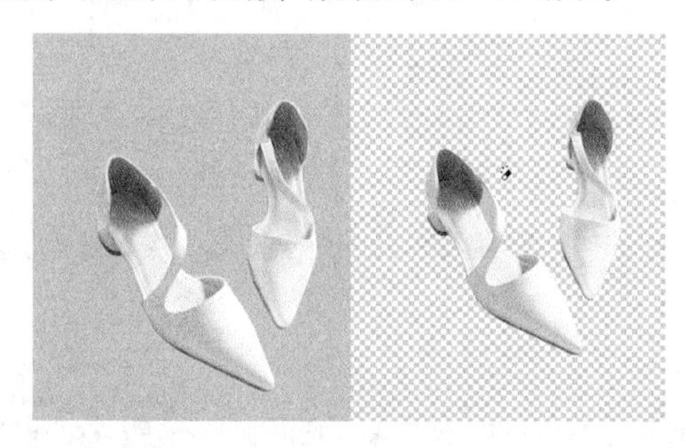
图 5-43

图 5-44

STEP 4 新建一个 600×600 像素，分辨率为 72 的文件，将其保存为“女鞋主图 .psd”。将素材文件“2.jpg”（资源包 /05/ 素材 /2.jpg）拖动到新文件中，然后调整大小，效果如图 5-45 所示。

STEP 5 将抠除的鞋子图像拖动到新的图像窗口中，调整大小和位置后效果如图 5-46 所示。

图 5-45

图 5-46

STEP 6 在鞋子图层下方新建图层，使用钢笔工具绘制路径，载入选区并羽化选区，将其填充为灰色，为鞋子绘制阴影，效果如图 5-47 所示。

STEP 7 使用椭圆选框工具绘制圆形，填充为红色（RGB：239；78；88），然后输入相关文字，效果如图 5-48 所示。

图 5-47

图 5-48

5.4 技能提升

本章主要制作了三个淘宝相关效果图，并在这三个案例中分别介绍了绘制图像的相关知识，通过本章的学习，读者应掌握以下内容。

（1）使用渐变工具、油漆桶工具和相关命令填充和描边颜色等。

（2）使用画笔工具绘制图像。

（3）使用橡皮擦工具抠取简单图像等。

完成了以上知识点的学习，下面通过两个实例的操作来复习和巩固所学知识，提升技能。水彩和光斑效果能在美工设计图片背景时使用。

1. 背景水彩效果

下面通过设置画笔工具和涂抹工具的笔尖来制作背景的水彩效果（资源包/03/效果/水彩效果.psd），操作步骤如下。

扫一扫
制作背景水彩效果

STEP 1 任意新建一个图像文件，新建图层，选择工具箱中的画笔工具，从属性栏中打开“画笔预设”面板，单击按钮，在打开的命令中选择“湿介质画笔”命令，然后在打开的提示对话框中单击追加(A)按钮。

STEP 2 任意为前景色设置一种颜色，选择一种水彩画笔形状，然后打开“画笔”面板，进行如图 5-49 所示的设置。

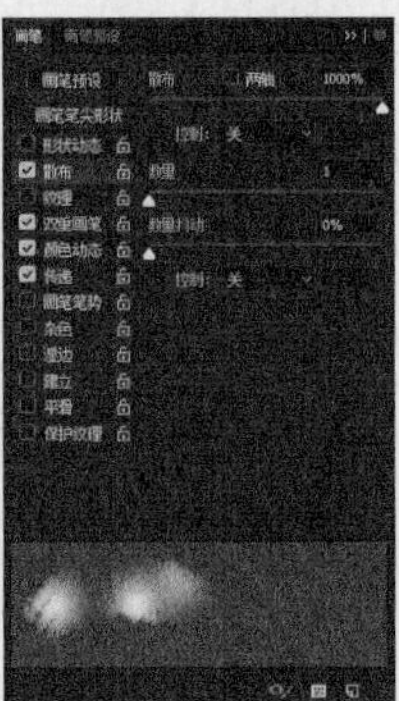
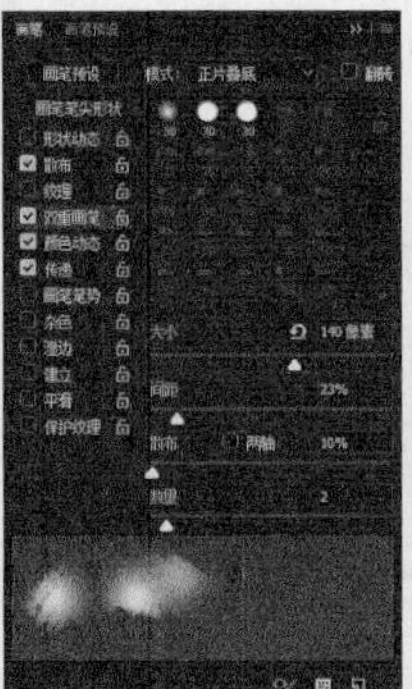
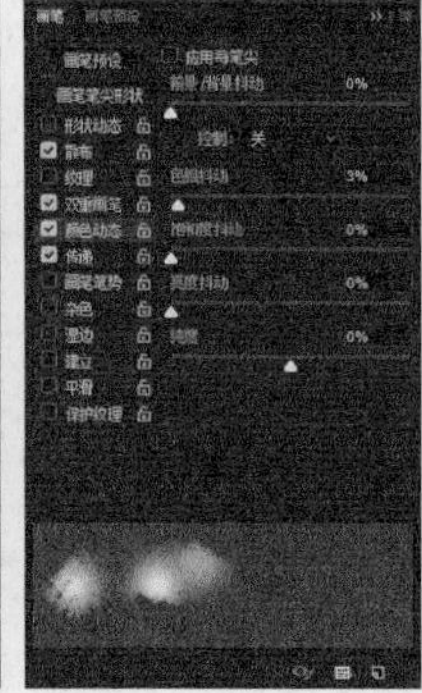
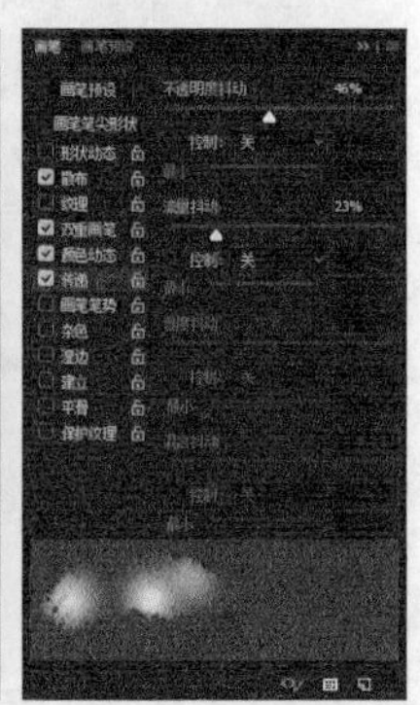

图 5-49

STEP 3 使用画笔工具进行涂抹，松开鼠标左键再次涂抹，即可看到颜色的变化，效果如图 5-50 所示。

STEP 4 新建图层，使用另外一种颜色进行涂抹，效果如图 5-51 所示。

图 5-50

图 5-51

STEP 5 选择工具箱中的涂抹工具，用同样的方法进行画笔设置，然后在相关图层上进行涂抹，如图 5-52 所示。

STEP 6 合并这两个图层，然后复制一个图层，选择“滤镜 > 风格化 > 查找边缘”命令，并调整该图层的不透明度，效果如图 5-53 所示。

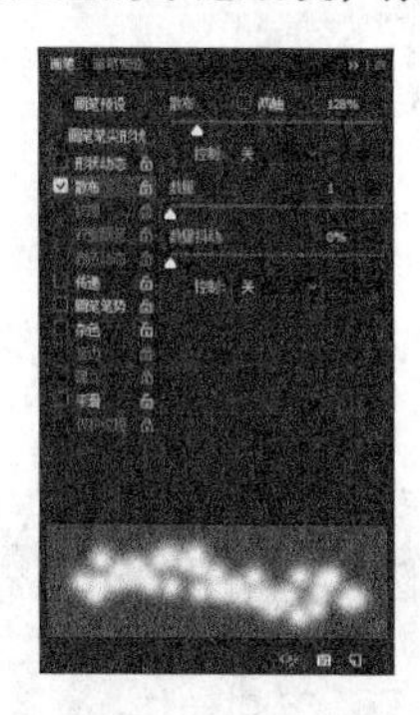

图 5-52

图 5-53

2. 制作光斑效果

为图像添加光斑可以让图像变得梦幻，下面使用画笔工具和图层样式来制作光斑效果（资源包 /05/ 效果 / 光斑效果 .psd），操作步骤如下。

STEP 1 打开素材文件“模特 .jpg”（资源包 /05/ 素材 / 模特 .jpg），绘制一个圆形选区，如图 5-54 所示。

STEP 2 新建图层，将选区填充为黑色，隐藏背景图层，在“图层”面板中设置不透明度和填充都为 50%，如图 5-55 所示。

图 5-54

图 5-55

STEP 3 新建图层，为圆形选区描边，像素大小为 3，位置为内部，颜色为黑色，如图 5-56 所示。

STEP 4 合并这两个图层，选择“编辑 > 定义画笔预设”命令，在打开的对话框中设置画笔名称，如图 5-57 所示。

提示

光斑效果的制作，除了本章介绍的简单制作方法外，在后面学习了图层样式后，还可丰富光斑效果，如添加颜色叠加、外发光、内发光等。

图 5-56

图 5-57

STEP 5 选择工具箱中的画笔工具，选择刚刚定义的画笔形状，然后打开“画笔”面板，对画笔进行相应设置，如图 5-58 所示。

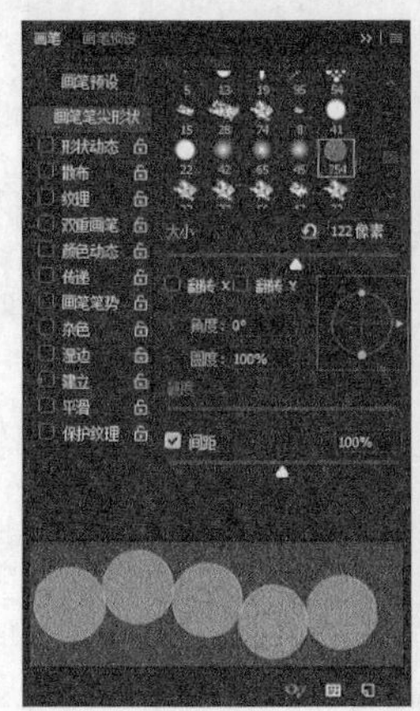

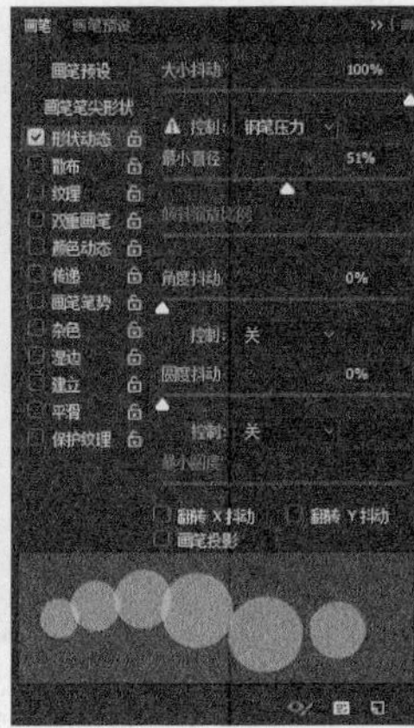

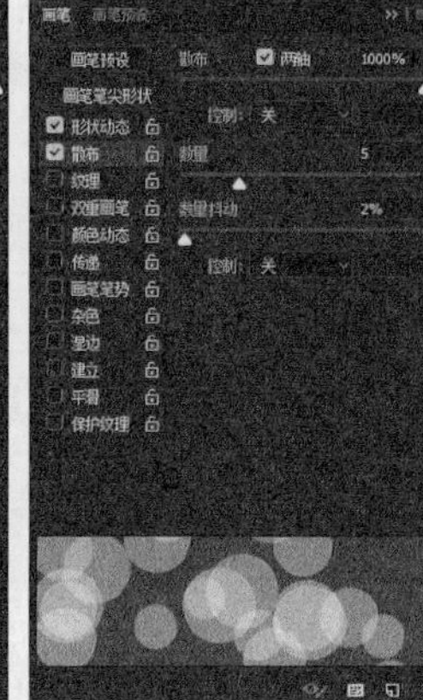

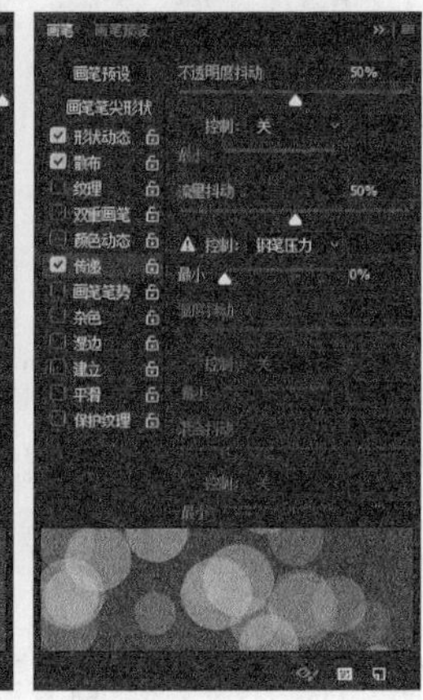

图 5-58

STEP 6 设置任意颜色的前景色，新建图层，在图像中涂抹即可看到光斑效果，取消隐藏定义画笔时候的图层效果如图 5-59 所示。

STEP 7 为了使光斑的层次更加丰富，可再新建一个图层，设置画笔大小后再在图像中涂抹，然后选择刚刚新建的图层，选择“滤镜 > 模糊 > 高斯模糊”命令，打开“高斯模糊”对话框，拖动滑块设置模糊度，如图 5-60 所示。

STEP 8 单击确定按钮后即可将下方的光斑效果模糊化，得到的图片如图 5-61 所示。

图 5-59

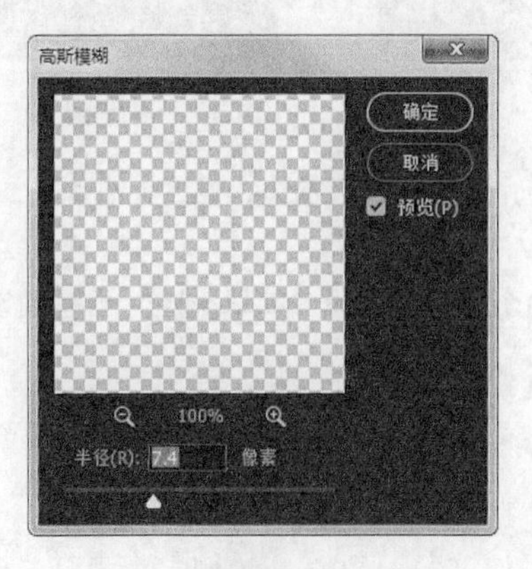

图 5-60

图 5-61

提示

画笔的设置具有多样性，读者可以在“画笔”面板中练习画笔的各种设置，并不一定拘泥于本书介绍的方法。

5.5 课后练习

1. 制作海报主题

打开本章制作的“海报背景.psd”图像文件，然后使用矩形工具和钢笔工具绘制相应形状，并使用渐变工具填充相应的颜色，最后使用文字工具输入主题文字，效果如图5-62所示（资源包/05/效果/海报主题.psd）。

图5-62

2. 直通车推广图

一张高点击率的推广图，要能表现出宝贝与主题，吸引顾客的关注，使顾客产生购买欲望。打开“奶瓶.jpg”素材文件（资源包/05/素材/奶瓶.jpg），使用渐变工具绘制渐变背景和图形，然后添加文字，效果如图5-63所示（资源包/05/效果/直通车推广图.psd）。

图5-63

提示

高点击率的推广图具有以下几个特点：①作为一张推广图，主要目的是将宝贝推广出去，所以在推广图中，宝贝一定要突出；②让顾客对宝贝形成直观的基础认知，继而引起点击；③适当添加品牌信息、产品特点或折扣信息；④促销折扣信息可以增强买家点击的欲望；⑤画面细节精致，色调和谐。

3. 详情页图片

打开“戒指 .jpg”和“盒子 .jpg”素材文件（资源包 /05/ 素材 / 戒指 .jpg、盒子 .jpg），使用魔术橡皮擦工具抠图，然后新建图像文件，填充渐变色，并将抠出的图像拖动到图像文件中，新建图层为其添加阴影，最后添加文字，效果如图 5-64 所示（资源包 /05/ 效果 / 详情页图片 .psd）。

图 5-64

Chapter 6

第6章
蒙版

本章将介绍Photoshop CC中蒙版的相关知识，包括图层蒙版、快速蒙版、剪贴蒙版和矢量蒙版。通过本章的学习，读者可以快速掌握各类蒙版的创建和使用技巧，并将其运用到图像处理中。

课堂学习目标

- 掌握图层蒙版的使用方法
- 掌握剪贴蒙版和矢量蒙版的创建方法
- 掌握快速蒙版的使用方法

6.1 图层蒙版和快速蒙版

在 Photoshop 中使用图层蒙版可以使图层中图像的部分图像呈现出透明或半透明效果，且原始图像不变，而快速蒙版可以使图像快速进入蒙版编辑状态，并可结合画笔工具抠取图像。

【课堂案例】海报合成

在淘宝店铺的首页海报和主图设计中，为了使图像效果更逼真，有时会为宝贝制作倒影效果，这时就可以使用图层蒙版结合渐变工具来制作。而在图像合成时，为了保护图像部分区域受到保护不被编辑，且能快速恢复为原图像，通常都会使用图层蒙版进行编辑。前文讲解了多种抠图方法，有时为了能快速抠取图像，也可结合使用快速蒙版和选区工具。

本案例主要制作海报合成效果。本案例的最终效果如图 6-1 所示（资源包/06/ 效果 / 海报合成效果）。

图 6-1

6.1.1 图层蒙版和快速蒙版的使用

图层蒙版中的黑色表示不显示，白色表示显示，介于黑色与白色之间的灰色表示半透明，透明度由灰度来决定。下面分别介绍 Photoshop 中图层蒙版的相关操作，以及建立快速蒙版的相关知识。

1. 添加图层蒙版

图层蒙版的作用是对某一图层进行遮盖，在“图层”面板中选择要添加蒙版的图层，然后单击下方的“添加图层蒙版”按钮，即可为当前图层添加图层蒙版。按住【Alt】键单击“添加图层蒙版”按钮，或选择“图层 > 图层蒙版 > 隐藏全部”命令，可为当前图层添加一个黑色图层蒙版，如图 6-2 所示。

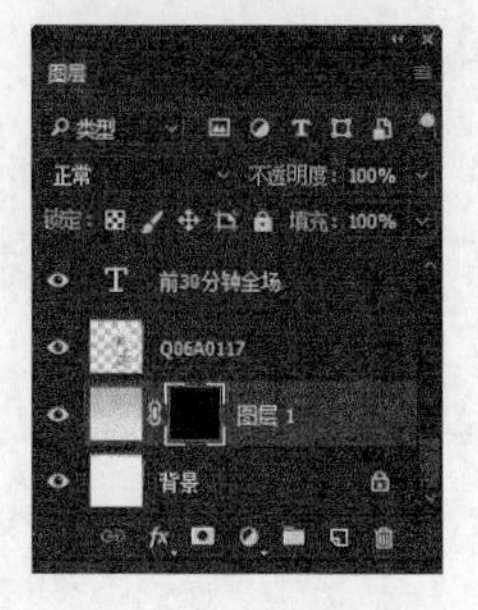

图 6-2

若是当前图层中存在选区，单击“添加图层蒙版”按钮，或选择“图层 > 图层蒙版 > 显示选区”命令，可创建一个显示选区并隐藏了图层其余部分的蒙版。

2. 隐藏图层蒙版

按【Alt】键的同时单击图层蒙版缩略图，图像窗口中的图像将被隐藏，只显示蒙版缩略图中的效果，如图 6–3 所示。再次按【Alt】键并单击图层蒙版缩略图可恢复显示；按【Shift+Alt】组合键并单击图层蒙版缩略图，将进入快速蒙版状态。

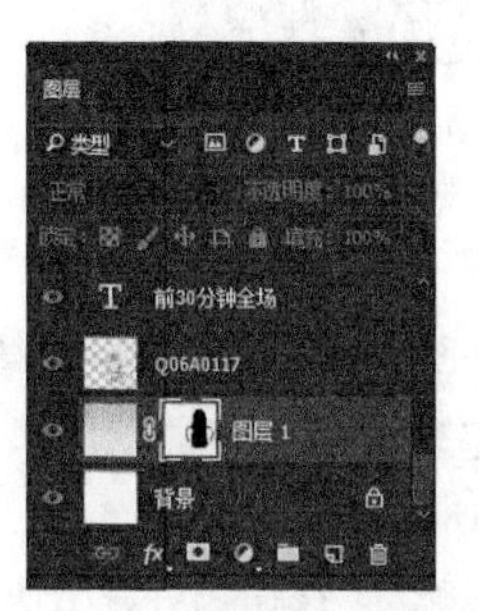

图 6–3

3. 复制和移动图层蒙版

单击选择图层蒙版的缩略图，将其拖动到其他图层上，松开鼠标即可移动图层蒙版到其他图层上；若在拖动图层蒙版的过程中按住【Alt】键，可复制图层蒙版，如图 6–4 所示。

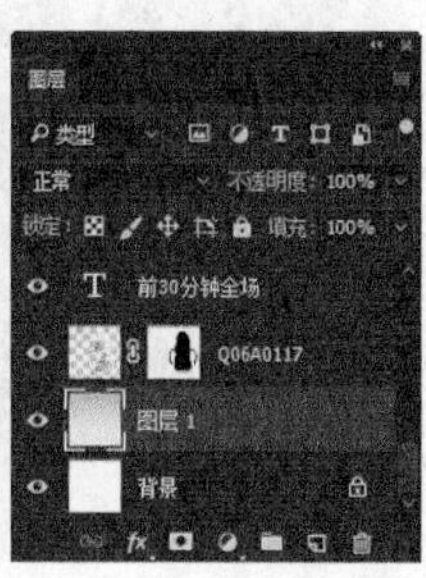

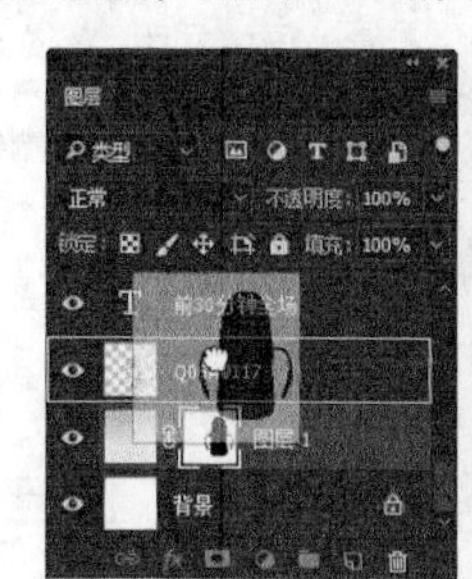

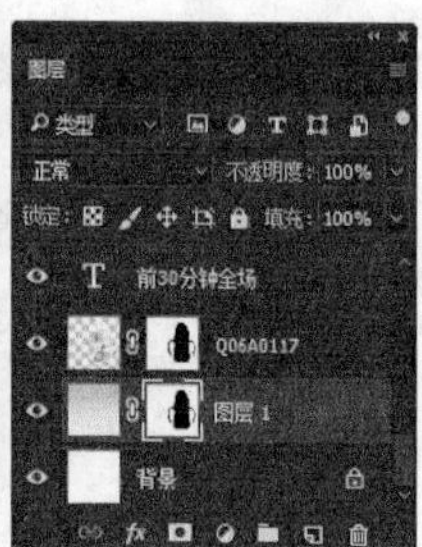

图 6–4

4. 应用和删除图层蒙版

为了减小图像文件的大小，可在不需要修改时，将添加图层蒙版应用到图层中。应用图层蒙版就是将蒙版隐藏的图像删除，将蒙版显示的图像保留，然后删除图层蒙版。选择添加了图层蒙版的图层，选择“图层 > 图层蒙版 > 应用”命令，或在图层上单击鼠标右键，在弹出的快捷菜单中选择“应用图层蒙版”命令，即可应用图层蒙版，如图 6–5 所示。

选中图层蒙版的缩略图，将其拖动到“删除图层”按钮上，在打开的对话框中单击 应用 按钮也可应用图层蒙版，单击 删除 按钮可以删除图层蒙版，如图 6–6 所示。选择菜单命令或选择右键菜单命令都可删除图层蒙版。

提示

在“图层”面板的图层缩略图和蒙版缩略图之间有一个链接图标，当图层图像和蒙版关联时，移动图像时蒙版会同时移动，单击链接图标，将不显示该图标，表示可以对图像和蒙版分别进行编辑。

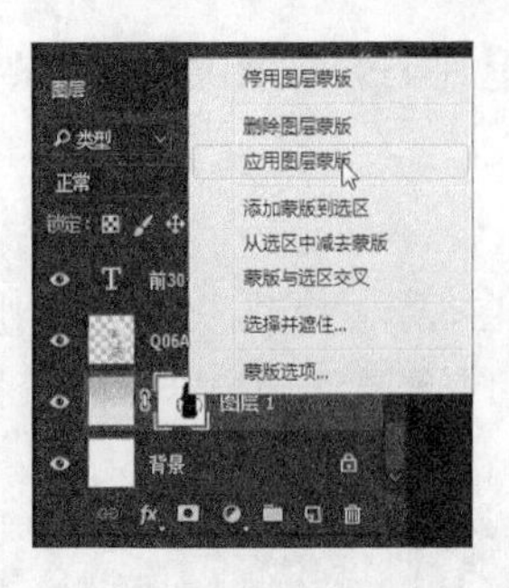

图 6-5

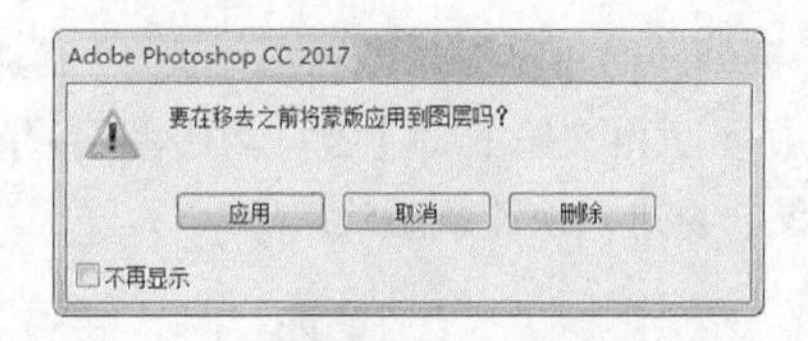

图 6-6

5. 快速蒙版的制作

使用快速蒙版可以使图像快速进入蒙版编辑状态。当图像中包含有选区时，单击工具箱下方的“以快速蒙版模式编辑”按钮，可进入快速蒙版状态，选区会暂时消失，图像未选择区域变为半透明红色，在“图层”面板中当前图层会显示为红色，“通道”面板中也将自动生成快速蒙版，如图 6-7 所示。再次单击“以快速蒙版模式编辑”按钮可退出快速蒙版状态。

图 6-7

提示

在快速蒙版状态下使用画笔工具在图像中涂抹，前景色为白色时可以将涂抹的部分添加到选区，前景色为黑色时则与选区相减。

6.1.2 添加图层蒙版

下面使用图层蒙版制作海报背景合成图像，操作步骤如下。

STEP 1 新建一个 1920×800 像素、分辨率为 72 的图像文件。

STEP 2 将素材文件“1.jpg”（资源包 /06/ 素材 /1.jpg）和“2.jpg”（资源包 /06/ 素材 /2.jpg）分别拖入图像中。

STEP 3 分别对拖入的两个素材文件进行缩放并调整其位置，然后栅格化图层，效果如图 6-8 所示。

STEP 4 选择上方的图层，单击“图层”面板中的“添加图层蒙版”按钮，为该图层添加图层蒙版，如图 6-9 所示。

图6-8

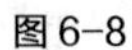

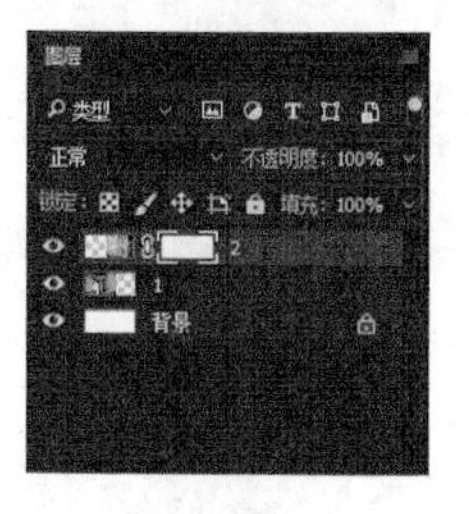

图6-9

STEP 5 选择工具箱中的渐变工具，在属性栏中将其设置为线性渐变，渐变颜色从黑色到白色，然后在图像中拖动，使图像的边缘模糊化，如图 6-10 所示。

图6-10

6.1.3 添加快速蒙版

下面使用快速蒙版抠图，操作步骤如下。

STEP 1 打开素材文件“3.jpg”（资源包 /06/ 素材 /3.jpg），使用魔棒工具单击淡黄色区域将其载入选区，效果如图 6-11 所示。

STEP 2 单击工具箱中的“以快速蒙版模式编辑”按钮，进入快速蒙版状态，效果如图 6-12 所示。

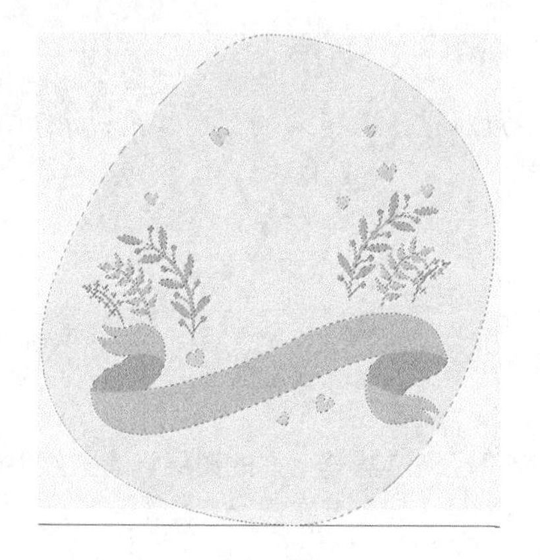

图6-11

图6-12

STEP 3 设置前景色为白色，然后使用画笔工具涂抹心形和背景的白色区域，将其添加到选区中，效果如图 6-13 所示。

STEP 4 单击工具箱中的“以快速蒙版模式编辑”按钮，恢复选区状态，按【Shift+Ctrl+I】组合键反选，按【Ctrl+J】组合键复制粘贴图层，效果如图 6-14 所示。

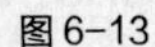

图 6-13

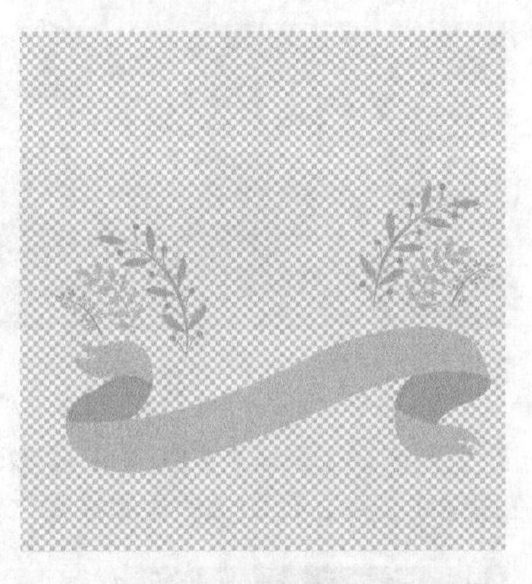

图 6-14

STEP 5 将抠出的图像拖动到海报图像文件中，缩放大小后的效果如图 6-15 所示。

STEP 6 在海报中输入文字，设置合适的字体和颜色，按【Ctrl+T】组合键变换文字大小，注意调整图层的排列顺序，效果如图 6-16 所示。

图 6-15

图 6-16

提示

若在快速蒙版状态下，使用画笔工具涂抹错误，可以切换前景色和背景色来重新涂抹图像，但前景色和背景色只能是黑白色。

6.2 剪贴蒙版与矢量蒙版

剪贴蒙版和矢量蒙版的作用相似，都是使用图层或路径来遮盖其上方的图层，遮盖效果由基底图层决定。下面就分别对剪贴蒙版与矢量蒙版进行讲解。

【课堂案例】制作热卖专区

在淘宝首页的热卖专区中通常会展示多个商品，为了使每个商品的图像大小整齐，可以使用剪贴蒙版使用固定尺寸大小的形状来遮盖多余的商品图像。但要注意的是店铺首页热卖商品栏并不是一成不变的，其形状根据商品的性质不同而不同，如卖巧克力的店铺，其首页热卖商品的排列就不是整齐排列的，而是更具设计感。本案例将制作淘宝首页的热卖专区，涉及剪贴蒙版和矢量蒙版的操作。

本案例的最终效果如图 6-17 所示（资源包 /06/ 效果 / 热卖专区 .psd）。

图 6-17

6.2.1 剪贴蒙版和矢量蒙版的使用

剪贴蒙版就是将上面图层中的对象内容以下面图层对象的形状显示出来，可以用一个图层来控制多个可见图层，但这些图层必须是相邻和相连的。矢量蒙版则可以使用绘制的图形或路径来制作图像的遮罩效果。下面分别进行介绍。

1. 应用剪贴蒙版

在“图层”面板中选择要创建剪贴蒙版的图层，选择“图层 > 创建剪贴蒙版”命令或按【Ctrl+Alt+G】组合键，即可将其装入到下面的图层中。也可按【Alt】键，将鼠标指针移到两个图层之间，此时鼠标变为形状，单击即可创建剪贴蒙版，如图 6-18 所示。

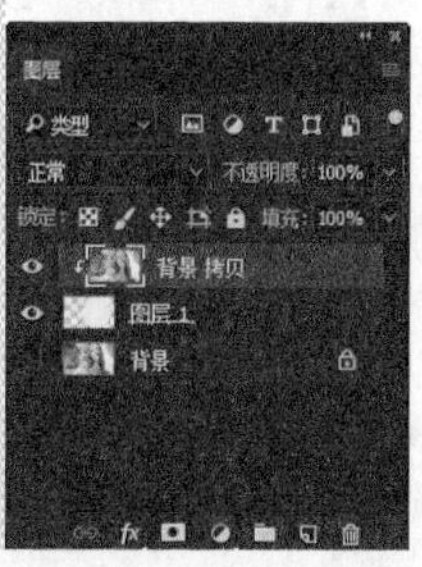

图 6-18

在剪贴蒙版中，箭头指向的图层为基准图层，下面带有下划线的图层为内容图层。

若要取消剪贴蒙版，可选择基准图层，然后选择“图层 > 创建剪贴蒙版”命令或按【Ctrl+Alt+G】组合键，或再次按【Alt】键，并在两个图层之间的交线处单击，即可取消剪贴蒙版。

2. 应用矢量蒙版

选择工具箱中的自定义形状工具，在属性栏中设置路径的工作模式，然后绘制路径形状，选择要执行矢量蒙版的图层，选择“图层 > 矢量蒙版 > 当前路径”命令，即可为该图层添加矢量蒙版，如图 6-19 所示。使用直接选择工具可以修改路径的形状，改变蒙版的遮罩区域。

图 6-19

6.2.2 创建剪贴蒙版

下面使用剪贴蒙版来制作店铺首页的热卖专区，操作步骤如下。

STEP 1 新建一个 960×900 像素，分辨率为 72 的图像文件，将其以“热卖专区 .psd”为名保存。

STEP 2 将背景图层填充为淡绿色（RGB：238；255；249）。

STEP 3 新建图层，使用直线工具绘制直线，并使用桃红色（RGB：250；70；69），1 像素宽描边路径，并合并这几个图层。

STEP 4 新建图层，使用圆角矩形工具绘制矩形，使用钢笔工具添加锚点，选择中间的锚点，按【Delete】键，并使用同样颜色和宽度描边路径，效果如图 6-20 所示。

STEP 5 使用横排文字工具输入文字，字体为方正兰亭细黑和方正兰亭纤黑，颜色为桃红色（RGB：250；70；69），并打开“字体”面板分别调整字体间距，然后按【Ctrl+T】组合键调整字体大小，效果如图 6-21 所示。

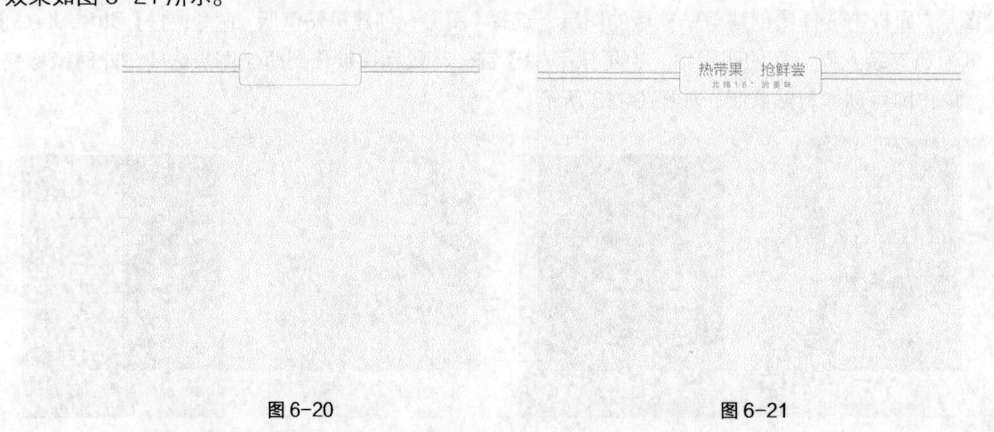

图 6-20　　图 6-21

STEP 6 新建图层，绘制一个圆角矩形路径，然后填充为稍微深一些的绿色（RGB：202；238；225），效果如图 6-22 所示。

STEP 7 新建图层，绘制圆角矩形路径，填充为白色，并复制多个图层，调整位置后的效果如图 6-23 所示。

图6-22　　　　图6-23

STEP 8 将素材文件“4.jpg”（资源包/06/素材/4.jpg）拖动到图像窗口中，缩放图像大小，将该图层放置在白色矩形图层的上方，然后按【Ctrl+Alt+G】组合键创建剪贴蒙版，效果如图6-24所示。

STEP 9 使用相同的方法将素材文件“5.jpg”“6.jpg”“7.jpg”（资源包/06/素材/5.jpg、6.jpg、7.jpg）拖动到图像窗口中，并缩放图像大小，将该图层放置在白色矩形图层的上方，然后创建剪贴蒙版，效果如图6-25所示。

图6-24　　　　图6-25

STEP 10 使用文字工具分别在相应的位置输入文字，并设置文字字体和颜色等，效果如图6-26所示。

STEP 11 使用直线工具绘制路径，并使用画笔工具描边，注意描边前需要对画笔工具的大小和前景色进行设置，效果如图6-27所示。

图6-26

图6-27

6.2.3 创建矢量蒙版

下面使用矢量蒙版制作形状图像，操作步骤如下。

STEP 1 新建图层，使用矩形选框工具绘制选区，并填充颜色为桃红色（RGB：250；70；69），然后在上方输入文字，并合并这两个图层，效果如图 6-28 所示。

STEP 2 使用自定义形状工具绘制一个箭头路径，并使用直接选择工具调整路径锚点，效果如图 6-29 所示。

图 6-28

图 6-29

STEP 3 选择“图层 > 矢量蒙版 > 当前路径”命令，即可创建矢量蒙版，效果如图 6-30 所示。

STEP 4 复制当前图层，将其分别放置在相应的位置，效果如图 6-31 所示。

图 6-30

图 6-31

6.3 技能提升

本章主要制作了两个淘宝促销广告，并在这两个案例中分别介绍了几种蒙版的相关知识，通过本章的学习，读者应掌握以下内容。

（1）图层蒙版的相关操作。

（2）使用快速蒙版抠图。

（3）创建剪贴蒙版和矢量蒙版的方法。

完成了以上知识点的学习，下面通过为产品绘制倒影和产品排版的操作来复习和巩固所学知识，提升技能。

1. 制作倒影

下面使用图层蒙版来为宝贝制作商品倒影（资源包 /06/ 效果 / 商品倒影 .psd），操作步骤如下。

STEP 1 新建一个 700×700 像素，分辨率为 72 的图像文件，然后使用渐变工具绘制从灰色到白色的线性渐变。

STEP 2 打开素材文件“面膜 1.jpg”（资源包 /06/ 素材 / 面膜 1.jpg）和“面膜 2.jpg”（资源包 /06/ 素材 / 面膜 2.jpg），分别抠取面膜，将其拖动到新建的图像文件中，并调整位置和大小，效果如图 6–32 所示。

STEP 3 设置前景色为黑色，选择画笔工具，在其属性栏中设置画笔笔尖形状为柔边缘，不透明度为 50%，然后新建图层，按【Shift】键绘制一条灰色的线段，为面膜添加阴影效果，调整图层顺序后的效果如图 6–33 所示。

图 6–32

图 6–33

STEP 4 选择片状面膜的图层，将其复制一个图层，并按【Ctrl+T】组合键将其垂直翻转，并斜切图像，使其与原图层的面膜图像角度一致，效果如图 6–34 所示。

STEP 5 确定变换后，为该图层添加图层蒙版，然后使用渐变工具从下往上绘制黑色到白色的渐变，如果绘制得不满意可重复绘制，效果如图 6–35 所示。

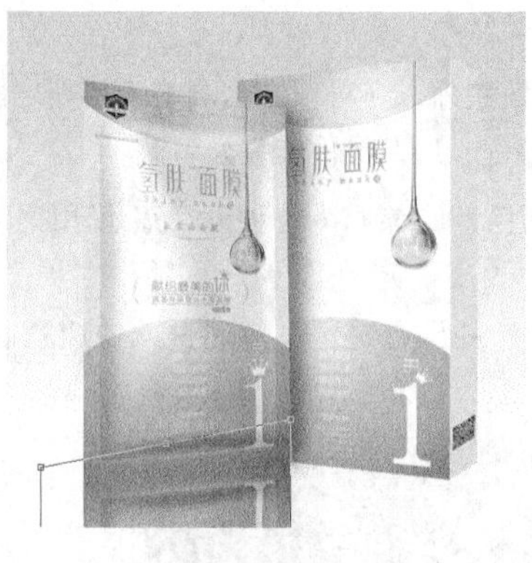

图 6–34

图 6–35

STEP 6 因为盒装面膜有两个面，因此制作倒影时要分别对每个面进行操作。使用钢笔工具抠取盒子的每个面，并对每个面进行变换，效果如图 6–36 所示。

STEP 7 完成后为每个面所在的图层添加图层蒙版，并绘制倒影图像，效果如图 6–37 所示。

STEP 8 此时制作的倒影有部分重合，这时可以使用橡皮擦工具，将其设置为不透明后将重合的部分擦除，效果如图 6–38 所示。

STEP 9 使用钢笔工具沿面膜的边界绘制路径，然后使用画笔工具描边，注意设置画笔工具的笔尖大小和不透明度，效果如图 6–39 所示。

图 6-36

图 6-37

图 6-38

图 6-39

2. 蒙版抠图

图层蒙版的用途广泛，除了本章中搭配渐变工具使用外，还可以结合画笔工具等来使用，下面使用图层蒙版结合其他工具来抠图（资源包 /06/ 效果 / 海报 .psd），操作步骤如下。

STEP 1 打开“运动 .jpg”素材文件（资源包 /06/ 素材 / 运动 .jpg），使用钢笔工具沿人物边缘绘制路径，如图 6-40 所示。

STEP 2 按【Ctrl+Enter】组合键载入选区，并反选选区，然后进入快速蒙版状态，效果如图 6-41 所示。

图 6-40

图 6-41

STEP 3 使用钢笔工具在没有抠到的人物边缘绘制路径，载入选区后使用画笔工具设置前景色为黑色并在选区中涂抹，得到如图 6-42 所示的选区。

STEP 4 可以调小画笔笔尖大小来扣取头发丝，并在属性栏中设置不透明度和流量，然后在发丝处涂抹，注意随时调整前景色，退出快速蒙版状态后的效果如图 6-43 所示。

图 6-42

图 6-43

STEP 5 将选区羽化一个像素，然后按【Ctrl+J】组合键复制粘贴图层。

STEP 6 新建一个 1920×800 像素的图像文件，将背景填充为灰蓝色（RGB：126；152；176），然后将抠出的人物放置在图像文件中，效果如图 6-44 所示。

STEP 7 在人物图层下方新建图层，使用钢笔工具绘制路径，载入选区后羽化 20 像素，将其填充为深一些的灰蓝色，为人物制作阴影，效果如图 6-45 所示。

图 6-44

图 6-45

STEP 8 使用横排文字工具输入文字，设置一种具有力量感的字体，颜色为白色，然后按【Ctrl+T】组合键斜切文字，效果如图 6-46 所示。

STEP 9 使用钢笔工具操作人物手部投到文字上的阴影路径，在文字图层上新建图层，载入选区后羽化 10 像素，将其填充为深一些的灰蓝色，效果如图 6-47 所示。

图 6-46

图 6-47

6.4 课后练习

1. 产品海报

新建 1920×800 像素的图像文件，将“耳麦 .jpg”素材文件（资源包 /06/ 素材 / 耳麦 .jpg）拖动到文件中，然后使用渐变工具填充背景（渐变颜色可以使用吸管工具吸取素材图像中的颜色），然后栅格化素材图层，为其添加图层蒙版，并使用画笔工具用黑色进行涂抹，最后添加文字即可，效果如图 6-48 所示（资源包 /06/ 效果 / 产品海报 .psd）。

图 6-48

2. 产品排版

新建图像文件，然后绘制多个白色矩形，将“练习 2”文件夹中的素材文件拖动到新建图像文件中（资源包 /06/ 素材 / 练习 2），为其添加剪贴蒙版，然后添加图形和文件效果如图 6-49 所示（资源包 /06/ 效果 / 产品排版 .psd）。

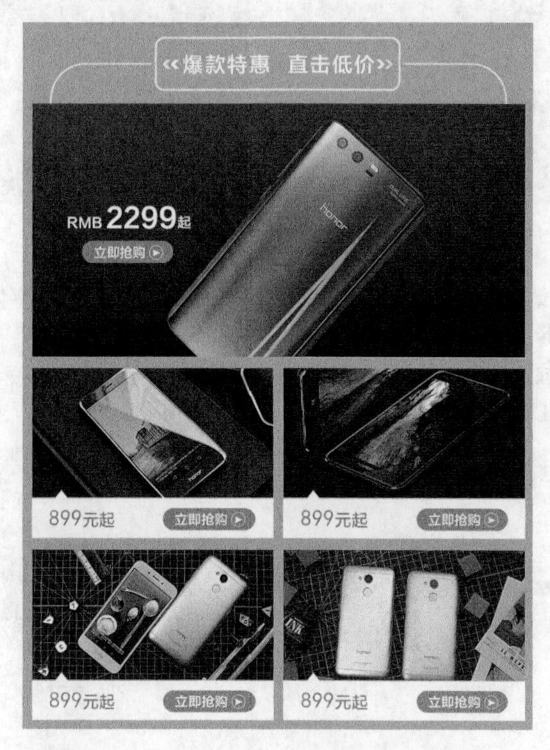

图 6-49

Chapter 7

第7章 图层的高级应用

本章将介绍Photoshop CC中图层应用的相关知识，包括图层样式、图层混合模式、填充图层和调整图层等。通过本章的学习，读者可以快速掌握图层应用的多种操作，快速为图像添加样式效果等。

课堂学习目标

- 掌握图层样式的应用
- 掌握图层混合模式的使用
- 掌握应用图层和调整图像的方法

7.1 应用图层样式

图层样式是 Photoshop 中的一项图层处理功能，是制作图片效果的重要手段之一。为图层中的图像添加图层样式可以使图像产生丰富变化，增强图像的表现力。

【课堂案例】制作纸尿裤海报

不同的店铺类型其海报表达的内容也会不同，但一般店铺的海报都是由主推产品图片和相关主题文字组成的，在制作店铺海报时，知道文字主题后可以通过该主题去网站下载需要的素材，也可以通过绘制得到需要的素材，找素材时要注意切合品牌。

本案例主要制作纸尿裤店铺的海报，通过添加不同的图层样式来制作相应效果。本案例的最终效果如图 7-1 所示（资源包 /07/ 效果 / 纸尿裤海报）。

图 7-1

7.1.1 “图层样式”对话框

Photoshop 中的图层样式都包含在“图层样式”对话框中，单击“图层”面板中的■，在打开的命令中选择“混合选项”命令，或双击要添加图层样式的图层，都可打开“图层样式”对话框，如图 7-2 所示。也可单击“图层”面板中的“添加图层样式”按钮fx，在打开的下拉菜单中选择需要的图层样式命令，如图 7-3 所示。

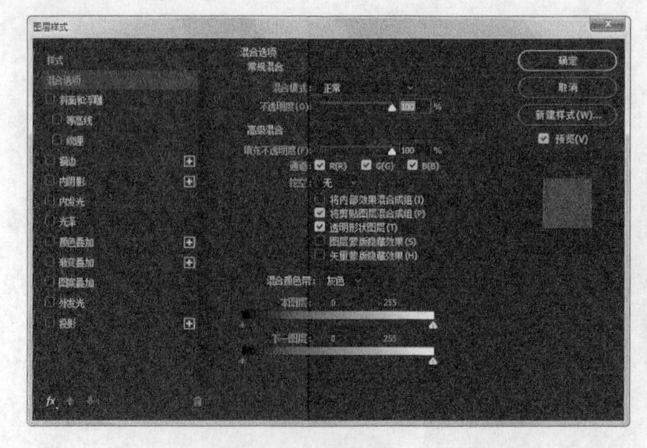

图 7-2

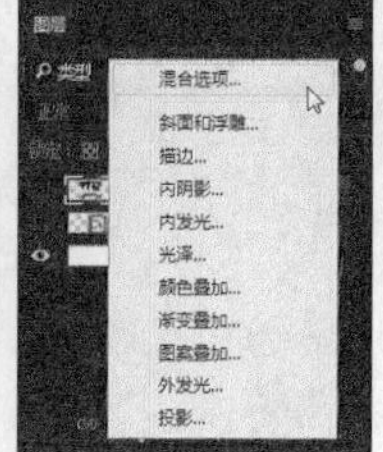

图 7-3

在对话框中包含“斜面和浮雕”“描边”“内阴影”“内发光”“光泽”“颜色叠加”“渐变叠加”“图案叠加”“外发光”和“投影”复选框，单击任意复选框，在右侧栏中都会显示相应的选项。

- “斜面和浮雕”复选框：该复选框下还包括“等高线”和“纹理”复选框，主要用于对图像应用的切斜和浮雕效果。
- “描边”复选框：用于对图像进行描边。
- “内阴影”复选框：用于使图像内部产生阴影效果。
- “内发光”复选框：用于在图像边缘内产生一种辉光效果。
- “光泽”复选框：用于使图像产生一种光泽的效果。
- “颜色叠加”复选框：用于使图像产生颜色叠加效果。
- “渐变叠加”复选框：用于使图像产生渐变叠加效果，效果与渐变工具的效果相同。
- “图案叠加”复选框：用于在图像上叠加图案效果。
- “外发光”复选框：同内发光相反，用于使图像边缘外产生一种辉光效果。
- “投影”复选框：用于使图像产生阴影效果。

下面对几种常用的图层样式进行介绍。

1. 投影效果

投影样式可以在图层图像背后添加阴影，如图 7–4 所示。在“图层样式”对话框中选中“投影”复选框，其右侧面板中的相关参数含义如下。

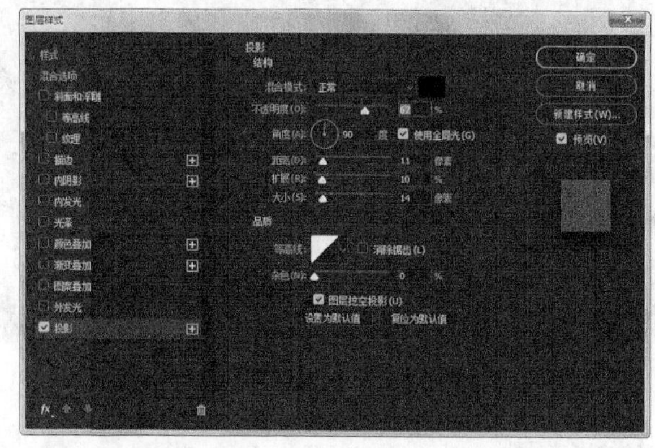

图 7–4

- 混合模式：用于设置阴影与下方图层的色彩混合模式，默认是以“正片叠底”模式显示，该模式可以得到比较暗的阴影颜色。单击右侧的色块还可设置阴影颜色。
- 不透明度：用于设置投影的不透明度，数值越大，阴影颜色越深。
- 角度：用于设置光源的照射角度，光源角度不同，阴影的位置也就不同。选中“使用全局光”复选框，可以使图像中所有图层的图层效果保持相同的光源照射角度。
- 距离：用于设置阴影与图像的距离，数值越大，阴影越远。
- 扩展：默认状态下阴影的大小与图层相协调，若增大扩展数值，则阴影会加大。
- 大小：用于设置阴影的大小，数值越大，阴影越大。
- 等高线：用于设置阴影的轮廓形状。
- 消除锯齿：选中该复选框，可以消除阴影边缘的锯齿。
- 杂色：用于设置颗粒在阴影中的填充数量。
- 图层挖空投影：用于控制半透明图层中阴影的可见或不可见效果。

2. 斜面和浮雕效果

斜面和浮雕是一个特别实用的图层样式，可用于制作各种凹陷或凸出的浮雕图像或文字，效果如图 7–5 所示。

图 7–5

在“图层样式”对话框中单击选中“斜面和浮雕”复选框，在右侧面板中可设置各项参数，其中“结构”栏用于设置不同的斜面和浮雕样式、深度、方向等，“阴影”栏用于设置不同的光源角度等，如图7–6所示。选中“等高线”复选框，可在右侧设置等高线的参数，其中“图素”栏用于设置具有清晰层次感的斜面和浮雕参数，如图 7–7 所示；选中“纹理”复选框，可以为浮雕添加纹理效果。

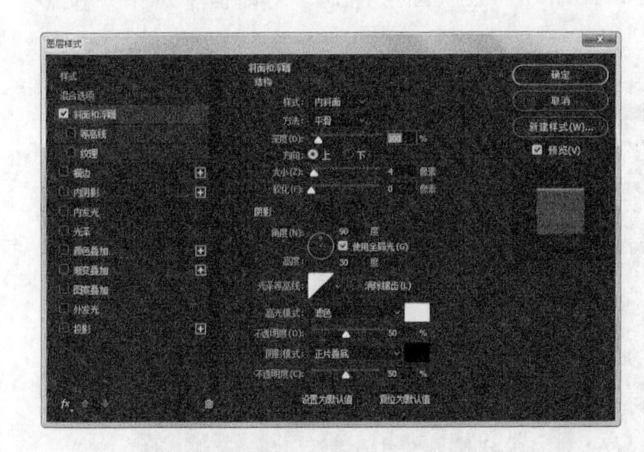

图 7–6

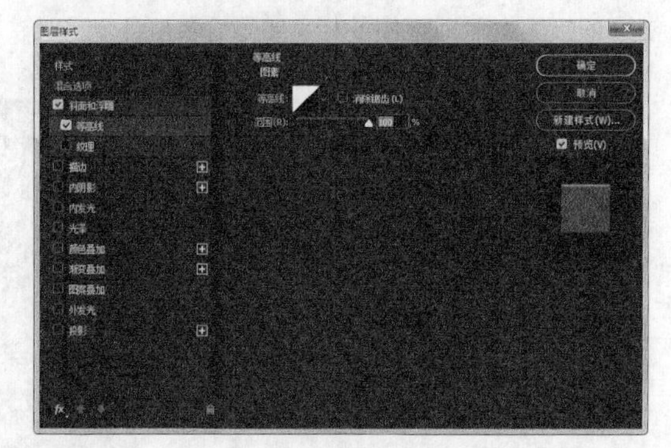

图 7–7

3. 内发光效果

内发光效果是在文本或图像的内部产生光辉效果，如图 7–8 所示，在“图层样式”对话框中选中“内发光”复选框，其右侧面板中的相关参数含义如下。

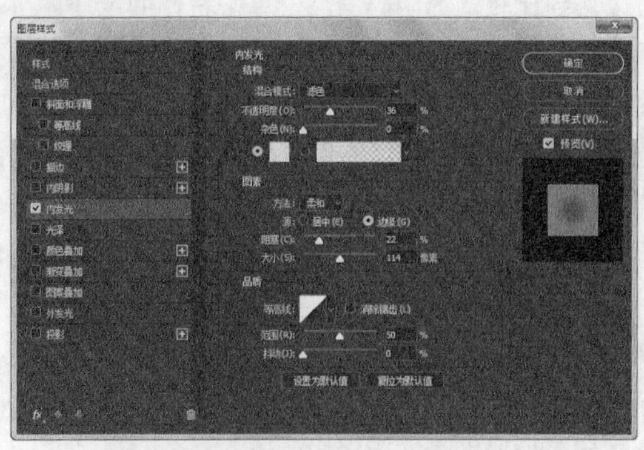

图 7–8

- 源：该选项中包含“居中”和“边缘”两个单选项，其中“居中”单选项表示从图像中心向外发光；“边缘”单选项表示从图像边缘向外发光。
- 阻塞：拖动滑块可设置光源向内发散的大小。
- 大小：拖动滑块可设置内发光的大小。

4. 图层样式的基本操作

为图层应用图层样式后，可选择该图层并在应用的图层样式上单击鼠标右键，在弹出的快捷菜单中选择相应的命令对图层样式进行操作，包括停用图层样式、复制图层样式、粘贴图层样式等，如图 7-9 所示。

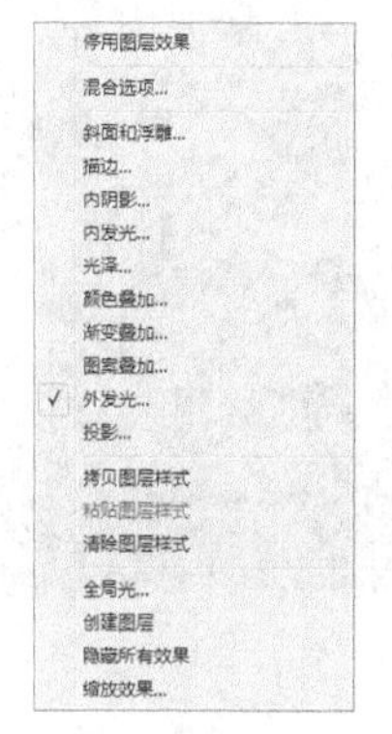

图 7-9

选择“图层 > 图层样式”命令，在打开的菜单命令中也可对图层样式进行相应操作，若要快速隐藏图层样式，可单击图层样式前的眼睛图标，再次单击可显示图层样式。

在“图层”面板中若不想显示图层样式效果，可单击该图层右侧的下拉按钮，使“图层”面板收起图层效果，如图 7-10 所示。若图层右侧有图标，表示该图层应用了图层样式。

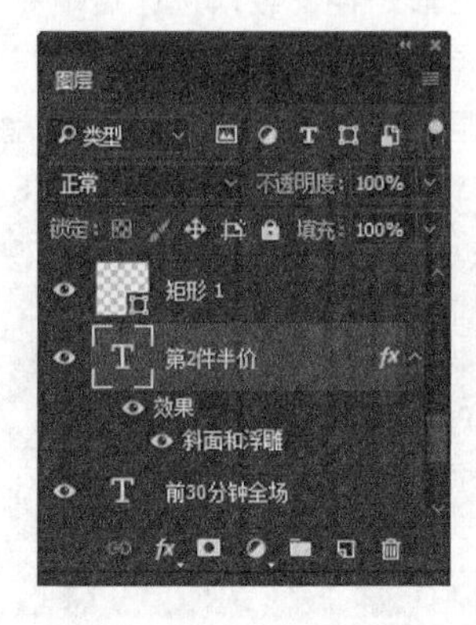

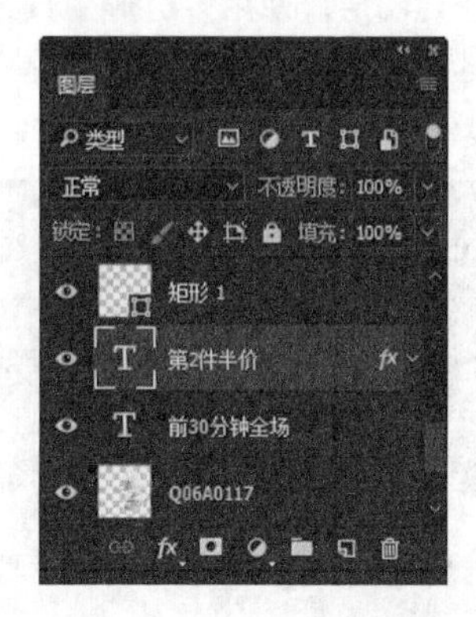

图 7-10

7.1.2 添加外发光效果

下面为图像添加外发光效果来制作月亮图像，操作步骤如下。

STEP 1 新建一个 1920×800 像素，分辨率为 72 的图像文件，将素材文件“月亮 .jpg”（资源包 /07/ 素材 / 星空 .jpg）拖动到图像文件中并缩放大小，效果如图 7-11 所示。

STEP 2 使用工具箱中的椭圆选框工具绘制月亮选区，需在属性栏中设置模式为从选区减去，新建图层并将其填充为黄色（RGB：253；246；8），效果如图 7-12 所示。

图 7-11

图 7-12

STEP 3 双击月亮图层，打开“图层样式”对话框，单击选中“外发光”复选框，在右侧面板中设置，如图 7-13 所示，注意外发光的颜色与月亮本身的颜色要相同，单击 确定 按钮后的效果如图 7-14 所示。

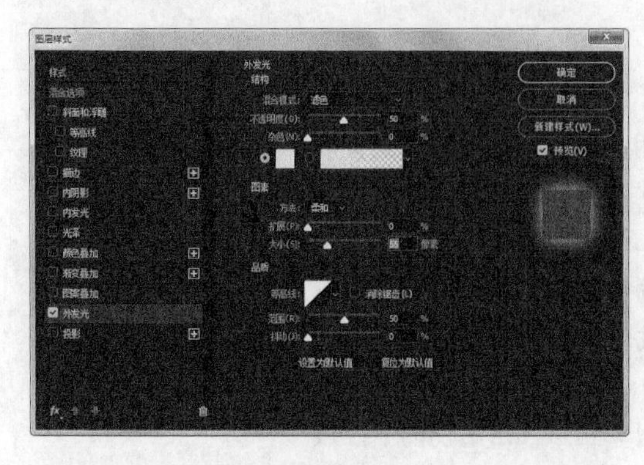

图 7-13

图 7-14

STEP 4 新建图层，使用多边形工具绘制星形路径，载入选区后填充为黄色（RGB：253；246；8），复制月亮图层上的图层样式，粘贴到星星图层上，效果如图 7-15 所示。

STEP 5 复制几个星星图层，并调整各个图层的角度和大小等，效果如图 7-16 所示。

图 7-15

图 7-16

7.1.3 添加内发光效果

下面为图像添加内发光效果来制作云层，操作步骤如下。

STEP 1 新建图层，选择工具箱中的椭圆选框工具，在属性栏中设置模式为添加到选区，然后绘制圆形选区，并填充为灰色（RGB：228；241；248），取消选区后的效果如图 7-17 所示。

图 7-17

STEP 2 双击该图层打开“图层样式”对话框，单击选中“内发光”复选框，设置发光颜色为淡蓝色（RGB：171；199；235），其他设置如图 7-18 所示，单击确定按钮后的效果如图 7-19 所示。

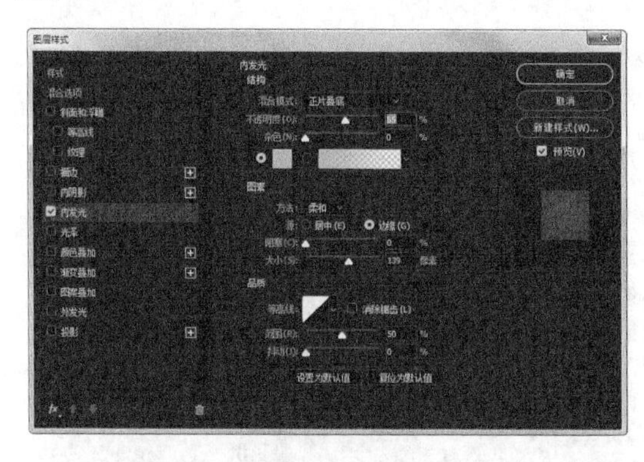

图 7-18

图 7-19

7.1.4 添加投影效果

下面为图像添加投影效果来制作阴影，操作步骤如下。

STEP 1 选择云所在的图层，打开“图层样式”对话框，再单击选中“投影”复选框，在右侧面板中进行如图 7-20 所示的设置，制作云图像投到月亮图像上的投影，单击确定按钮后的效果如图 7-21 所示。

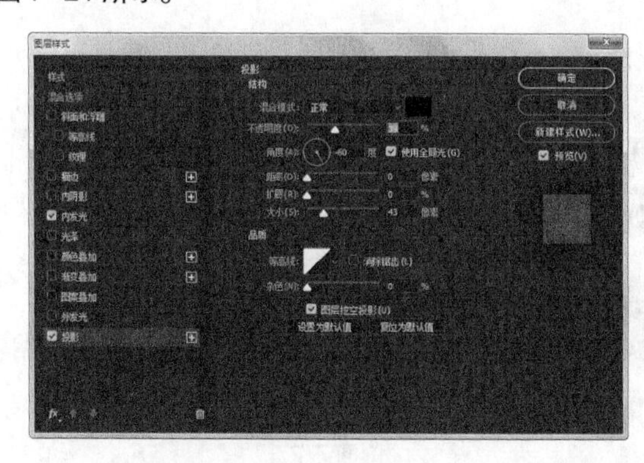

图 7-20

图 7-21

STEP 2 将素材文件“睡觉.png”（资源包/07/素材/睡觉.png）拖动到图像文件中并缩放大小，为该图像添加投影的图层样式，效果如图 7-22 所示。

STEP 3 将素材文件“产品.png”（资源包/07/素材/产品.png）拖动到图像文件中并缩放大小，为该图像添加投影和白色的外发光图层样式，效果如图 7-23 所示。

图 7-22

图 7-23

7.1.5 添加斜面和浮雕效果

下面在图像中输入文字，然后为文字添加图层样式，操作步骤如下。

STEP 1 选择工具箱中的横排文字工具输入文字，设置文字字体为卡通一些的字体，颜色为黄色（RGB：253；246；8），效果如图 7-24 所示。

STEP 2 双击文字图层，打开“图层样式”对话框，单击选中“斜面和浮雕”复选框，在右侧面板中进行如图 7-25 所示的设置。

图 7-24

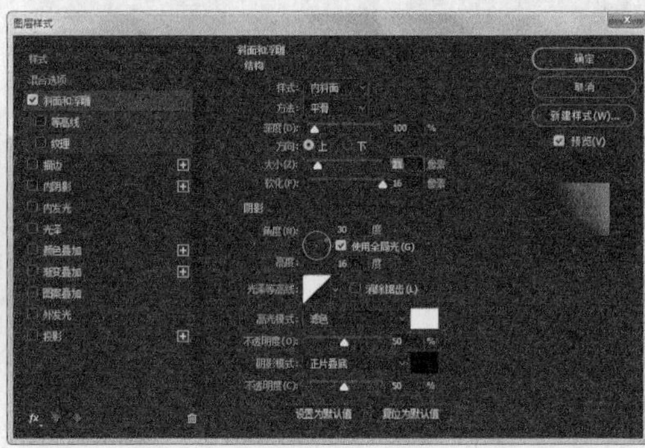

图 7-25

STEP 3 再在对话框中单击选中“投影”复选框，为文字添加投影效果，得到的图片如图 7-26 所示。

STEP 4 再在图像中输入文字，复制之前的图层样式并粘贴到该文字图层上，效果如图 7-27 所示。

图 7-26

图 7-27

7.2 图层混合模式

图层混合模式被广泛用于创建不同合成效果的制作中，特别是在多个图像合成方面具有独特的作用及灵活性，大多数的绘画工具或编辑调整工具都可以使用混合模式。为图层设置不同的混合模式，可以使图层产生不同的效果，因此，灵活地使用各种混合模式可以使设计效果更加丰富。

【课堂案例】制作详情页

宝贝的详情页展示主要用于介绍商品的性质、功能、效果等，不同的商品，其详情页的内容也不一样，其各部分的分布也不一样，美工在设计详情页时，需要了解商品的相关信息，并按照要求设计商品介绍的先后顺序。本案例将制作化妆品的商品详情页介绍，主要涉及为不同图层设置混合模式。

扫一扫
制作详情页

本案例的最终效果如图 7-28 所示（资源包 /07/ 效果 / 详情页 .psd）。

图7-28

7.2.1 混合模式种类

Photoshop中包括27种混合模式，在“图层”面板中选择图层，然后单击“设置图层的混合模式”选项 正常 ，在打开的下拉列表中可以设置图层的混合模式，主要分为6种不同类别的混合模式，如图7-29所示。

正常
溶解

变暗
正片叠底
颜色加深
线性加深
深色

变亮
滤色
颜色减淡
线性减淡（添加）
浅色

叠加
柔光
强光
亮光
线性光
点光
实色混合

差值
排除
减去
划分

色相
饱和度
颜色
明度

图7-29

1. “正常”和“溶解”模式

“正常”模式是Photoshop的默认模式，该模式下形成的合成色或着色图像不会用到颜色的相加或相减属性；“溶解”模式将产生不可知的效果，该模式下图像颜色同底层的原始颜色交替，创建一种类似扩散抖动的效果，这种效果是随机产生的。

通常“溶解”模式同图层的不透明度有很大的关系，当降低图层不透明度时，图像中的某些像素会透明化，从而得到颗粒效果，不透明度越低，消失的像素就越多。

2. 压暗图像模式

在Photoshop图层模式中，“变暗”“正片叠底”“颜色加深”“线性加深”和“深色”模式可以使底层图像变暗。除此之外，对比上下图层的“差值”和“排除”模式也可以起到压暗图像的效果，图7-30所示为“正常”模式和“正片叠底”模式下的效果。

图7-30

3. 加亮图像模式

在Photoshop图层模式中，“变亮”“滤色”“颜色减淡”“线性减淡（添加）”和“浅色”模式可以使底层图像加亮，其黑色会完全消失。比黑色亮的区域都可能加亮下面的图像，图7-31所示为“变亮”

模式和“颜色减淡”模式下的效果。

图 7-31

4. 叠图模式

在 Photoshop 图层模式中，叠图模式包括“叠加”“柔光”“强光”“亮光”“线性光”“点光”和“实色混合”模式。图 7-32 所示为“叠加”模式和“实色混合”模式下的效果。一般在使用叠图图层混合模式时，两个图层的互叠能更好地控制效果，两个以上的图层不建议在图层混合模式上叠加。

图 7-32

5. 特殊模式

除了同等功能的图层混合模式外，还有一组比较特殊的图层混合模式，包括“差值”“排除”“减去”和“划分”模式，图 7-33 所示为“排除”模式和“划分”模式下的效果。

图 7-33

6. 上色模式

在 Photoshop 图层模式中，上色模式包括“色相”“饱和度”“颜色”和“明度”模式，这些模式是将上层图像中的一种或两种特性应用到下层图像中，可以为图像上色，图 7-34 所示为“色相”模式和“明度”模式下的效果。

提示

在使用图层混合模式时，为了找到更加合适的图像表现效果，常常需要将图层混合模式中的各个模式逐一应用，查看效果，以确保得到更好的图像效果。

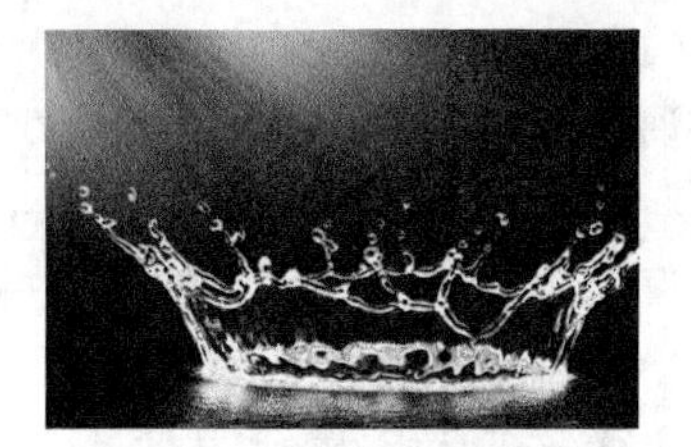

图 7-34

7.2.2 应用图层混合模式

下面使用图层混合模式制作化妆品的详情页，操作步骤如下。

STEP 1 新建一个 750×900 像素，分辨率为 72 的图像文件。

STEP 2 选择工具箱中的渐变工具，使用红色（RGB：200；7；60）到深红色（RGB：75；6；0）的射线渐变，效果如图 7-35 所示。

STEP 3 将素材文件“1.jpg”（资源包 /07/ 素材 /1.jpg）拖动到图像文件中并缩放大小，在该图层上添加图层蒙版，设置前景色为黑色，使用画笔工具在图像上涂抹（主要设置画笔的不透明度），效果如图 7-36 所示。

图 7-35

图 7-36

STEP 4 在“图层”面板中单击“设置图层的混合模式”选项 正常 ，在打开的下拉列表中选择“明度”选项，效果如图 7-37 所示。

STEP 5 将素材文件“瓶子 .png”（资源包 /07/ 素材 / 瓶子 .png）拖动到图像文件中，复制图层并添加图层蒙版制作瓶子的倒影，效果如图 7-38 所示。

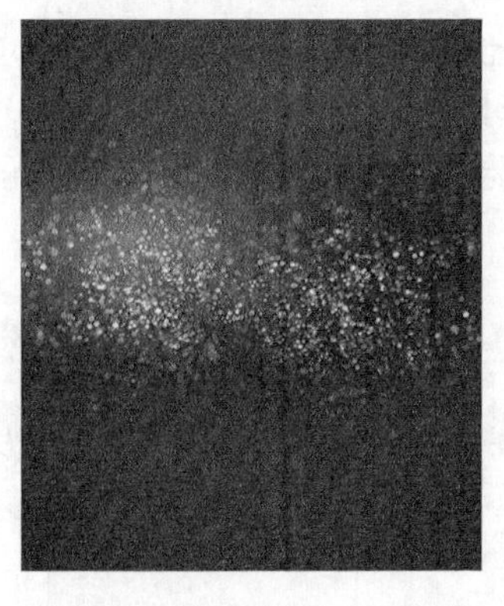

图 7-37

图 7-38

STEP 6 打开素材文件“元素 .psd”（资源包 /07/ 素材 / 元素 .psd），将相应的元素都拖动到图像文件中，分别调整各个图像的大小，并调整图层顺序，效果如图 7–39 所示。

STEP 7 将素材文件“光 .jpg”（资源包 /07/ 素材 / 光 .jpg）拖动到图像文件中，将其放置在瓶子图层的上方，设置图层的混合模式为滤色，效果如图 7–40 所示。

图 7–39

图 7–40

STEP 8 为该图层添加图层蒙版，使用画笔工具涂抹周围的图像，只显示光效，效果如图 7–41 所示。

STEP 9 将素材文件“光 2.jpg”（资源包 /07/ 素材 / 光 2.jpg）拖动到图像文件中，设置图层混合模式为滤色，添加图层蒙版，使用画笔工具涂抹后的效果如图 7–42 所示。

图 7–41

图 7–42

STEP 10 将素材文件“光效 .png”（资源包 /07/ 素材 / 光效 .png）拖动到图像文件中，设置图层混合模式为变亮，同样为其添加蒙版擦除多余的图像，效果如图 7–43 所示。

STEP 11 将素材文件“文字 .png”（资源包 /07/ 素材 / 文字 .png）拖动到图像文件中，调整位置和大小，效果如图 7–44 所示。

在 Photoshop 中编辑设计图像效果时，对于一些黑色底的光效图片，可以将其图层混合模式与图层蒙版结合使用。

图 7-43

图 7-44

7.3 填充图层、调整图层和智能对象图层

除了前面介绍的图层样式和图层混合模式外，Photoshop 还提供了填充图层、调整图层和智能对象图层等以供操作。下面分别进行讲解。

【课堂案例】制作海报轮播图

扫一扫
制作海报轮播图

制作海报轮播图的主要目的是为了吸引客户到店铺首页，然后点进产品的详情页，海报轮播图可以是近期促销信息，也可以是爆款信息，或新的产品宣传。一张好的海报轮播图可以引起顾客的购买欲，也是一个店铺形象或实力的表现，可以将店铺主打产品最大化地展现在客户眼前。本案例将制作海报的轮播图，主要涉及建立填充图层和调整图层等。

本案例的最终效果如图 7-45 所示（资源包 /07/ 效果 / 海报轮播图 .psd）。

图 7-45

7.3.1 填充图层、调整图层和智能对象图层详解

在"图层"面板中单击"创建新的填充或调整图层"按钮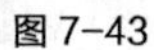，或选择"图层 > 新建填充图层 / 新建调整图层"命令，在打开的菜单中即可选择相应的命令来创建填充或调整图层，如图 7-46 所示。

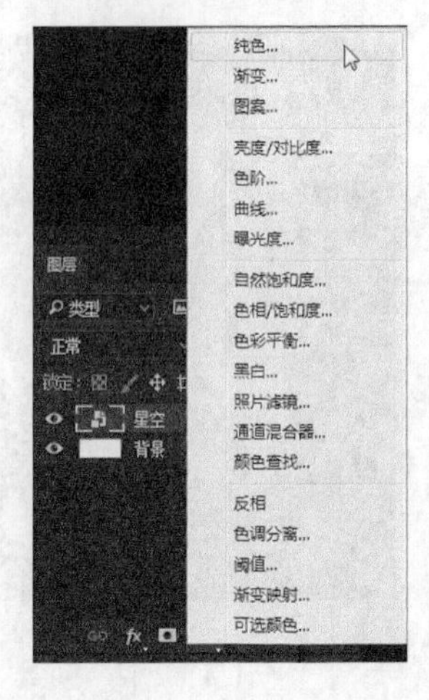

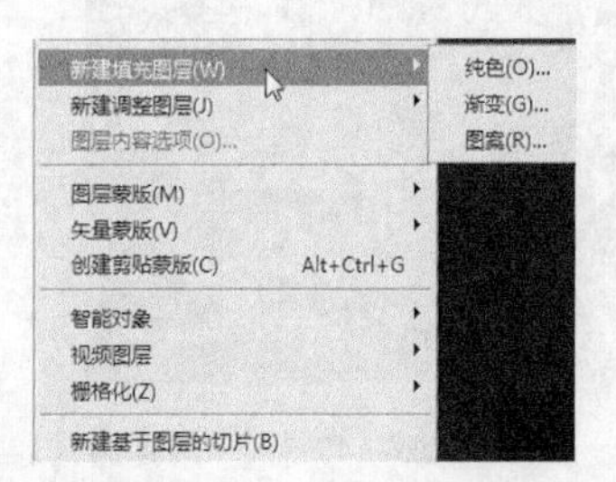

图 7-46

1. 填充图层

填充图层包括纯色、渐变和图案 3 种，单击“创建新的填充或调整图层”按钮，在打开的菜单中选择“纯色”命令，即可打开“拾色器（纯色）”对话框选取所需颜色，创建纯色的填充图层，如图 7-47 所示。

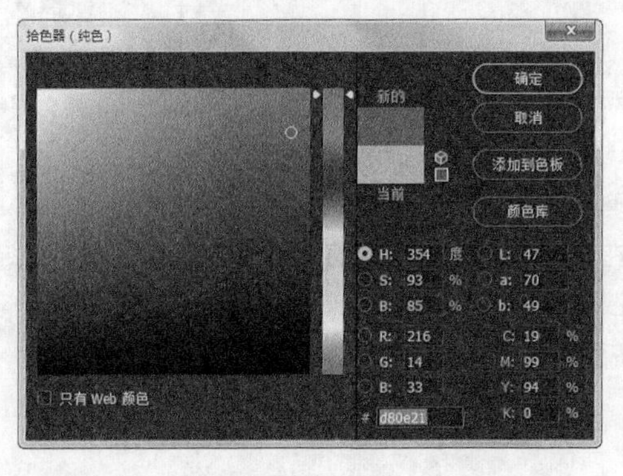

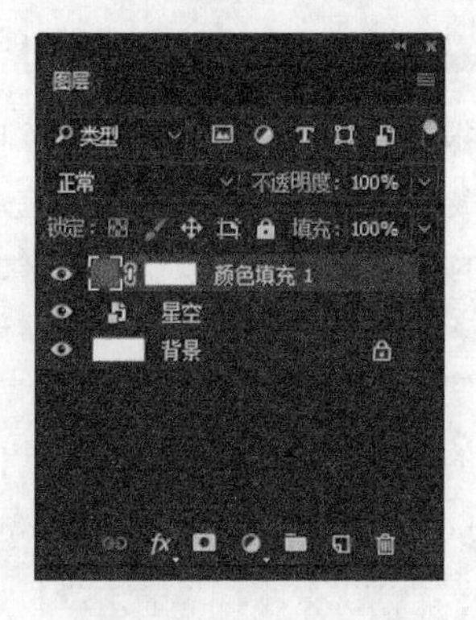

图 7-47

2. 调整图层

创建调整图层后，颜色和色调调整存储在调整图层中，会影响到该调整图层下面的所有图层，因此若要对多个图层进行相同的调整，可以在图层上创建调整图层。

创建调整图层的方法同创建填充图层的方法相同，单击“创建新的填充或调整图层”按钮，或选择“图层 > 新建调整图层”命令，在打开的菜单中选择相应的命令即可。

创建调整图层时，将打开对应的“调整”面板，其中包括 16 个调整命令的图标，将鼠标指针放置在图标上，可显示相应的命令名称，如图 7-48 所示。单击相应的图标按钮可建立一个调整图层，单击“曲线”按钮可以在图层上创建一个“曲线 1”的调整图层，并打开相应的“属性”面板，如图 7-49 所示。

在“属性”面板中的下方有一排按钮，下面对各个按钮的含义进行介绍。

- “剪切到图层”按钮：单击该按钮，可以设置调整图层是否影响下面的所有图层。
- “查看图像效果”按钮：单击该按钮，可以在图像窗口中查看原图像效果。
- “复位到调整默认值”按钮：单击该按钮，可以将设置的参数恢复到默认值。
- “切换图层可视性”按钮：单击该按钮，可以隐藏该调整图层效果，再次单击该按钮，可以显示调整图层效果。

- “删除调整图层”按钮：单击该按钮，可以删除该调整图层。

图 7-48

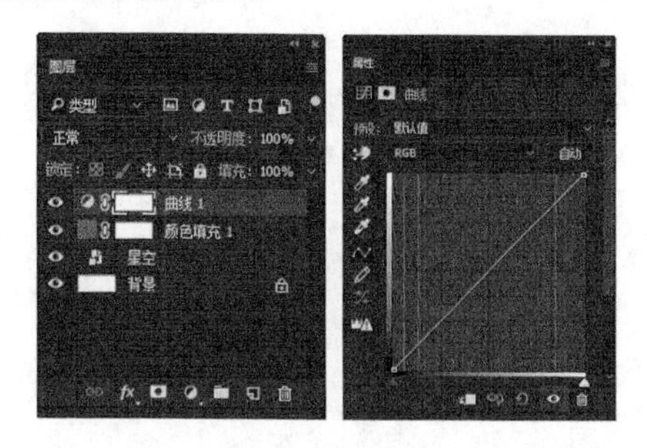

图 7-49

3. 智能对象图层

智能对象图层可以是一个或多个图层，也可以是一个包含在 Photoshop 文件中的矢量图形文件。以智能对象的形式嵌入到 Photoshop 文件中的位图或矢量文件与当前 Photoshop 文件能保持相对的独立性，当对 Photoshop 文件进行修改、编辑时不会影响嵌入的位图或矢量文件，这在制作样机的图像文件中尤其适用。

选择“文件 > 置入”命令，可在当前图像文件中置入一个矢量或位图文件；选择一个或多个图层后，选择“图层 > 智能对象 > 转换为智能对象”命令，可将选中的图层转换为智能对象图层；在矢量软件 Illustrator 中复制矢量对象，在 Photoshop 中进行粘贴也可创建智能对象图层。

双击智能对象图层的缩略图，将打开智能对象图层的源图像窗口，此智能对象文件中包含一个普通图层，如图 7-50 所示。在智能对象文件中对图像进行编辑保存后，其另外一个包含智能对象图层的图像文件也会发生改变。

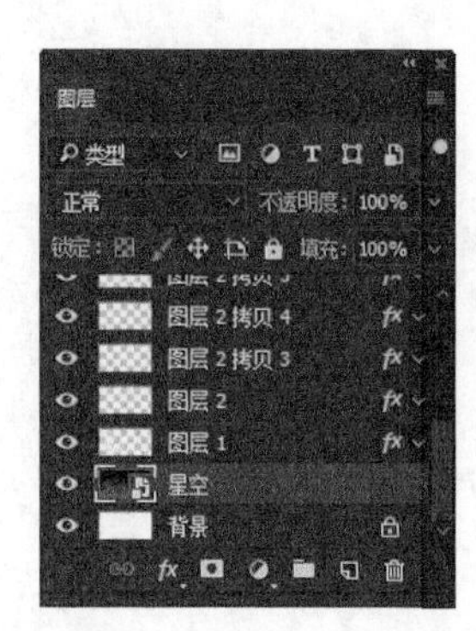

图 7-50

7.3.2 创建填充图层

下面打开素材文件，然后为其创建填充图层，操作步骤如下。

STEP 1 打开素材文件“海报轮播图 .psd”（资源包 /07/ 素材 / 海报轮播图 .psd），单击“图层”面板中的“创建新的填充或调整图层”按钮，在打开的菜单中选择“渐变”命令，效果如图 7-51 所示。

STEP 2 打开“渐变填充”对话框，单击“渐变”下拉列表，打开“渐变编辑器”对话框，设置渐变颜色为蛋黄色（RGB：253；249；240）到透明白色，如图 7-52 所示。

图 7-51

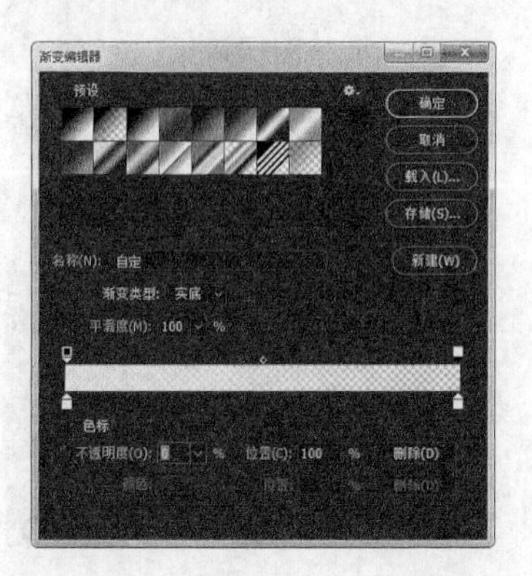

图 7-52

STEP 3 单击 确定 按钮返回到“渐变填充”对话框，其他设置保持默认，单击 确定 按钮，得到的效果如图 7-53 所示。

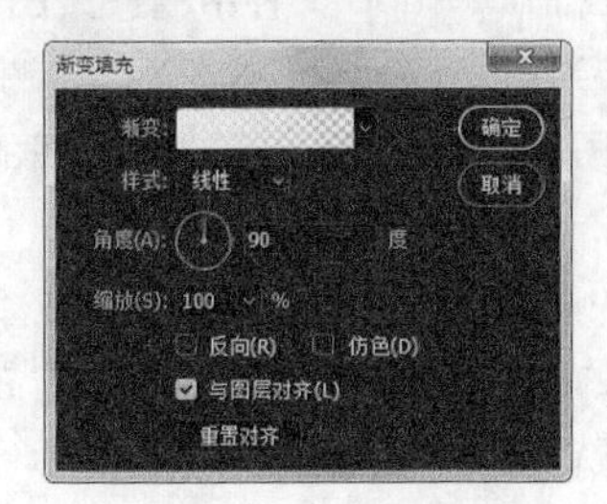

图 7-53

STEP 4 将该调整图层放置在背景颜色的图层上方，效果如图 7-54 所示。

图 7-54

7.3.3 创建调整图层

下面创建调整图层，调整所有图层的亮度，操作步骤如下。

STEP 1 单击“图层”面板中的“创建新的填充或调整图层”按钮，在打开的菜单中选择“亮度 / 对比度”命令，在图层上方建立一个调整图层。

STEP 2 在打开的“属性”面板中设置亮度为“-20”，对比度为“50”，调整后的效果如图 7-55 所示。

单击选中建立的填充或调整图层的缩略图，可使用画笔工具像在图层蒙版中一样进行涂抹，可以将图像中不需要填充或调整图层的区域擦除。

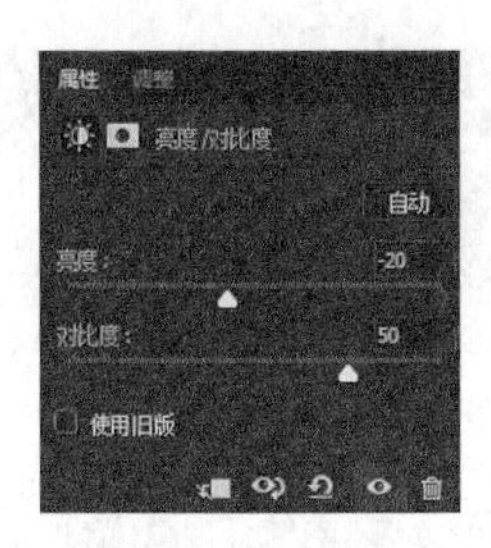

图 7-55

7.4 技能提升——制作首页促销产品图

本章主要制作了三个淘宝广告，并在这三个案例中分别介绍了图层样式、图层混合模式、填充图层、调整图层和智能对象图层的相关知识，通过本章的学习，读者应掌握以下内容。

扫一扫
制作促销产品图

（1）图层样式的使用方法。

（2）图层混合模式的应用效果。

（3）填充或调整图层，以及智能对象图层的使用方法。

完成了以上知识点的学习，下面通过制作首页促销产品图的操作来复习和巩固所学知识，提升技能。操作步骤如下。

STEP 1 打开 7.1 小节制作的“纸尿裤海报 .psd”（资源包 /07/ 效果 / 纸尿裤海报 .psd）效果文件。

STEP 2 使用裁剪工具拖动画布改变画布高度，并新建图层将其填充为蓝色（RGB：39；112；214），调整图层的排列顺序，如图 7-56 所示。

STEP 3 选中云图层，清除该图层的图层样式，然后复制该图层并垂直翻转图层，合并图层后的效果如图 7-57 所示。

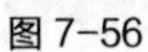
图 7-56

图 7-57

STEP 4 为合并后的图层添加之前相同的内阴影和投影样式，效果如图 7-58 所示。

STEP 5 新建图层，绘制矩形并填充为淡蓝色（RGB：87；202；247），然后添加图层蒙版，使用渐变工具拖动绘制半透明的效果，复制该图层并水平翻转，得到如图 7-59 所示效果。

图 7-58

图 7-59

STEP 6 使用横排文字工具输入文字，设置字体为卡通字体，颜色为白色。

STEP 7 双击文字图层打开“图层样式”对话框，选中“描边”复选框，第一个描边设置如图 7-60 所示，然后单击⊞按钮添加一个描边样式，设置如图 7-61 所示。

图 7-60

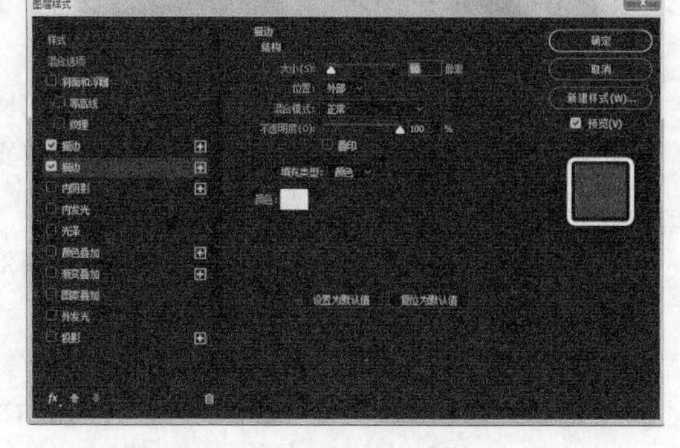

图 7-61

STEP 8 调整文字大小和位置后的效果如图 7-62 所示。

STEP 9 新建图层，使用钢笔工具绘制路径，载入选区后填充为白色，并为图层添加投影的图层样式，效果如图 7-63 所示。

图 7-62

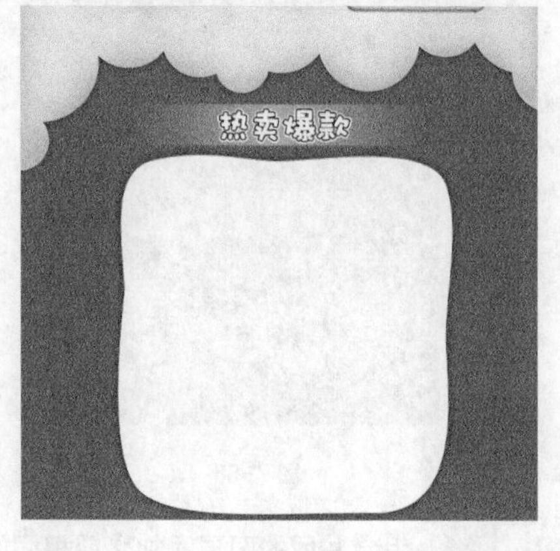

图 7-63

STEP 10 新建图层，继续使用钢笔工具绘制路径，载入选区后填充为淡黄色（RGB：254；

252；203），并复制两个图层，效果如图 7-64 所示。

STEP 11 为了简便，可直接复制之前的产品图像，缩放大小后放置在合适位置，效果如图 7-65 所示。

图 7-64

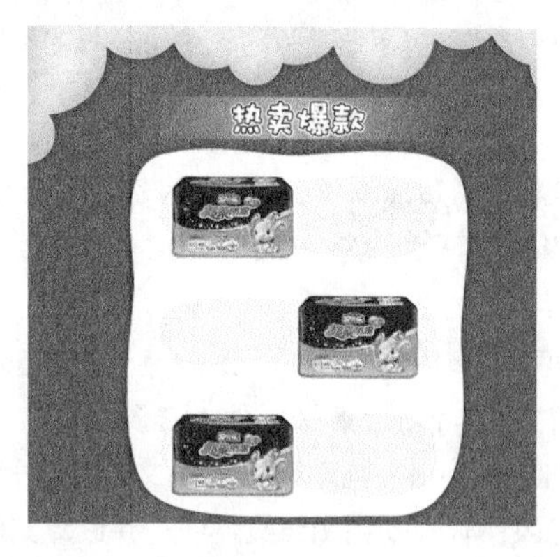

图 7-65

STEP 12 在图像旁边输入文字和图形信息，并设置相应的颜色，注意绘制圆角矩形后需设置斜面和浮雕的图层样式，效果如图 7-66 所示。

STEP 13 链接这些文字和图形信息图层，将它们复制到其他相应位置，效果如图 7-67 所示。

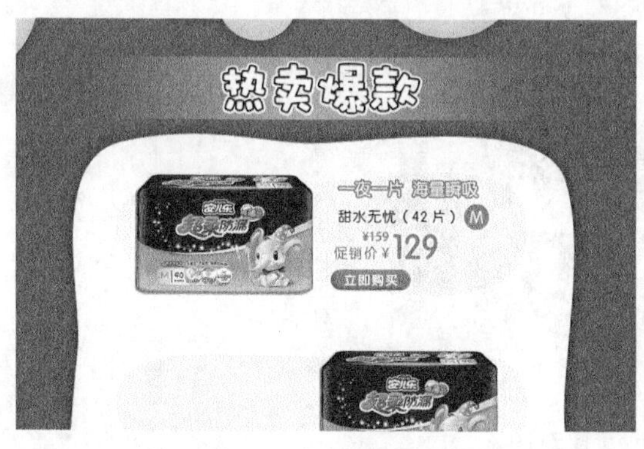

图 7-66

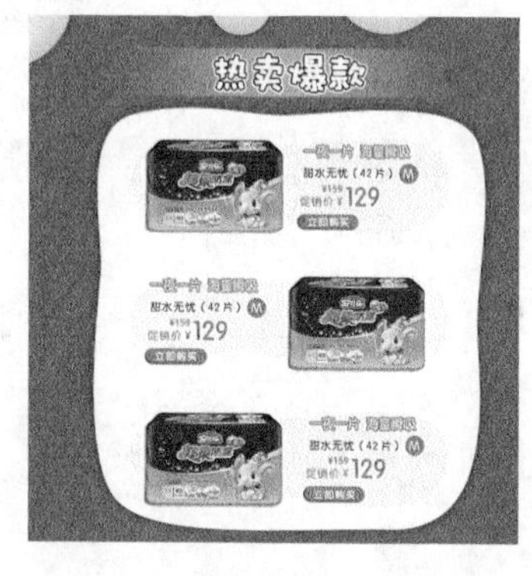

图 7-67

STEP 14 复制之前的星形图像到相应位置，并调整大小和角度，效果如图 7-68 所示。

STEP 15 新建图层，绘制圆形并填充为红色，为其添加红色到深红色的渐变叠加图层样式，然后在上方输入文字，效果如图 7-69 所示。

图 7-68

图 7-69

在“图层样式”对话框中，样式右侧有按钮，单击该按钮可添加一个相同类别的图层样式，若要删除图层样式，可单击下方的“删除效果”按钮。

7.5 课后练习

1. 商品详情页

打开“背景 .jpg”素材文件（资源包 /07/ 素材 / 背景 .jpg），将素材文件“商品 .png”（资源包 /07/ 素材 / 商品 .png）拖动到该图像文件中，打开素材文件“光 .psd”（资源包 /07/ 素材 / 光 .psd），将其中的光效图像拖动到图像文件中，并设置其图层混合模式，效果如图 7–70 所示（资源包 /07/ 效果 / 商品详情页 .psd）。

图 7–70

2. 活动主题图

打开“超级品牌日 .psd”素材文件（资源包 /07/ 素材 / 超级品牌日 .psd），输入文字，为其添加各种图层样式，然后绘制星形和圆形，分别添加图层样式，完成后新建组，创建调整图层，并使用画笔工具进行涂抹，效果如图 7–71 所示（资源包 /07/ 效果 / 超级品牌日 .psd）。

图 7–71

Photoshop CC

Chapter

8

第8章 网店图像的修复、修饰

本章将介绍使用Photoshop CC修复和修饰图像的相关知识。通过本章的学习，读者可以了解和掌握修饰图像的基本方法与操作技巧，应用相关工具快速地修复和修饰图像，将有瑕疵的图像修复完整。

课堂学习目标

- 掌握修复和修补工具的使用方法
- 掌握修饰工具的使用方法
- 掌握图像擦除工具的使用方法

8.1 网店图像的修复

使用数码相机拍摄的照片或是通过网络下载的图片往往都会有一些小的瑕疵，这时可以通过Photoshop 提供的修复工具来对图像进行修复，快速去除图像中有缺陷的地方，使店铺宝贝图像更加美观。

【课堂案例】修复模特面部瑕疵

淘宝店铺中的宝贝图像基本都是使用数码相机拍摄的，而这些照片往往需要用 Photoshop 进行调整修复，特别是一些卖衣服的店铺，基本都有模特展示的图片，这时往往就需要对照片中的模特进行修饰，如修复模特面部瑕疵、调整整体照片的色彩等。

本案例主要是修复模特面部瑕疵，使读者通过学习不同修复工具的使用方法，掌握快速修复图像的相关技巧。本案例的最终效果如图 8-1 所示（资源包 /08/ 效果 / 修复模特 .psd）。

图 8-1

8.1.1 修复工具

在 Photoshop CC 的工具箱中提供了很多对图像污点和瑕疵进行修饰的工具，包括污点修复画笔工具、修复画笔工具和红眼工具等。使用这些工具可以对图像中一些细小的瑕疵进行处理，下面分别对这些修复工具进行讲解。

1. 污点修复画笔工具

选择工具箱中的污点修复画笔工具，其属性栏如图 8-2 所示。

模式：正常　类型：内容识别　创建纹理　近似匹配　对所有图层取样

图 8-2

使用污点修复画笔工具在图像中有污点的位置单击，即可快速修复图像中的杂点或污点，污点修复画笔工具可以自动从所修复区的周围来取样进行操作，不需要用户定义参考点。

2. 修复画笔工具

使用修复画笔工具可以从图像中取样或用图案来填充图像，如果需要修饰大片区域或需要更大程度地控制取样来源，可以选择使用修复画笔工具。选择工具箱中的修复画笔工具，其属性栏如图 8-3 所示。

图 8-3

下面对属性栏中的各个工具进行介绍，以便于后面的应用。

- 取样（使用画布样本作为修复源）：单击该按钮，可以从图像中取样来修复有污点的图像。
- 图案（使用图案作为修复源）：单击该按钮，可以使用图案填充图像。该工具在填充图案时会根据周围的图像来自动调整图案的色彩和色调。

选择修复画笔工具后，按住【Alt】键，此时鼠标指针变为⊕形状，在图像中完好的位置单击进行取样，然后松开【Alt】键，在有污点的位置单击，即可将刚刚取样位置的图像复制到当前单击位置，如图 8-4 所示。

图 8-4

3. 红眼工具

红眼是指在人物摄影时，当闪光灯照射到人眼的时候，瞳孔放大而产生的视网膜泛红现象。红眼现象的程度是根据拍摄对象色素的深浅决定的，如果拍摄对象的眼睛颜色较深，红眼现象便不会特别明显。为了避免红眼，现在很多数码相机都有红眼去除功能。

使用 Photoshop 中的红眼工具也可以除去拍摄照片时产生的红眼现象，选择工具箱中的红眼工具后，在图 8-5 所示的属性栏中进行设置，然后在图像红眼位置单击鼠标左键，即可修复红眼。

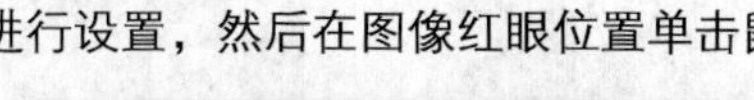

瞳孔大小：50% 变暗量：50%

图 8-5

8.1.2 应用污点修复画笔工具

下面使用各种修复工具移除图像人物中的杂点，操作步骤如下。

STEP 1 按【Ctrl+O】组合键，打开素材文件“模特 .jpg”（资源包 /08/ 素材 / 模特 .jpg）。

STEP 2 放大图像，使其脸部细节能被观察清楚。

STEP 3 选择工具箱中的污点修复画笔工具，在模特面部有瑕疵的位置单击进行修复，如图 8-6 所示。

STEP 4 继续使用污点修复画笔工具修复模特面部所有的痘印杂点，效果如图 8-7 所示。

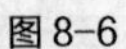

图 8-6

图 8-7

8.1.3 应用修复画笔工具

下面使用修复画笔工具修复模特脸部有纹路的位置，操作步骤如下。

STEP 1 选择工具箱中的修复画笔工具，按【Alt】键单击皮肤光滑处，设置取样点，如图 8-8 所示。

STEP 2 松开【Alt】键，在眼睛的眼部细纹的位置进行涂抹，用采样处的皮肤替换细纹处的皮肤，效果如图 8-9 所示。

图 8-8

图 8-9

8.1.4 应用红眼工具

下面使用红眼工具修复模特眼睛的红眼现象，操作步骤如下。

STEP 1 选择工具箱中的红眼工具，在属性栏中设置瞳孔大小和瞳孔变暗量，然后在人物眼睛上单击鼠标，去除人物红眼，如图 8-10 所示。

STEP 2 使用相同方法去除另外一只眼睛的红眼现象，效果如图 8-11 所示。

图 8-10

图 8-11

STEP 3 创建一个“曲线”调整图层，在曲线上单击调出一个调整点，然后向上拖动调整点，提亮整体图像，如图 8-12 所示。

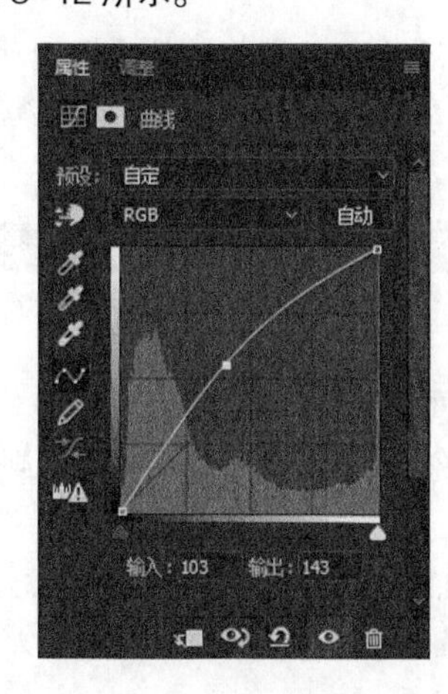

图 8-12

8.2 网店图像的修补

有些产品照片或是网上下载的素材图片等，在图像上多多少少会存在一些不需要的元素，这时，可以使用 Photoshop 中的修补工具来修补图像，如去除杂乱背景、去除图片水印等。

【课堂案例】玩具展示图

图像的修补和之前讲解的图像修复原理都差不多，都是通过 Photoshop 中的相应工具对拍摄的照片或网上下载的图片进行修饰修补等操作，去除模特面部细小的斑点之类的操作不一定必须使用污点修复画笔工具，也可以使用其他工具来实现，如修补工具、仿制图章工具、内容感知移动工具等。

本案例主要制作不同尺寸的玩具的展示图，使读者通过学习不同修补工具的使用方法，掌握图像修补的各个工具的相关使用技巧。本案例的最终效果如图 8-13 所示（资源包 /08/ 效果 / 玩具展示图 .psd）。

图 8-13

8.2.1 修补类工具

修补工具主要用于对图像进行修饰，使图像产生不同的变换效果。在 Photoshop 中，修补工具主要包括修补工具、仿制图章工具和内容感知移动工具等，下面分别对这些修补工具进行讲解。

1. 修补工具

使用修补工具可以对图像中的某一区域进行修复，在要修补的位置拖动鼠标创建一个选区，然后将选区拖动到其他相关区域，即可使用该区域覆盖之前创建选区的区域。修补工具的属性栏如图 8-14 所示。

图 8-14

下面对属性栏中的各个工具进行介绍，以便于后面的应用。

- 源（从目标修补源）：单击该按钮，将源图像选区拖动到目标区域后，则源区域图像将覆盖目标区域的图像。
- 目标（从源修补目标）：单击该按钮，表示选定区域将作为目标区域，覆盖需要修补的区域。
- 透明（混合修补时使用透明度）：选中该复选框，可以将图像中差异较大的形状或颜色修补到目标区域中。
- 使用图案（使用图案填充所选区域并对其进行修补）：在创建修补选区后该按钮被激活，单击该按钮右侧的下拉按钮，可以在打开的图案列表中选择一种图案，并对选区内的图像进行图案修复，效果如图 8-15 所示。

图 8-15

2. 仿制图章工具

选择工具箱中的仿制图章工具，其属性栏如图 8-16 所示。

图 8-16

使用仿制图章工具可以复制取样点的图像内容，同修复画笔工具相似，都需要在按住【Alt】键的同时单击进行取样，然后将鼠标指针移动到其他位置，单击鼠标左键不放并拖动，即可复制取样的图像，如图 8-17 所示。

图 8-17

提示

在应用取样的图像源时，若由于某些原因断开操作，可在再次仿制图像时，选中属性栏中的“对齐”复选框，从上次仿制结束的位置开始；取消选中“对齐”复选框，则每次仿制图像时将从取样点的位置开始应用。

3. 内容感知移动工具

选择工具箱中的内容感知移动工具，可以移动或复制选中某个区域的图像内容。使用内容感知移动工具时，需要为移动的区域创建选区，然后将选区拖动到所需位置，其属性栏如图 8-18 所示。

图 8-18

在属性栏的“模式”下拉列表中可以选择混合模式，包括“移动”和“扩展”两种模式。选择“移动”模式时，可以将选取的图像区域内容移动到其他位置，并自动填充原来的区域；选择“扩展”模式，可以将选取的图像区域复制到其他位置，效果如图 8-19 所示。

图 8-19

提示

在使用内容感知移动工具时需要注意，若是图像背景不是纯色，在移动和复制图像后背景会变模糊，因此在这之后还需要对图像进行修饰、修补。

8.2.2 应用修补工具

下面使用修补工具将图像中的多余瑕疵除去，操作步骤如下。

STEP 1 按【Ctrl+O】组合键，打开素材文件“玩具 .jpg”（资源包 /08/ 素材 / 玩具 .jpg）。

STEP 2 为了保护源图像，按【Ctrl+J】组合键复制背景图层，得到图层 1。

STEP 3 选择工具箱中的修补工具，在图像中拖动鼠标选择要修补的区域，创建选区，如图 8-20 所示。

STEP 4 在选区中单击鼠标左键不放并拖动，修补图像中的瑕疵，如图 8-21 所示。

图 8-20

图 8-21

STEP 5 使用相同方法对其他的绿色小点瑕疵进行修补，取消选区后的效果如图 8-22 所示。

图 8-22

8.2.3 应用仿制图章工具

下面使用仿制图章工具对图像的边缘进行修饰，操作步骤如下。

STEP 1 选择工具箱中的仿制图章工具，按【Alt】键在图像的相应位置单击取样，然后将其移动到之前复制的图像的边缘单击，修复边缘，注意要随时调整画笔大小及取样点，效果如图 8-23 所示。

STEP 2 使用仿制图章工具结合修补工具修饰余下的图像边缘，效果如图 8-24 所示。

图 8-23

图 8-24

8.2.4 应用内容感知移动工具

下面使用内容感知移动工具来复制一个玩具图像，并调整其大小，操作步骤如下。

STEP 1 选择工具箱中的内容感知移动工具，在属性栏中设置模式为“扩展”，沿玩具图像边缘绘制选区，如图 8-25 所示。

STEP 2 将选区拖动到图像左侧的位置，出现变换框，按【Shift】键等比例缩放图像，如图 8-26 所示。

图 8-25

图 8-26

STEP 3 按【Enter】键确认变换并取消选区后的效果如图 8-27 所示，此时复制的图像边缘比较生硬。

图 8-27

8.3 网店图像的修饰

在 Photoshop 中除了使用工具对图像的细小瑕疵进行修复外，还可以使用相关工具对图像进行进一步的修饰，使图像更加完善。

【课堂案例】产品修图

在拍摄产品时，并不一定就能一步到位，对于拍摄后的产品图片，还需要使用 Photoshop 对其进行修饰，如模糊背景突出产品主体，此外，还可以对产品的颜色进行加深或减淡处理，减小展示的产品颜色同实物的色差。本案例将对产品图进行修饰，涉及各种修饰工具的应用，主要包括加深工具、减淡工具、锐化工具和模糊工具等。

本案例的最终效果如图 8-28 所示（资源包 /08/ 效果 / 产品修图 .psd）。

图 8-28

8.3.1 修饰工具

Photoshop 中的修饰工具主要包括模糊工具、锐化工具、涂抹工具、减淡工具、加深工具和海绵工具等。下面分别进行介绍。

1. 模糊工具

使用模糊工具可以使图像产生模糊的效果，可以起到柔化图片的作用，如图 8-29 所示。选择工具箱中的模糊工具，在图像中按住鼠标左键不放并拖动进行涂抹，即可模糊图像，其属性栏如图 8-30 所示。

图 8-29

图 8-30

下面对属性栏中的各个工具进行介绍，以便于后面的应用。

- 模式：正常（绘画模式）：用于设置操作模式，包括“正常”“变暗”“变亮”“色相”“饱和度”“颜色”和“亮度”模式。
- 强度：91%（设置描边强度）：用于设置模糊的强度，数值越大，模糊越明显。
- 对所有图层取样（从复合数据中取样仿制数据）：选中该复选框后，可对所有图层中的图像进行模糊操作；取消选中该复选框后，则只对当前图层中的图像进行模糊操作。

2. 锐化工具

使用锐化工具可以使图像产生清晰的效果，可以增强图像中相邻像素之间的对比。选择工具箱中的锐化工具，在图像中按住鼠标左键不放并拖动进行涂抹，即可锐化图像，其属性栏如图 8-31 所示。

图 8-31

3. 涂抹工具

选择工具箱中的涂抹工具，在图像中按住鼠标左键不放拖动涂抹，可以使图像产生卷曲的效果，其属性栏如图 8-32 所示。

图 8-32

若在涂抹时选中属性栏中的“手指绘画”复选框，可设定使用前景色来进行涂抹，效果如图 8-33 所示。

图 8-33

4. 减淡工具

使用减淡工具可以增加图像的曝光度，变亮图像。选择工具箱中的减淡工具，效果在图像中按住鼠标左键不放并拖动进行涂抹，即可进行减淡操作，其属性栏如图 8-34 所示

图 8-34

下面对属性栏中的各个工具进行介绍，以便于后面的应用。

- 范围：中间调（绘画模式）：用于设置减淡操作的工作模式，包括“阴影”“中间调”和“高光”3

个选项。选择“阴影”选项在操作时仅对图像暗部区域的图像起作用；选择“中间调”选项在操作时仅对图像中间色调区域的图像起作用；选择“高光”选项在操作时仅对图像高光区域的图像起作用。图 8-35 所示为使用“阴影”模式的减淡操作后的对比效果。

图 8-35

- 曝光度: 50%（设置描边的曝光度）：用于定义曝光的强度，数值越大，曝光强度越明显。
- 保护色调（最小化阴影和高光中的修剪，并防止颜色发生色相偏移）：选中该复选框后，在进行减淡操作时会保护图像亮部和暗部尽量不受影响，保护图像的原始色调和饱和度。

5. 加深工具

使用加深工具可以降低图像的曝光度，变暗图像。选择工具箱中的加深工具，在图像中按住鼠标左键不放并拖动进行涂抹，即可进行加深操作，其属性栏如图 8-36 所示。

图 8-36

加深工具和减淡工具是一组作用相反的工具，其属性栏中的各个选项基本相同，这里不再赘述。

6. 海绵工具

使用海绵工具可以降低或提高图像的色彩饱和度。选择工具箱中的海绵工具，在图像中按住鼠标左键不放并拖动进行涂抹，即可进行操作，其属性栏如图 8-37 所示。

图 8-37

下面对其属性栏中的各个工具进行介绍，以便于后面的应用。

- 模式: 去色（绘画模式）：用于设置涂抹时的绘图模式，包括“去色”和“加色”模式，选择“去色”选项后，涂抹可使图像颜色变暗且纯度降低；选择“加色”选项后，涂抹可使图像颜色变亮且纯度提高。图 8-38 所示为背景去色和主体加色的效果。

图 8-38

- 流量: 50%（设置饱和度更改速率）：用于设置饱和度的更改力度。
- 自然饱和度（最小化修剪以获得完全饱和色或不饱和色）：选中该复选框，可以增加饱和度防止颜色过度饱和而出现溢色。

8.3.2 应用海绵工具

下面使用海绵工具加深图片，使图片饱和度提高，操作步骤如下。

STEP 1 打开素材文件“手表.jpg”（资源包/08/素材/手表.jpg），选择“图像 > 图像旋转 > 逆时针 90 度”命令，将图像旋转，旋转后的效果如图 8-39 所示。

STEP 2 按【Ctrl+J】组合键复制图层，选择工具箱中的海绵工具，在属性栏中设置模式为“加色”，流量为 50%，然后设置稍微大一些的画笔笔尖，再在图像中涂抹，效果如图 8-40 所示。

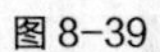

图 8-39

图 8-40

STEP 3 选择工具箱中的裁剪工具将图像文件上下裁剪一部分，效果如图 8-41 所示。

STEP 4 创建一个“亮度/对比度”的调整图层，设置亮度为 35，对比度为 23，效果如图 8-42 所示。

图 8-41

图 8-42

8.3.3 应用模糊和锐化工具

下面使用模糊工具模糊手表周围的图像，然后使用锐化工具将商品变得更清晰，操作步骤如下。

STEP 1 选择工具箱中的模糊工具，在属性栏中设置强度为 100%，然后设置稍微大一些的画笔笔尖，再在图像中涂抹，效果如图 8-43 所示。

STEP 2 选择工具箱中的锐化工具，设置稍微大一些的画笔笔尖，再在图像文件中的表盘上涂抹，使其更加清晰，效果如图 8-44 所示。

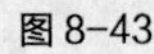
图 8-43

图 8-44

8.3.4 应用加深和减淡工具

下面使用减淡工具提亮手表图像，然后使用加深工具加深手表周围阴影，操作步骤如下。

STEP 1 选择工具箱中的减淡工具，然后设置画笔稍微大一些的笔尖，在手表图像上涂抹，效果如图 8-45 所示。

STEP 2 选择工具箱中的加深工具，在属性栏中设置曝光度为 20%，然后在图像文件中的周围涂抹，突出手表，效果如图 8-46 所示。

图 8-45

图 8-46

8.4 技能提升——为模特磨皮

本章主要制作了三个淘宝产品案例，并在这三个案例中分别介绍了修复工具的相关知识，通过本章的学习，读者应掌握以下内容。

（1）修复工具有哪些？污点修复画笔工具、修复画笔工具和红眼工具等。

（2）修补工具有哪些？修补工具、仿制图章工具和内容感知移动工具等。

（3）修饰工具有哪些？模糊工具、锐化工具、涂抹工具、减淡工具、加深工具和海绵工具等。

完成了以上知识点的学习，下面通过为模特磨皮来复习和巩固所学知识，提升技能。操作步骤如下。

STEP 1 打开素材文件“中式 .jpg”（资源包 /08/ 素材 / 中式 .jpg），将背景图层复制一层得到图层 1。

STEP 2 选中图层 1，将该图层的混合模式设置为滤色，然后调整图层的不透明度为 65%，将整体的图像提亮，效果如图 8-47 所示。

STEP 3 合并这两个图层，然后使用修补工具将图像中一些细小的杂点去除，效果如图 8-48 所示。

图 8-47

图 8-48

STEP 4 复制当前图层，按【Ctrl+I】组合键反相，设置图层混合模式为线性光，效果如图 8-49 所示。

STEP 5 选择“滤镜 > 其他 > 高反差保留”命令，在打开的对话框中设置数值为 10，效果如图 8-50 所示。

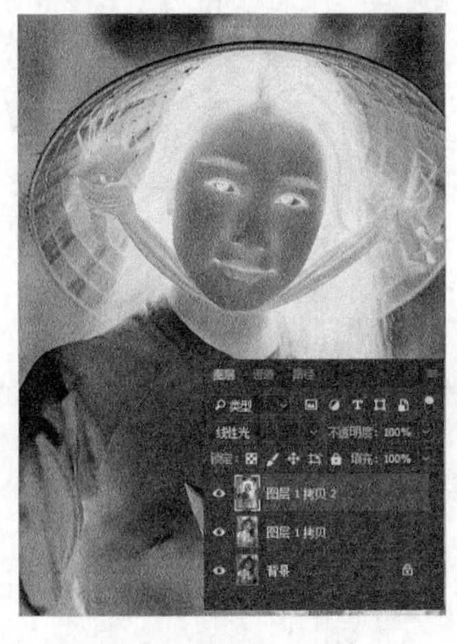

图 8-49

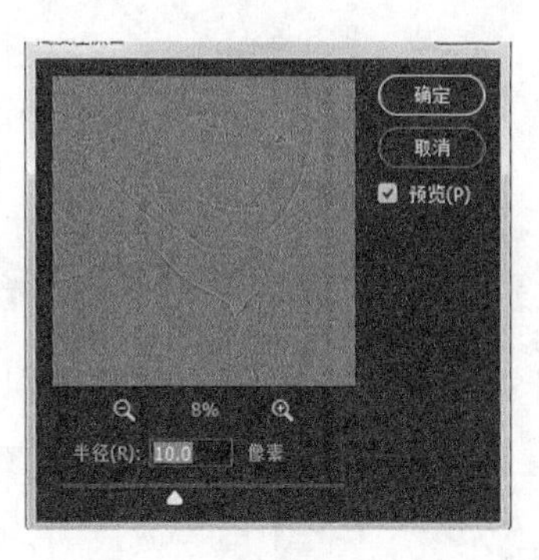

图 8-50

STEP 6 单击确定按钮后的效果如图 8-51 所示。

STEP 7 选择“滤镜 > 模糊 > 高斯模糊”命令，在打开的对话框中设置数值为 5，如图 8-52 所示。

图 8-51

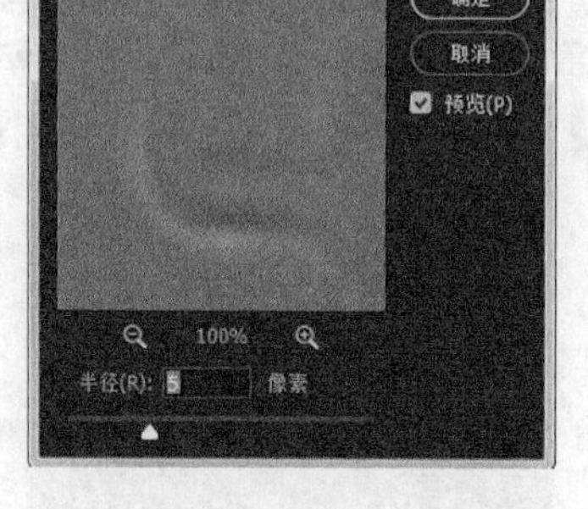

图 8-52

STEP 8 单击确定按钮，放大图像后的细节效果如图 8-53 所示。

STEP 9 在该图层上添加图层蒙版，按【Ctrl+I】组合键反相，使其变为黑色的图层蒙版。

STEP 10 使用画笔工具在蒙版上需要磨皮的皮肤区域涂抹，效果如图 8-54 所示。

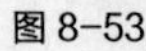

图 8-53

图 8-54

提示

在使用高反差保留时，设置的数值只需要能观察到人物图像的边缘即可，而设置高斯模糊时，其数值大概在高反差的一半。

STEP 11 选择背景图层上方的一个图层，然后选择工具箱中的海绵工具，在属性栏中设置模式为“加色”，流量为 12%，然后在模特嘴唇上涂抹，效果如图 8-55 所示。

STEP 12 同样使用海绵工具在图像中的花瓣上涂抹，效果如图 8-56 所示。

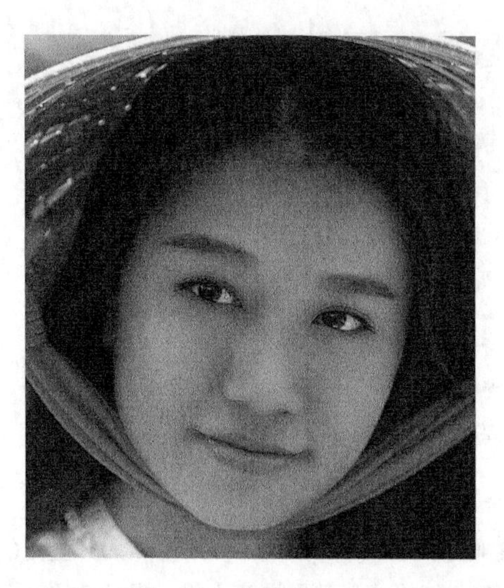

图 8-55

图 8-56

STEP 13 选择工具箱中的修复画笔工具，放大图像，将人物眼睛中的杂点去除，效果如图 8-57 所示。

STEP 14 选择工具箱中的画笔工具，在属性栏中设置不透明度为 30%。新建图层，设置前景色为白色，然后在眼白区域涂抹，并降低该图层的不透明度，效果如图 8-58 所示。

图 8-57

图 8-58

8.5 课后练习

1. 宝贝修图

打开“鞋子 .jpg”素材文件（资源包 /08/ 素材 / 鞋子 .jpg），使用海绵工具将主题图像颜色加深，然后使用加深工具将鞋子周围的图像颜色加灰，并使用模糊工具模糊周围的图像，效果如图 8-59 所示（资源包 /08/ 效果 / 宝贝修图 .psd）。

图 8-59

2. 模特修图

打开“广告模特 .jpg”素材文件（资源包 /08/ 素材 / 广告模特 .jpg），使用技能提升里面的方法对模特进行磨皮，然后使用海绵工具将人物周围图像去色，使用减淡工具提亮人物，最后使用裁剪工具裁剪图片，效果如图 8-60 所示（资源包 /08/ 效果 / 广告模特 .psd）。

图 8-60

Chapter 9

第9章 调整图像的色彩与色调

本章将介绍在Photoshop CC中使用不同的菜单命令对图像的色彩和色调进行调整的相关知识。通过本章的学习，读者可在修图时根据不同的需要使用各种菜单命令对网店的图像进行色彩或色调的调整。

课堂学习目标

- 掌握调整图像色彩和色调的方法
- 掌握特殊色彩的处理方法
- 掌握Camera Raw滤镜的使用方法

9.1 调整图像明暗

在处理网店图像的过程中，常常需要根据实际情况对网店的商品图像或模特图像进行色彩和色调调整。在 Photoshop 中提供了多种色彩和色调的调整命令，应用这些相关调整命令可以对图像的明暗进行调整。

【课堂案例】调整日系模特图

扫一扫
调整日系模特图

淘宝服装店铺一般都需要使用模特对衣服进行展示，而通常摄影师拍摄出的照片效果并不能达到要求，此时就需要使用 Photoshop 对照片的色彩和色调进行调整。根据店铺的定位和面向人群的不同，模特的照片色彩和色调也不同，有些是具有质感的商业图，有些是日系小清新，如果面向的受众是年轻的小女生，则模特图的拍摄会更加活泼，颜色也会更丰富，照片的色彩和色调都趋于明亮的、饱和的颜色。

本案例主要是调整日系风的小清新的模特照片，使读者通过学习不同的调整命令，掌握各个调整命令的使用方法。本案例的最终效果如图 9-1 所示（资源包 /09/ 效果 / 日式调色 .psd）。

图 9-1

9.1.1 调整菜单

在 Photoshop 中选择“图像 > 调整”命令，在打开的菜单中包含多种色彩调整命令，如图 9-2 所示。下面对其中的明暗调整命令进行介绍。

亮度/对比度(C)...
色阶(L)... Ctrl+L
曲线(U)... Ctrl+M
曝光度(E)...
自然饱和度(V)...
色相/饱和度(H)... Ctrl+U
色彩平衡(B)... Ctrl+B
黑白(K)... Alt+Shift+Ctrl+B
照片滤镜(F)...
通道混合器(X)...
颜色查找...
反相(I) Ctrl+I
色调分离(P)...
阈值(T)...
渐变映射(G)...
可选颜色(S)...
阴影/高光(W)...
HDR 色调...
去色(D) Shift+Ctrl+U
匹配颜色(M)...
替换颜色(R)...
色调均化(Q)

图 9-2

1. 亮度 / 对比度

“亮度 / 对比度”命令可以调整整个图像的色彩亮度，选择该命令后会打开“亮度 / 对比度”对话框，在其中拖动亮度和对比度的滑块或直接输入数值可以调整图层的亮度和对比度。

2. 色阶

“色阶”命令是最常用的色彩调整命令之一，使用该命令可以调整图像的阴影区、中间调区和高光区的亮度水平，常用于调整曝光不足或曝光过度的图像，也可用于调整图像的对比度。选择“图像 > 调整 > 色阶”命令或按【Ctrl+L】组合键打开“色阶”对话框，中间的直方图显示了图像的所有色阶信息，如图 9-3 所示。

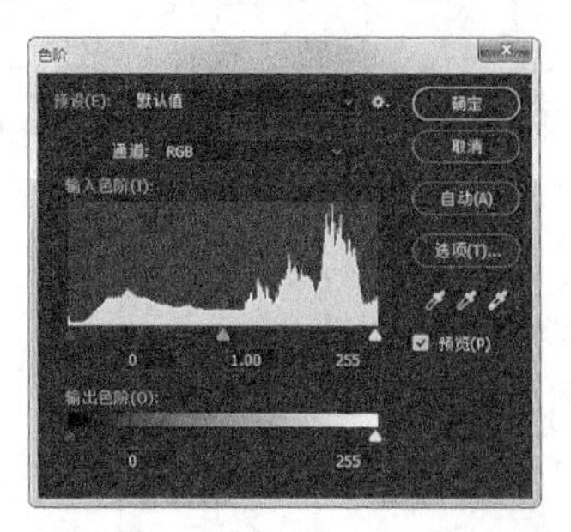

图 9-3

在直方图中，如果色阶的像素集中在左侧，表示图像的暗部所占区域较多，图像整体偏暗；如果色阶的像素集中在右侧，表示图像的亮度所占区域较多，图像整体偏亮。直方图下方有 3 个滑块，黑色滑块指的是图像的暗调，灰色滑块指的是图像的中间调，白色滑块指的是图像的亮调，拖动 3 个滑块可以调整图像的暗调、中间调和亮调。

- 通道：在该下拉列表中可以选择要进行色调调整的通道。
- 输入色阶：拖动滑块或直接在文本框中输入数值，可以调整图像的高光、中间调和阴影，提高图像的对比度。

3. 曲线

“曲线”命令也是最常用的色彩调整命令之一，使用该命令可以在暗调到高光这个色调范围内对图像中多个不同点的色调进行调整。选择“图像 > 调整 > 曲线”命令或按【Ctrl+M】组合键打开“曲线”对话框，在曲线上单击添加调整点，拖动调整点可调整色彩。

- 对于色调偏暗的 RGB 模式图像，可以将曲线调整至上凸的形状，提亮图像，如图 9-4 所示。

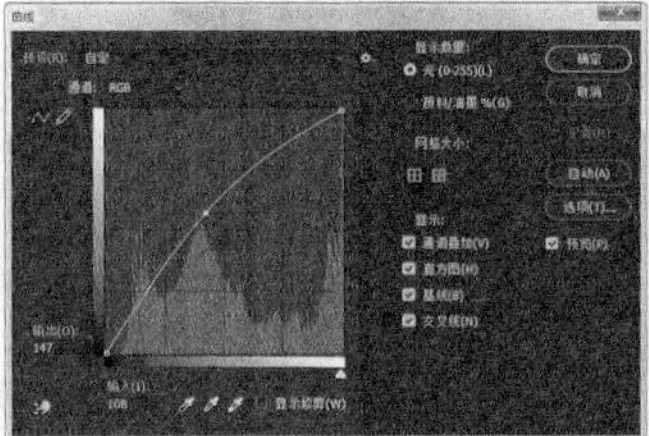

图 9-4

- 对于色调偏亮的 RGB 模式图像，可以将曲线调整至下凹的形状，压暗图像。
- 对于色调对比不明显的图像，可调整曲线为S形，使图像亮部更亮、暗部更暗，如图9-5所示。

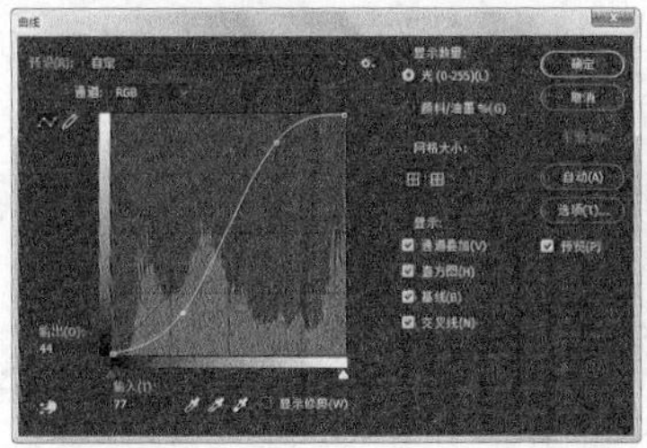

图 9-5

4. 曝光度

曝光度用于调整 HDR 图像的色调，有时也会用于调整曝光不足或曝光过度的照片。选择“图像 > 调整 > 曝光度”命令打开“曝光度”对话框，如图 9-6 所示。对话框中的各选项含义如下。

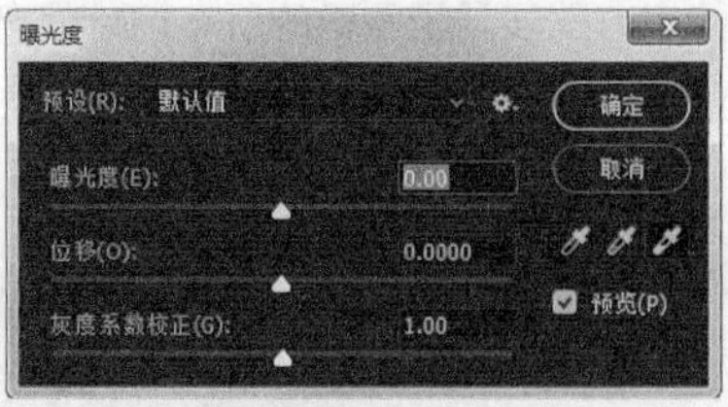

图 9-6

- 曝光度：用于设置图像的曝光度，通过增强或减弱光线使图像变亮或变暗。
- 位移：用于设置阴影或中间调的亮度，取值范围在 –0.5~0.5。向右移动滑块，可以使阴影和中间调变亮；向左移动滑块，可以使阴影和中间调变暗。
- 灰度系数校正：使用简单的乘方函数来设置图像的灰度系数，可以通过拖动滑块来校正图像的灰度系数。

5. 阴影 / 高光

“阴影 / 高光”命令用于设置整个图像的阴影和高光明暗变化，选择“图像 > 调整 > 阴影 / 高光”命令打开“阴影 / 高光”对话框，选中“显示更多选项”复选框可以打开对话框的隐藏选项，如图 9-7 所示。

6. 自然饱和度

“自然饱和度”命令用于设置图像的色彩饱和度，可以在增加饱和度的同时防止颜色过于饱和而出现溢色，在处理人像时尤为适用。选择“图像 > 调整 > 自然饱和度”命令打开“自然饱和度”对话框，如图 9-8 所示。

- 自然饱和度：该选项可以在颜色接近最大饱和时最大限度减少修剪，防止过度饱和。
- 饱和度：用于调整所有颜色，而不用考虑当前的饱和度。

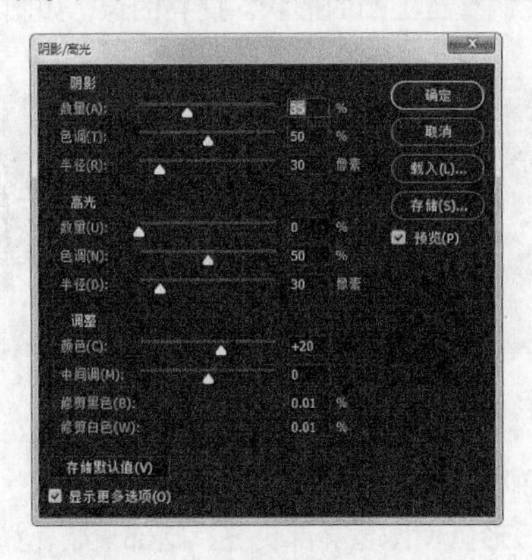

图 9-7

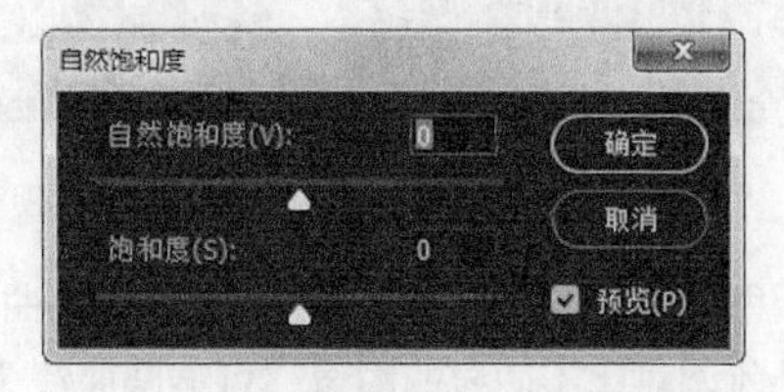

图 9-8

7. 色相 / 饱和度

“色相 / 饱和度”命令用于对图像的色相、饱和度和明度进行调整。选择“图像 > 调整 > 色相 / 饱和度”命令打开“色相 / 饱和度”对话框。

在“色相 / 饱和度”对话框中，各个选项的含义如下。

- 全图：用于设置要调整的范围。选择“全图”选项时，可以对图像整体进行调整；选择其他单色选项时，可以只针对图像中的该色进行调整。

- 色相：色相是各类色彩的相貌称谓，用于改变图像的颜色。
- 饱和度：用于设置色彩的鲜艳程度。
- 明度：用于设置图像的明暗程度。
- 着色：选中该复选框，可以使灰色或彩色图像变为单一颜色的图像，且“全图”下拉列表中默认选择“全图”选项。
- ：该吸管工具只有在“全图”下拉列表中选择某一种单色选项时才会被激活。直接使用吸管工具在图像中单击可以选择颜色范围；使用“添加到取样”工具在图像中单击可以增加颜色范围；使用“从取样中减去”工具在图像中单击可以减少颜色范围。

使用“色相 / 饱和度”命令可以调整整体图像的色相、饱和度和明度，也可针对某一种单色的色相、饱和度和明度进行调整，如图 9–9 所示。

图 9–9

8. 自动调整色调、对比度

除了可手动对图像的亮度、色相、饱和度等进行调整外，在 Photoshop 中还可以自动对图像的色调、对比度和颜色进行调整，单击“图像”菜单，在打开的命令中可以选择相关的命令自动对图像进行调整，如图 9–10 所示。

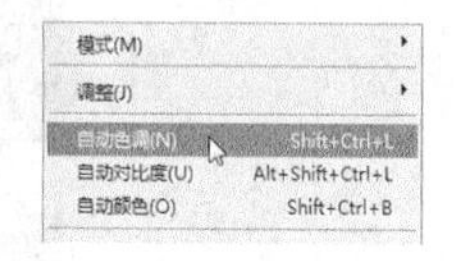

图 9–10

9.1.2 调整曲线

日系的照片调色大多都具有低饱和度、偏色、逆光、大光圈等特点。下面使用曲线提亮图像和调整色调，操作步骤如下。

STEP 1 按【Ctrl+O】组合键，打开素材文件“模特 .jpg”（资源包 /09/ 素材 / 模特 .jpg），并按【Ctrl+J】组合键复制背景图层，效果如图 9–11 所示。

STEP 2 按【Ctrl+M】组合键打开“曲线”对话框，首先直接将曲线向上拉，提亮图像，如图 9–12 所示。

图 9–11

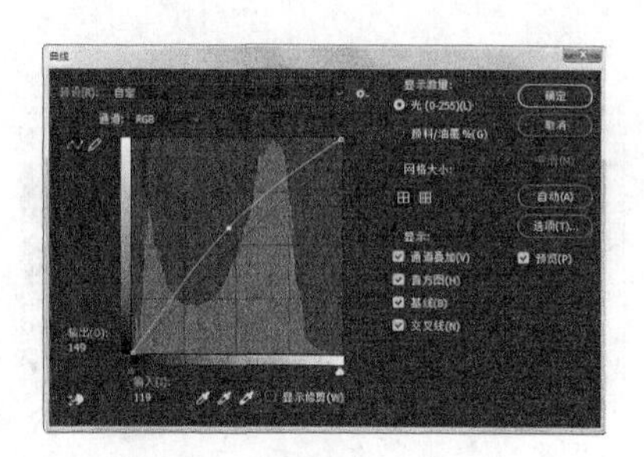

图 9–12

STEP 3 在对话框中的“通道”下拉列表中选择“红”选项，拖动曲线，如图 9-13 所示。

STEP 4 在对话框中的“通道”下拉列表中选择“黄”选项，拖动曲线，如图 9-14 所示。

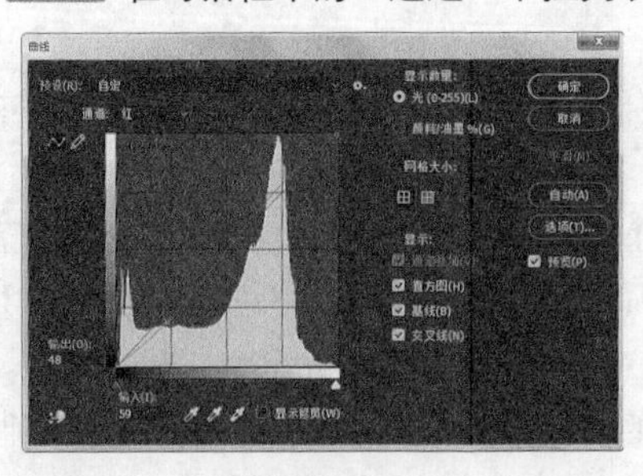

图 9-13

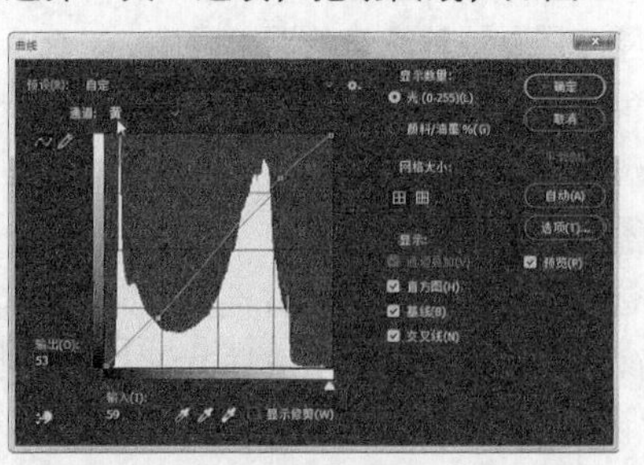

图 9-14

STEP 5 在对话框中的“通道”下拉列表中选择“绿”选项，拖动曲线，如图 9-15 所示。

STEP 6 单击 确定 按钮后的效果如图 9-16 所示。

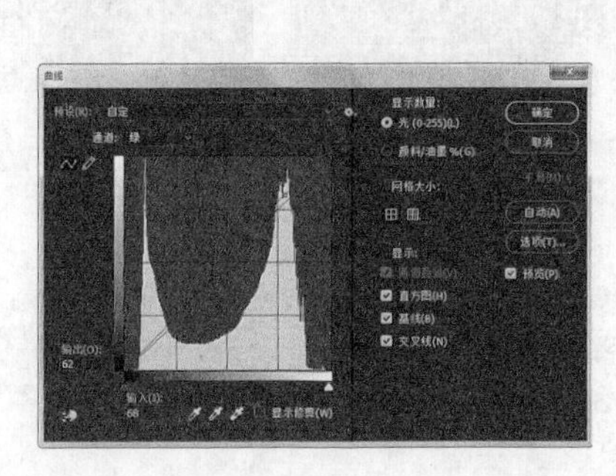

图 9-15

图 9-16

9.1.3 调整自然饱和度

下面降低饱和度，增加自然饱和度，操作步骤如下。

STEP 1 打开“自然饱和度”对话框，在其中对自然饱和度和饱和度进行调整，如图 9-17 所示。

STEP 2 单击 确定 按钮后的效果如图 9-18 所示。

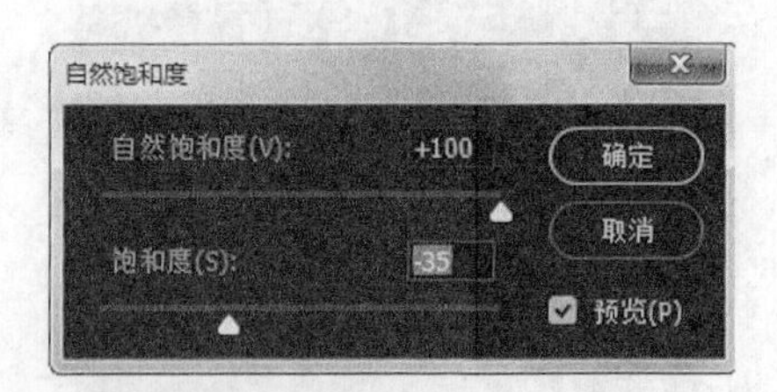

图 9-17

图 9-18

9.1.4 自动调整色彩

下面使用自动调整来调整图像的色彩，操作步骤如下。

STEP 1 选择“图像 > 自动对比度”命令，调整图像的整体对比度，效果如图 9-19 所示。

STEP 2 选择“图像 > 自动色调”命令，调整图像的整体色调，效果如图 9-20 所示。

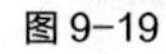
图 9-19

图 9-20

STEP 3 新建图层，将其填充为淡灰色（RGB：236；236；236），然后调整该图层的不透明度，效果如图 9-21 所示。

STEP 4 新建图层，使用白色到透明的渐变拉出光线效果，得到后的图片效果如图 9-22 所示。

图 9-21

图 9-22

提示

在实际使用数码相机拍摄照片时，最好使用相机的 RAW 格式，RAW 是一种无损压缩格式，将其导入 Photoshop 时可以先对图像的大体色彩进行调整。

9.2 图像色彩调整

除了使用前面的图像调整菜单命令对图像的明暗色调进行调整外，还可以使用其他的调整菜单命令对图像的色彩进行调整。

【课堂案例】婚纱模特展示调色

在淘宝店铺中，好的模特展示图可以吸引顾客，让顾客有购买欲，因此，除了在拍照时需要有必要的摄影技巧，后期的调色工作也非常重要。而漂亮的后期图也能为美工在制作各种设计时锦上添花。除了对服装模特展示图进行调色外，还可对其他宝贝商品进行调色，为了保证商品的色差不大，在调色过程中一定要把握调色的度，不要为了调色而去改变商品本身的色彩。

本案例的最终效果如图 9-23 所示（资源包 /09/ 效果 / 婚纱模特调色 .psd）。

图 9-23

为了不对原始图像造成损坏，很多的调色操作都是通过创建调整和填充图层来进行的，使用调整和填充图层进行调色也有利于后期修改。

9.2.1 色彩调整常用菜单

选择“图像 > 调整”命令，除了之前介绍的色彩调整菜单外，还包括其他功能不同的色彩调整菜单命令。下面分别进行介绍。

1. 匹配颜色

“匹配颜色”命令用于对色调不同的图像进行调整。打开两张不同色调的图像，选择要调整的图像文件，选择“图像 > 调整 > 匹配颜色”命令打开“匹配颜色”对话框，在“源”选项中选择匹配文件的名称，再根据需要设置其他选项即可，如图 9-24 所示。

在“匹配颜色”对话框中，各个选项的含义如下。

- 目标图像：在“目标”选项中显示了所选择匹配文件的名称，若当前图像中含有选区，选中“应用调整时忽略选区”复选框，可以忽略图像中的选区，调整整张图像的色调；取消选中“应用调整时忽略选区”复选框，可以调整图像选区内的色调。

- 图像选项：可以拖动滑块来调整图像的明亮度、颜色强度和渐隐的数值，选中“中和”复选框，可以设置调整的方式。
- 图像统计：用于设置图像的颜色来源。

图 9-24

2. 替换颜色

“替换颜色”命令可以对图像中的颜色进行替换。选择“图像 > 调整 > 替换颜色”命令打开“替换颜色”对话框，用吸管工具在图像中吸取要替换的颜色，然后单击“结果”颜色图标，在打开的对话框中设置颜色，返回到“替换颜色”对话框中，并对“颜色容差”以及替换颜色的“色相”“饱和度”和“明度”进行调整，如图 9-25 所示。

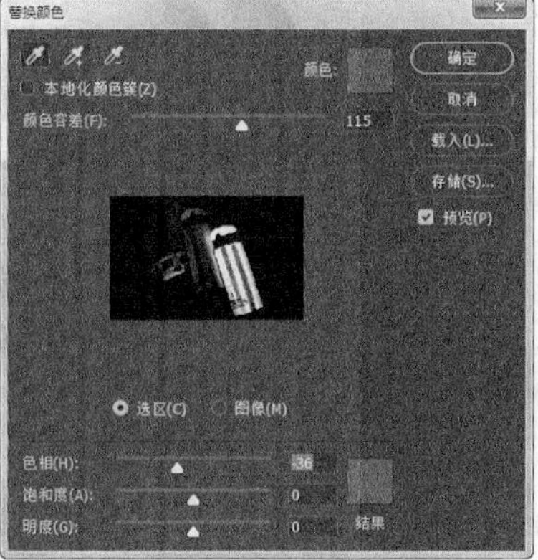

图 9-25

3. 色彩平衡

“色彩平衡”命令是通过调整色彩的色阶来校正图像中出现的偏色，更改图像的总体颜色混合。选择“图像 > 调整 > 色彩平衡”命令打开“色彩平衡”对话框。

在“色彩平衡”对话框中，各个选项的含义如下。

- 色彩平衡：该栏用于设置图像的色彩均衡，将滑块向所要增加的颜色方向拖动，可增加该颜色，减少其互补色，图 9-26 所示为调整色彩平衡前后的对比效果。

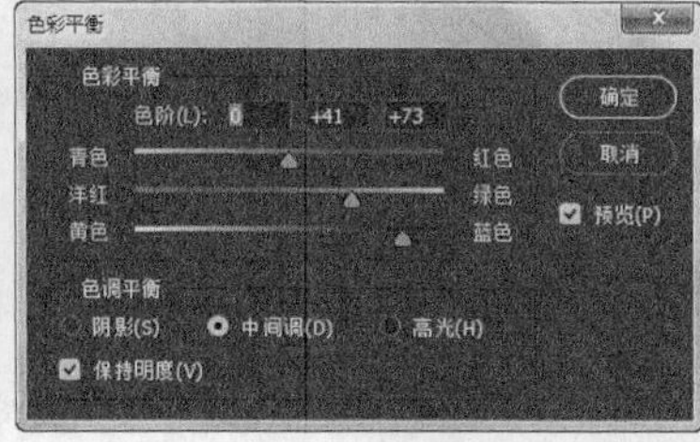

图 9-26

- 色调平衡：该栏用于设置图像的色调范围，包括“阴影”“中间调”和“高光”3 个单选项。选中“保持明度”复选框，可在调整颜色平衡过程中保持图像的整体亮度不变。

4. 渐变映射

“渐变映射”命令是通过设置渐变色来调整图像的颜色。选择“图像 > 调整 > 渐变映射”命令打开“渐变映射”对话框，单击“灰度映射所用的渐变”色带可以打开“渐变编辑器”来设置渐变色，如图 9-27 所示。

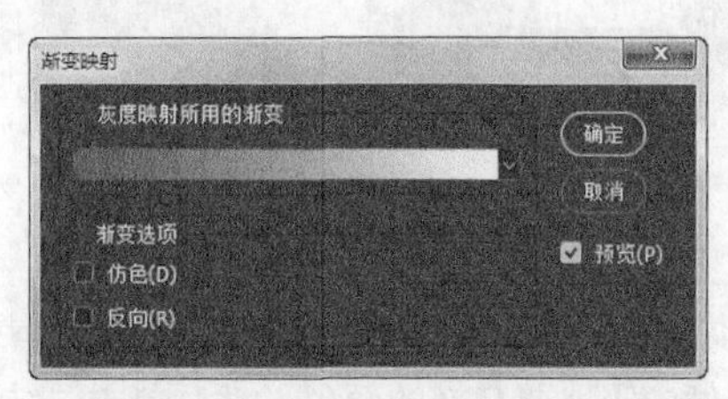

图 9-27

5. 可选颜色

“可选颜色”命令可以对图像中的颜色进行校正和调整，主要针对 RGB、CMYK 和黑、白、灰等主要颜色的组成进行调节，可以有针对性地增加或减少图像中的某一主色调的添含量，且不影响其他主色调。选择“图像 > 调整 > 可选颜色”命令打开“可选颜色”对话框，在“颜色”下拉列表中选择颜色，然后拖动下面的颜色滑块，即可调整颜色，如图 9-28 所示。

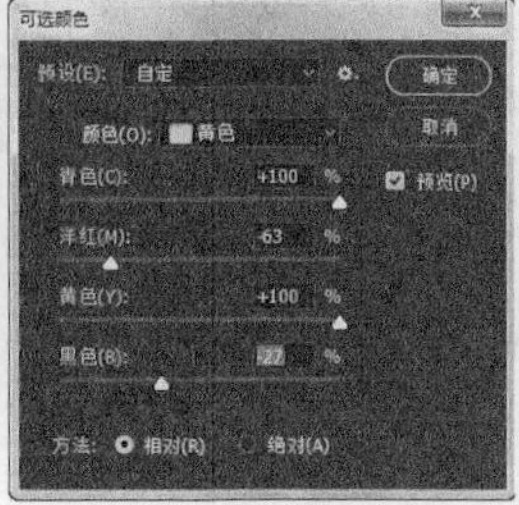

图 9-28

6.HDR 色调

HDR 的全称是 High Dynamic Range，即高动态范围。动态范围是指信号最高值和最低值的相对比值，在 HDR 的帮助下，可以使用超出普通范围的颜色值，因而能渲染出更加真实的 3D 场景。选择“图像 > 调整 > HDR 色调”命令即可打开“HDR 色调”对话框，图 9-29 所示为调整前后的对比效果。

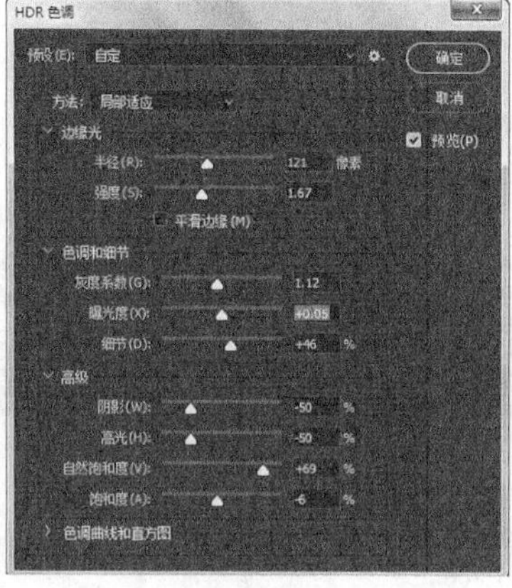

图 9-29

9.2.2 可选颜色

在对图像进行调色之前要先观察图像，然后再根据需要对图像进行色调或颜色调整。下面使用“可选颜色”命令对图像进行调整，操作步骤如下。

STEP 01 打开“婚纱模特 .jpg”素材文件（资源包 /09/ 素材 / 婚纱模特 .jpg），按【Ctrl+J】组合键复制背景图图层。

STEP 02 选择“图像 > 调整 > 可选颜色”命令，打开“可选颜色”对话框，在其中的“颜色”下拉列表中选择“红色”选项，选中“绝对”单选项，然后拖动滑块调整色值，如图 9-30 所示。

STEP 03 继续在“可选颜色”对话框的“颜色”下拉列表中选择“黄色”选项，然后拖动滑块调整色值，如图 9-31 所示。

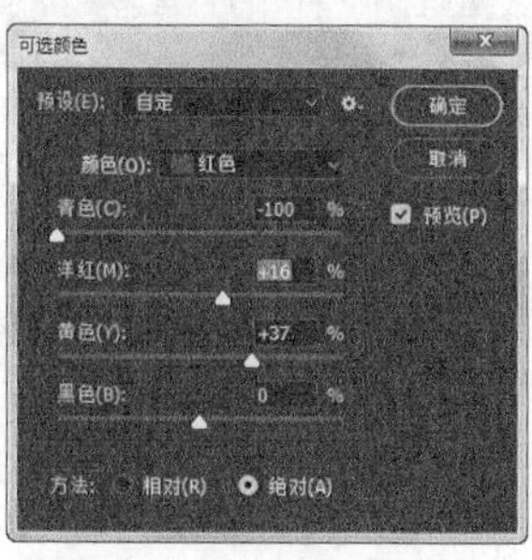

图 9-30

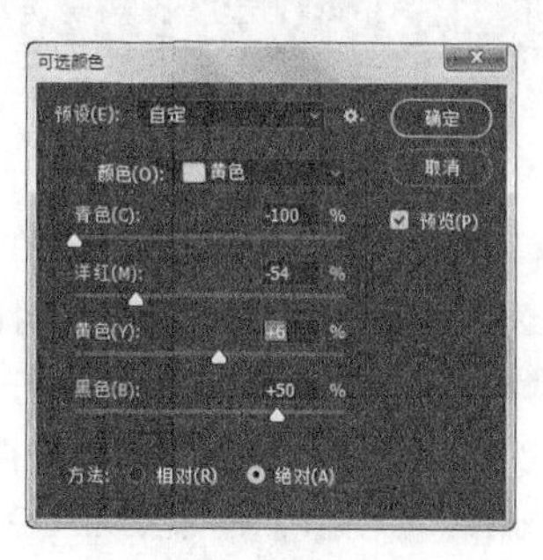

图 9-31

STEP 04 单击 确定 按钮，原图和效果图对比如图 9-32 所示。

提示

后期的图片调色方法有很多种，在调整图片颜色时，一开始要确定需要的色调，无论使用什么样的工具，只要往需要的色调方向进行调整即可。

图 9-32

9.2.3 色彩平衡

下面使用“色彩平衡”命令对图像进行调整，操作步骤如下。

STEP 1 选择“图像 > 调整 > 色彩平衡”命令，打开“色彩平衡”对话框，选中“阴影”单选项，然后拖动滑块调整色值，如图 9-33 所示。

STEP 2 继续在“色彩平衡”对话框中，选中“高光”单选项，然后拖动滑块调整色值，如图 9-34 所示。

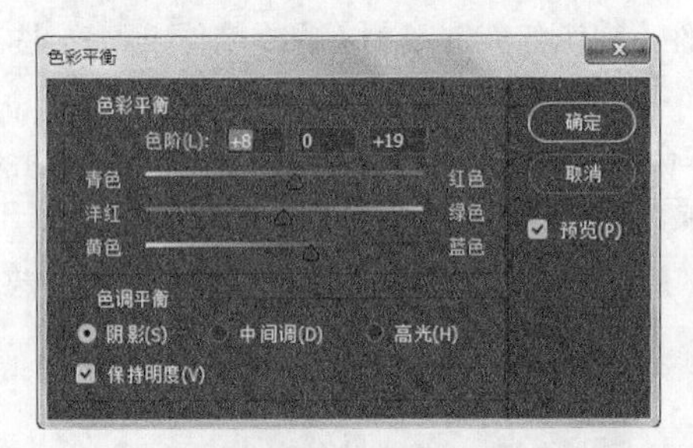

图 9-33

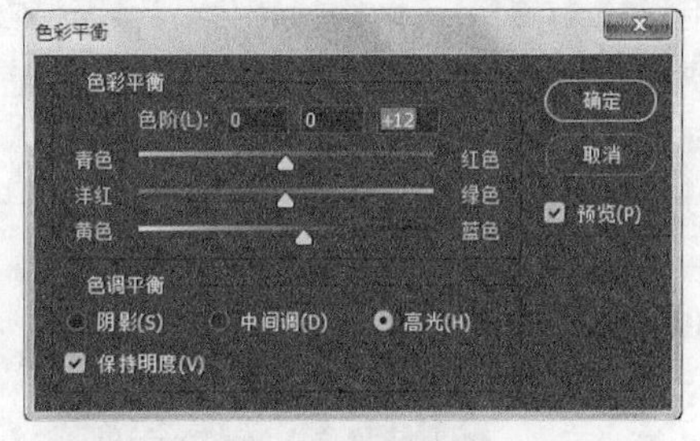

图 9-34

STEP 3 单击 确定 按钮后的效果如图 9-35 所示。

STEP 4 选择“图像 > 调整 > 亮度 / 对比度”命令，打开“亮度 / 对比度”对话框，设置对比度的数值为 29，单击 确定 按钮后的效果如图 9-36 所示。

STEP 5 选择“图像 > 调整 > 曲线”命令，打开“曲线”对话框，稍微将曲线往下压一些，如图 9-37 所示。单击 确定 按钮后的效果如图 9-38 所示。

提示

好的模特展示图除了前期的摄影，后期的调色也非常重要。本案例的调色偏向暖色，因此调色的步骤都在为照片添加暖黄色调。

图 9-35

图 9-36

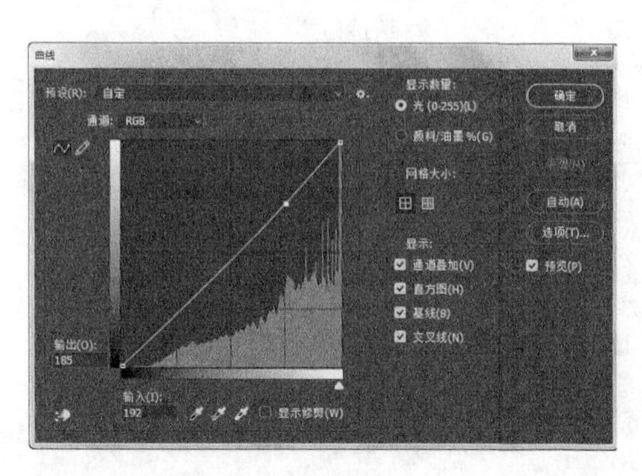

图 9-37

图 9-38

9.3 图像的特殊调整命令

除了前面讲解的一些图像调整命令外，在 Photoshop 中还包括其他一些特殊的调整命令，这些命令有时可以辅助处理其他图片。

【课堂案例】调出高端黑白照片

在一些走简约路线的淘宝店铺中，首页上的模特海报在颜色搭配上多用黑白灰来展示，且首页的设计也非常简洁，并采用大量留白。在这类店铺中，把色彩从照片上抽走后，剩下的黑白世界反而会呈现出一种更丰富更戏剧性的画面，也更能突出照片的明暗反差。

本案例的最终效果如图 9-39 所示（资源包 /09/ 效果 / 黑白照片 .psd）。

图 9-39

9.3.1 特殊调整命令菜单

使用 Photoshop 中的特殊调整命令可以调出黑白照片，且可在其他操作时予以辅助作用。下面分别进行介绍。

1. 去色

“去色”命令可以将彩色图像变为灰度图像，且不改变图像的颜色模式。选择“图像 > 调整 > 去色”命令，或按【Shift+Ctrl+U】组合键即可，图 9-40 所示为去色前后的对比效果。

图 9-40

2. 黑白

“黑白”命令也可以将彩色图像变为黑白效果。选择“图像 > 调整 > 黑白”命令，或按【Alt+Shift+Ctrl+B】组合键，打开“黑色”对话框，在其中可以对图像中的各个颜色进行调整，如图 9-41 所示。

3. 阈值

选择“图像 > 调整 > 阈值”命令，打开“阈值”对话框，拖动滑块或在“阈值色阶”数值框中输入数值，可以改变图像的阈值，大于阈值的像素变为白色；小于阈值的像素变为黑色，使图像具有高反差效果，如图 9-42 所示。

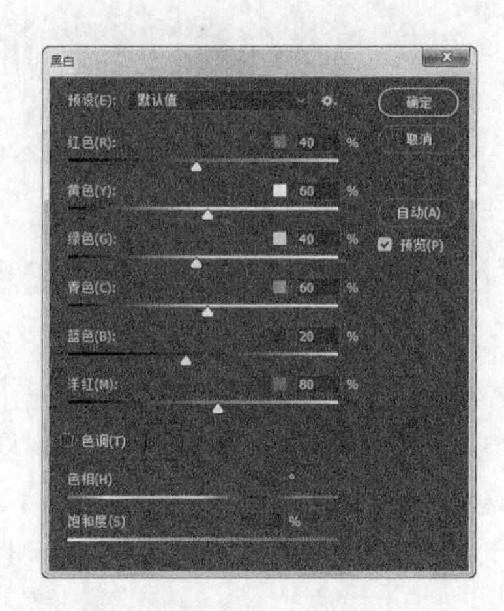

图 9-41

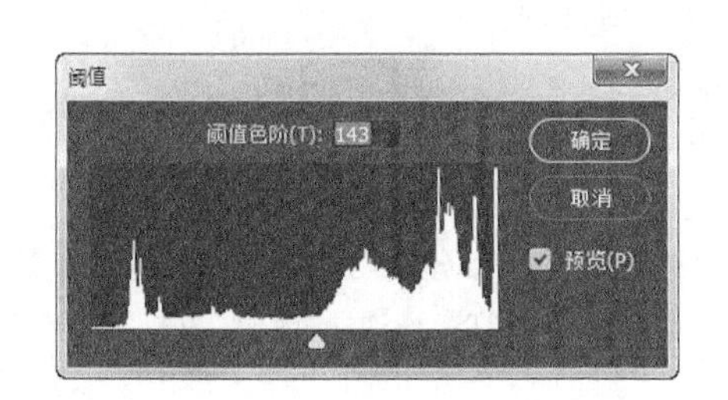

图9-42

4. 反相

选择“图像 > 调整 > 反相”命令，或按【Ctrl+I】组合键，可以将图像或选区的像素反转为其补色，使图像呈现底片的效果，不同的图像反相后的效果也不同，如图9-43所示。

图9-43

5. 色调均化

“色调均化”命令用于调整图像或选区像素的过黑区域，使图像变得明亮，并将图像中其他像素平均分配在亮度色谱中。选择“图像 > 调整 > 色调均化”命令即可，但是要注意不同色彩模式下选择该命令会产生不同的效果。

6. 色调分离

选择“图像 > 调整 > 色调分离”命令，打开“色调分离”对话框，在其中拖动滑块设置色阶即可，如图9-44所示。

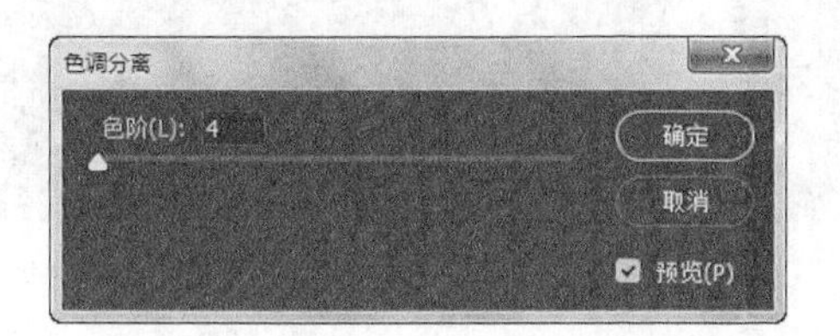

图9-44

7. 通道混合器

“通道混合器”命令是利用存储颜色信息的通道混合各种颜色，从而改变图像的颜色。选择“图像 > 调整 > 通道混合器”命令，打开“通道混合器”对话框。

在“通道混合器”对话框中，各个选项的含义如下。

- 预设：在该下拉列表中包含多种预设的调整设置文件，用于创建各种黑白效果。
- 输出通道：用于选择要调整的通道。
- 源通道：可以设置“红”“绿”“蓝” 3 个通道的混合百分比。若调整“红”通道的源通道，调整后的效果会反映到图像和“通道”面板中对应的“红”通道上。
- 常数：用于调整输出通道的灰度值。
- 单色：选中该复选框，图像会从彩色转换为单色图像。

使用“通道混合器”命令可以改变图像颜色，也可将彩色图像转换为单色图像，图 9-45 所示为改变图像颜色的效果。

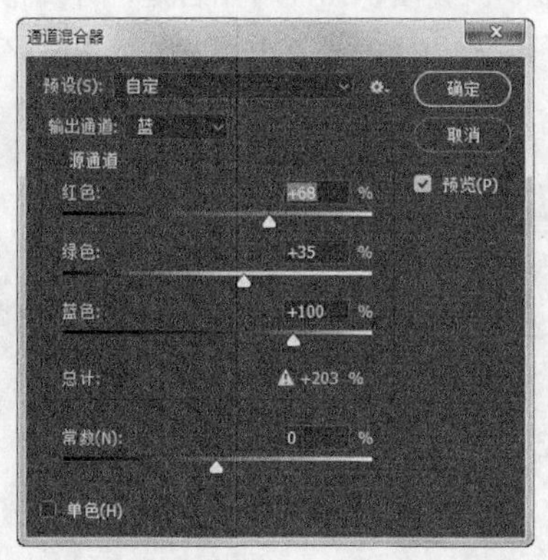

图 9-45

9.3.2 去色

下面使用“去色”命令对图像进行调整，操作步骤如下。

STEP 1 打开“秋装 .jpg”素材文件（资源包 /09/ 素材 / 秋装 .jpg），按【Ctrl+J】组合键复制背景图图层。

STEP 2 选择“图像 > 调整 > 去色”命令，或按【Ctrl+U】组合键对图像进行去色操作，效果如图 9-46 所示。

图 9-46

9.3.3 通道混合器

下面使用“通道混合器”命令对图像进行调整，操作步骤如下。

STEP 1 选择“图像 > 调整 > 通道混合器”命令，打开“通道混合器”对话框，选中“单色”复选框，然后设置各种颜色的数值，单击 确定 按钮后的效果如图 9-47 所示。

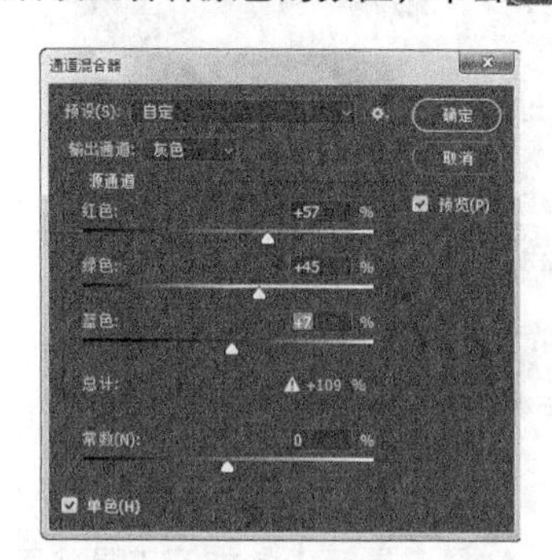

图 9-47

STEP 2 创建一个“渐变映射”的填充或调整图层，设置渐变色为前黑后白，然后设置图层的填充为 70%，如图 9-48 所示。

STEP 3 创建一个“曲线”的填充或调整图层，将图像压暗，然后使用画笔工具擦除人物除皮肤以外的区域，如图 9-49 所示。

图 9-48

图 9-49

STEP 4 按【Ctrl+Shift+Alt+E】组合键盖印图层，选择“图像 > 调整 > 阴影 / 高光”命令，在打开的“阴影 / 高光”对话框中进行设置，如图 9-50 所示。

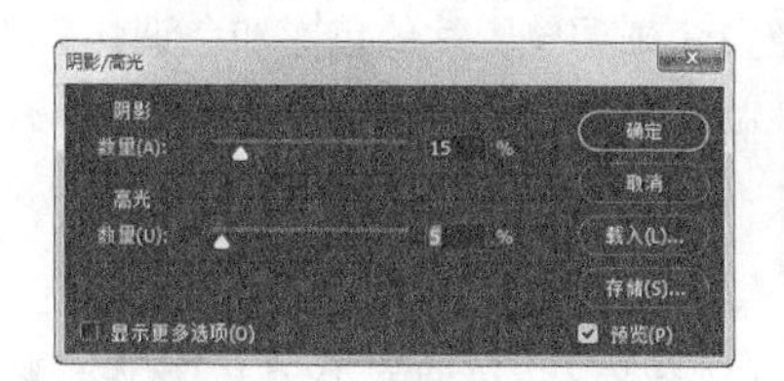

图 9-50

STEP 5 创建一个“曲线”的填充或调整图层，将图像稍微压暗，然后使用画笔工具擦除人物的高光区域，如图 9-51 所示。

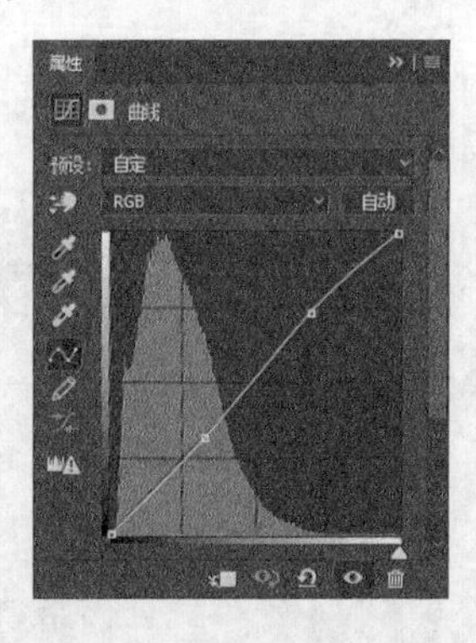

图 9-51

STEP 6 按【Ctrl+Shift+Alt+E】组合键盖印图层，选择工具箱中的加深工具将图像边缘和人物阴影部分加深，效果如图 9-52 所示。

STEP 7 新建图层，使用白色的画笔画出模特眼睛的高光，并调整图层的不透明度，效果如图 9-53 所示。

图 9-52

图 9-53

9.4 技能提升——Camera Raw 滤镜调色

本章主要制作了三个图片调色案例，并在这三个案例中分别介绍了调整图片色彩和色调的相关知识，通过本章的学习，读者应掌握以下内容。

（1）常用调色菜单命令有哪些？

（2）各个调色菜单命令能实现的功能。

在 Photoshop CC 中除了使用本章介绍的各种调色命令来调整图片的色彩和色调外，Photoshop CC 中还包含一个调色滤镜——Camera Raw 滤镜（其他版本的 Photoshop 没有这个滤镜，需要下载插件才能安装使用）。

1.Camera Raw 滤镜调色

下面使用 Camera Raw 滤镜进行古风调色（资源包 /09/ 效果 / 古风调色 .psd），操作步骤如下。

STEP 1 打开素材文件“汉服 .jpg”（资源包 /09/ 素材 / 汉服 .jpg），按【Ctrl+J】组合键复制背景图层。

STEP 2 选择“滤镜 > Camera Raw 滤镜”命令，打开对应的窗口，通过右侧面板中的各个图标选项卡，可以分别在相应的参数面板中进行调整，如图 9-54 所示。

图 9-54

STEP 3 在右侧“基本”选项卡中分别对参数进行调整，如图 9-55 所示。

STEP 4 单击“色调曲线”选项卡，在其中对曲线进行调整，如图 9-56 所示。

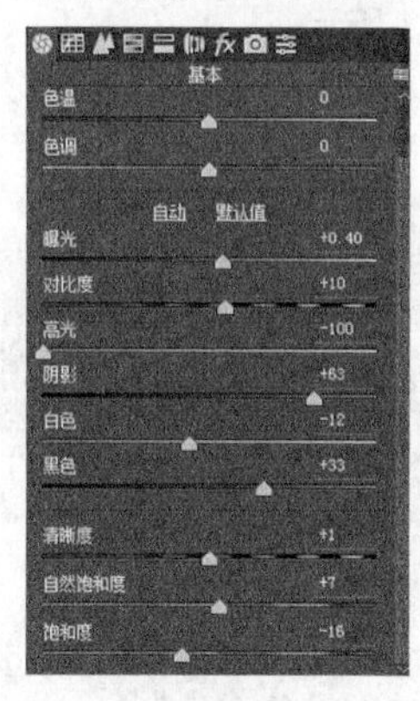

图 9-55

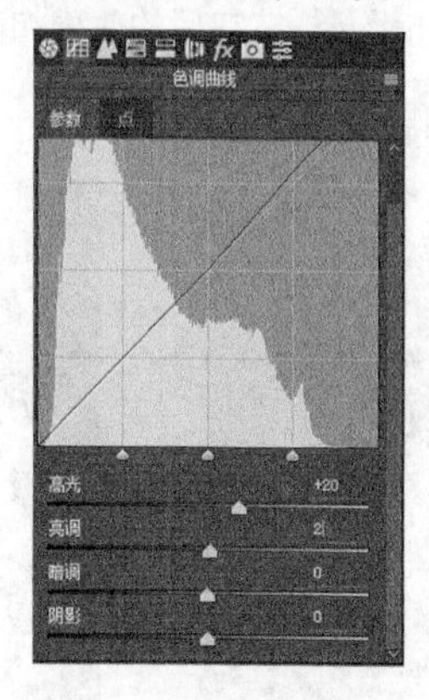

图 9-56

STEP 5 单击“HSL/ 灰度”选项卡，在其中单击“色相”选项卡，对下面的参数进行调整，如图 9-57 所示。

STEP 6 继续对“HSL/ 灰度”选项卡的“饱和度”选项卡下的参数进行调整，如图 9-58 所示。

STEP 7 继续对“HSL/ 灰度”选项卡的“明亮度”选项卡下的参数进行调整，如图 9-59 所示。

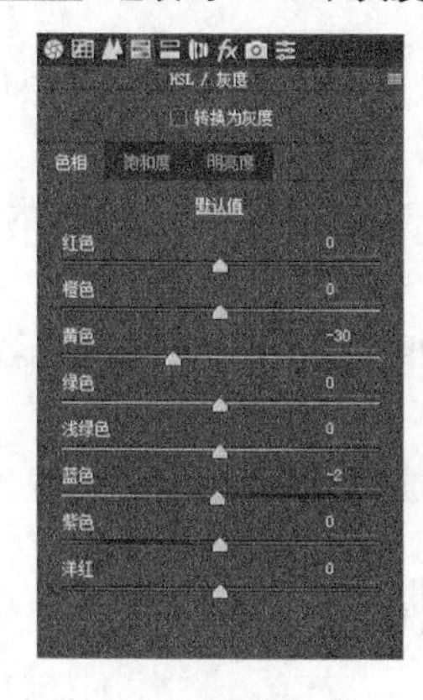

图 9-57

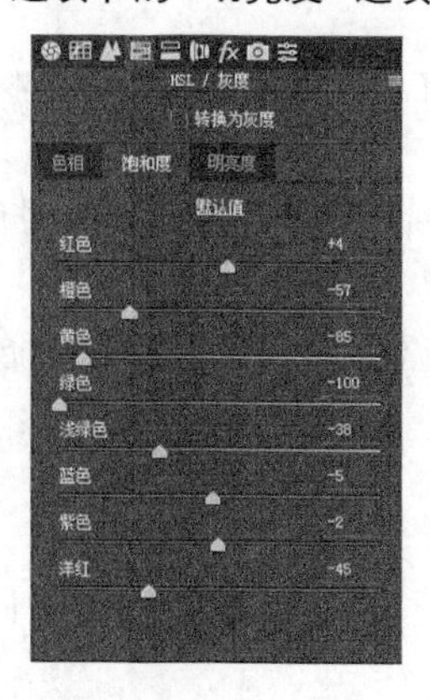

图 9-58

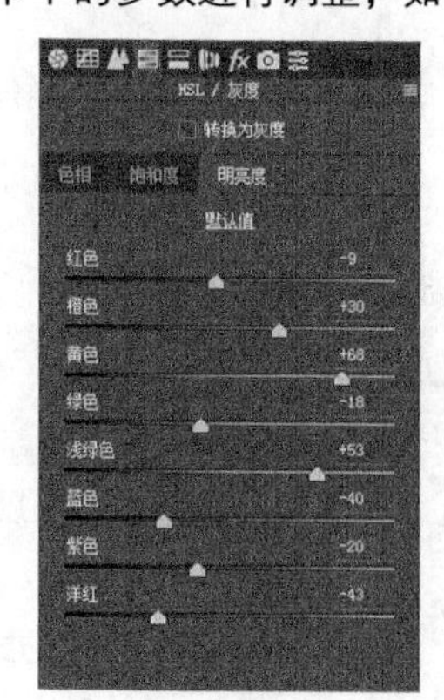

图 9-59

STEP 8 单击“分离色调”选项卡，对下面的参数进行调整，如图 9-60 所示，此时的图像效果如图 9-61 所示。

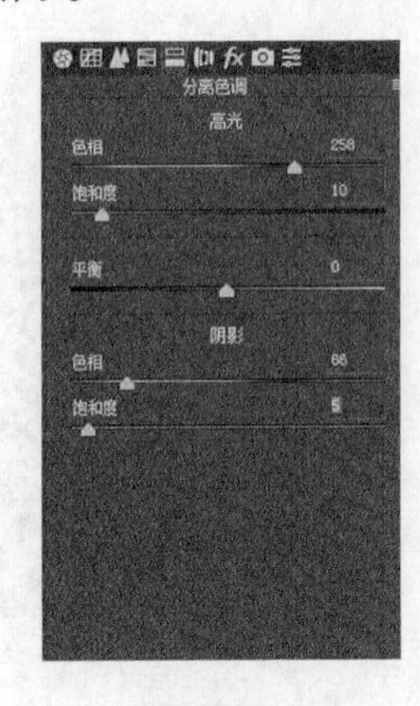

图 9-60

图 9-61

STEP 9 单击“相机校准”选项卡，对下面的参数进行调整，如图 9-62 所示。

STEP 10 单击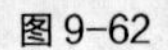按钮后的效果如图 9-63 所示。

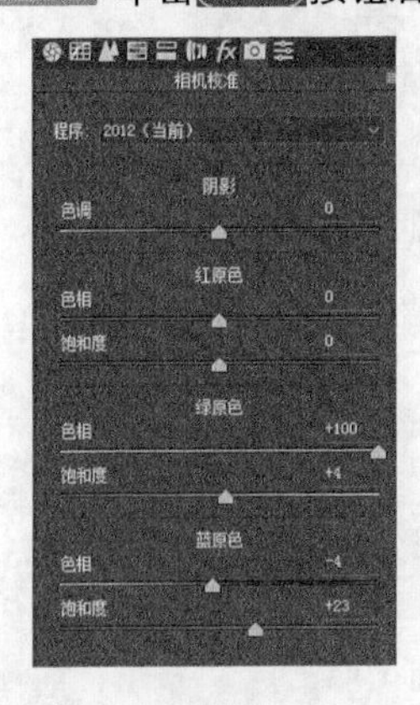

图 9-62

图 9-63

2. 复古调色

下面使用 Camera Raw 滤镜对照片进行复古的调色（资源包 /09/ 效果 / 复古调色 .psd），操作步骤如下。

STEP 1 打开素材文件“花卉 .jpg”（资源包 /09/ 素材 / 花卉 .jpg），按【Ctrl+J】组合键复制背景图层。

STEP 2 选择“滤镜 > Camera Raw 滤镜”命令，打开对应的窗口，在右侧的“基本”选项卡中分别对参数进行调整，如图 9-64 所示。

STEP 3 单击“HSL/ 灰度”选项卡，在下面单击“色相”选项卡，对下面的参数进行调整，如图 9-65 所示。

STEP 4 继续对“HSL/ 灰度”选项卡中的“饱和度”选项卡下的参数进行调整，如图 9-66 所示。

STEP 5 继续对“HSL/ 灰度”选项卡中的“明亮度”选项卡下的参数进行调整，如图 9-67 所示。

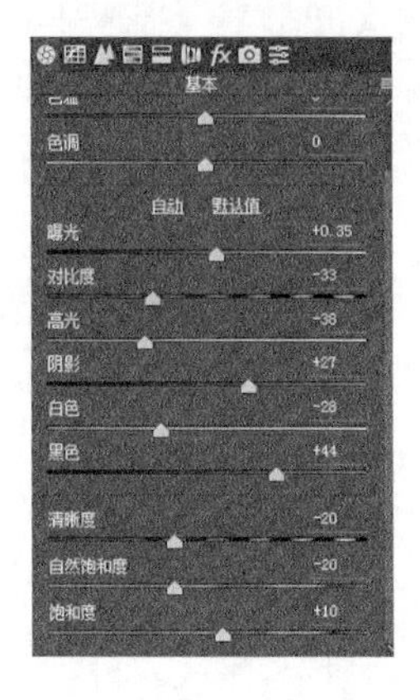

图 9-64

图 9-65

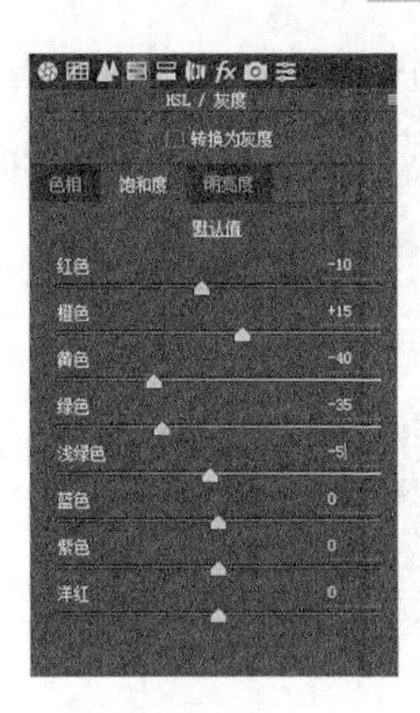

图 9-66

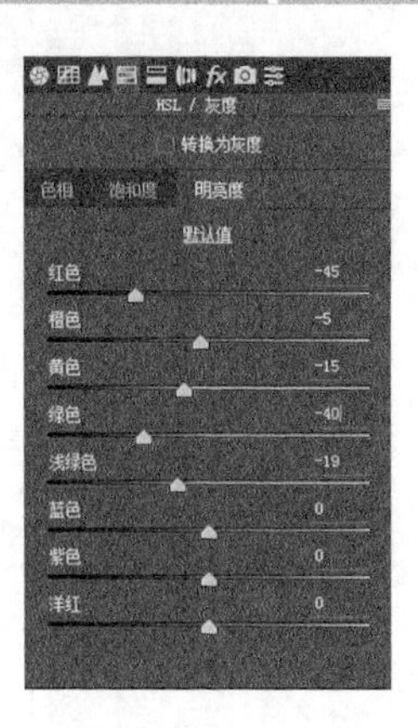

图 9-67

STEP 6 单击“相机校准”选项卡，对下面的参数进行调整，如图 9-68 所示。

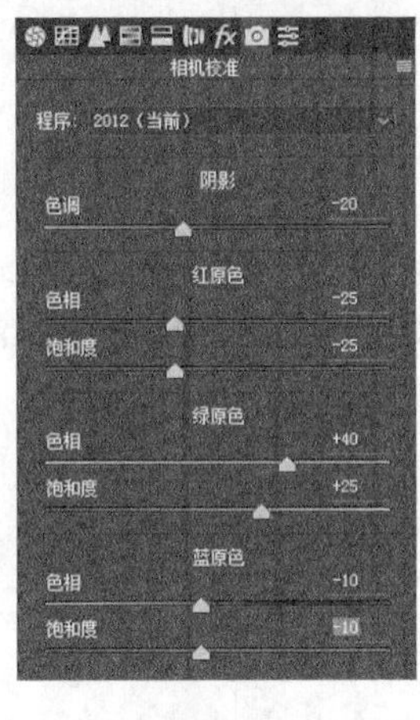

图 9-68

STEP 7 单击“色调曲线”选项卡，单击“点”选项卡，分别对各个通道进行调整，如图 9-69 所示。

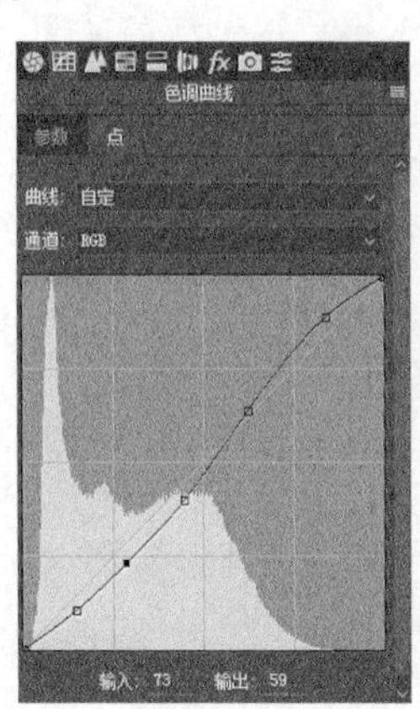

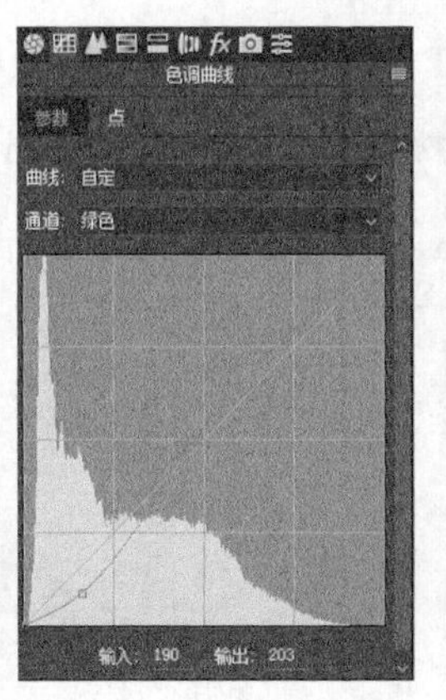

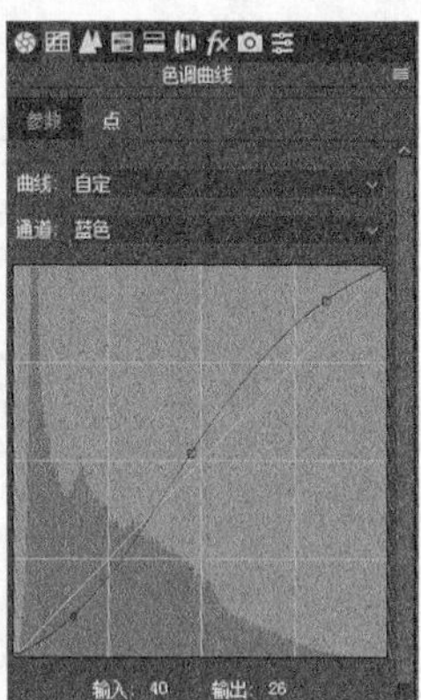

图 9-69

STEP 8 单击 确定 按钮后的前后效果对比如图 9-70 所示。

图 9-70

9.5 课后练习

1. 调出小清新宝贝展示图

打开“蛋糕 .jpg”素材文件（资源包 /09/ 素材 / 蛋糕 .jpg），使用 Camera Raw 滤镜先对图像进行大体调色，然后再使用曲线对各个通道进行调色，效果如图 9-71 所示（资源包 /09/ 效果 / 小清新宝贝展示图 .psd）。

图 9-71

2. 复古调色

打开“海 .jpg”素材文件（资源包 /09/ 素材 / 海 .jpg），使用技能提升中的方法调出复古色，效果如图 9-72 所示（资源包 /09/ 效果 / 复古色 .psd）。

图 9-72

Photoshop CC

Chapter

10

第10章 使用通道与滤镜

本章将介绍Photoshop CC中通道和滤镜的的相关知识。通过本章的学习，读者可以快速掌握利用通道进行抠图和调色的方法，以及利用各种滤镜效果制作图像特效的方法，丰富淘宝店铺的各类设计。

课堂学习目标

- 掌握通道的各种操作
- 掌握滤镜菜单及其应用方法
- 掌握滤镜的使用技巧

10.1 应用通道

在 Photoshop CC 中，通道主要用于保存图像颜色和选区信息。用户使用通道也能执行抠出图像并调整图像的颜色等操作。

【课堂案例】抠取长发模特图像

在淘宝店铺的各类设计中都离不开抠图操作。在前面的章节中已经讲解了多种抠图方法，而对于一些对比较为明显的图像则可以使用通道快速抠图。

本案例主要是抠取长发模特图像，读者通过学习通道抠图方法，掌握通道的使用方法。本案例的最终效果如图 10–1 所示（资源包 /10/ 效果 / 长发模特抠图）。

图 10–1

10.1.1 “通道”面板和通道的基本操作

“通道”面板是创建和编辑通道的主要场所，Photoshop 中的通道可分为颜色通道、Alpha 通道和专色通道。下面分别进行介绍。

- 颜色通道：一个图片被建立或者打开以后会自动创建颜色通道。图像的颜色模式不同，其通道数也不同，如 RGB 模式的图像有 4 个通道，1 个复合通道（RGB 通道），以及 3 个分别代表红色、绿色、蓝色的通道。
- Alpha 通道：Alpha 通道是为保存选区而专门设计的通道，通常在图像处理过程中人为生成，并且能从中读取选区信息。
- 专色通道：专色通道是指在 CMYK 四色外单独制作的一个通道，用来放置金色、银色或一些特殊要求的专色。

选择“窗口 > 通道”命令即可调出“通道”面板，如图 10–2 所示。下面对“通道”面板中的各个选项进行介绍。

- （指示通道可见性）：用于显示或隐藏通道。
- （通道缩略图）：用于预览各通道中的内容。
- （将通道作为选区载入）：单击该按钮，可以将选择的通道作为选区载入（也可在按【Ctrl】键的同时单击通道缩略图载入选区）。
- （将选区存储为通道）：单击该按钮，可以将图像中的选区存储为通道。

图 10–2

- （创建新通道）：单击该按钮，可以新建一个 Alpha 通道。
- （删除当前通道）：单击该按钮，可以删除当前选择的通道。

1. 创建通道

单击“通道”面板右上角的按钮，在打开的菜单中选择“新建通道”命令，打开“新建通道”对话框，在其中可设置通道的名称、色彩指示、颜色和不透明度等，如图 10-3 所示。

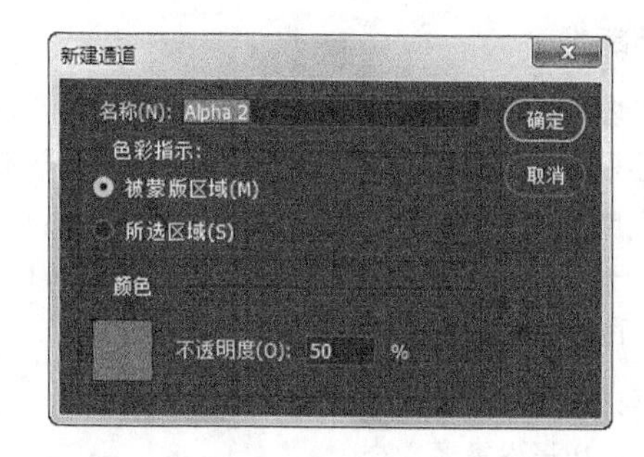

图 10-3

2. 复制通道

选择要复制的通道后单击“通道”面板右上角的按钮，在打开的菜单中选择“复制通道”命令，打开“复制通道”对话框，单击确定按钮后即可复制通道，如图 10-4 所示。

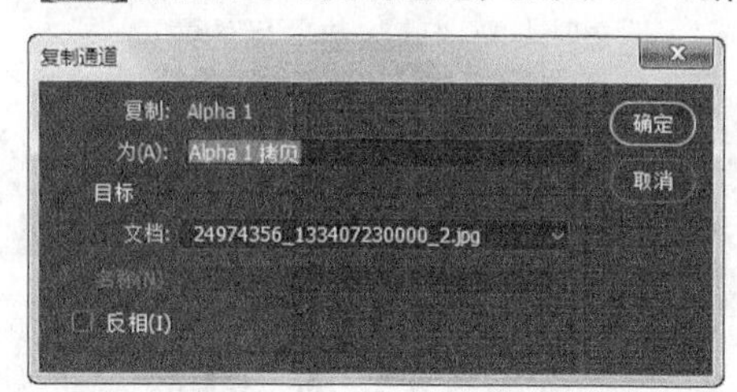

图 10-4

也可将需要复制的通道拖动到“创建新通道”按钮上，释放鼠标即可将所选的通道复制为一个新的通道。

3. 删除通道

选择要删除的通道后单击“通道”面板右上角的按钮，在打开的菜单中选择“删除通道”命令，即可删除通道。也可将需要删除的通道拖动到“删除当前通道”按钮上进行删除。

4. 制作专色通道

单击“通道”面板右上角的按钮，在打开的菜单中选择“新建专色通道”命令，在打开的“新建专色通道”对话框中进行相关设置后单击确定按钮，即可创建一个专色通道。

使用画笔工具在专色通道上进行绘制时，要注意前景色是黑色，绘制时的专色是完全的；前景色是其他中间色，绘制时的专色是不同透明度的特别色；前景色是白色，绘制时的专色是没有的。

- 将新通道转换为专色通道：选择 Alpha 通道，单击“通道”面板右上角的按钮，在打开的菜单中选择“通道选项”命令，在打开的“通道选项”中选中“专色”单选项，单击确定按钮可将该 Alpha 通道转换为专色通道。
- 合并专色通道：选择专色通道，单击“通道”面板右上角的按钮，在打开的菜单中选择“合并专色通道”命令，可以合并专色通道。

5. 分离和合并通道

单击“通道”面板右上角的▤按钮，在打开的菜单中选择“分离通道”命令，可以将图像中各个通道拆分为独立的图像文件。

单击“通道”面板右上角的▤按钮，在打开的菜单中选择“合并通道”命令，打开“合并通道”对话框，在“模式”下拉列表中可以选择通道模式，确定后可以将多个灰度图像合并为一个图像。

6. 应用图像

“应用图像”命令用于计算处理通道内的图像，使图像混合产生特殊的效果。选择“图像 > 应用图像”命令，打开“应用图像”对话框，如图 10-5 所示。

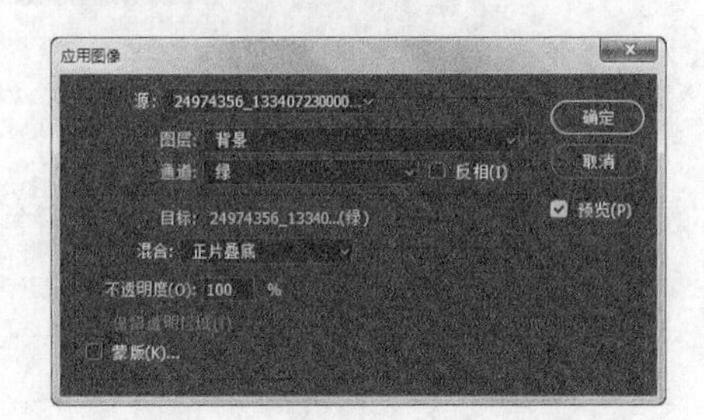

图 10-5

下面对“应用图像”对话框中的各个选项进行介绍。

- 源：用于设置选择的源文件。
- 图层：用于选择源文件的图层。
- 通道：用于设置源通道。
- 反相：选中该复选框后，在处理图像前会先反转通道内的内容。
- 混合：用于选择混色模式，即选择两个通道对应像素的计算方法。
- 蒙版：选中该复选框后，可以加入蒙版以限定选区。

图 10-6 所示为设置“通道”下拉列表为“蓝”选项后的效果。

图 10-6

提示

如果是两张图像应用“应用图像”命令，则源文件与目标文件的尺寸大小必须相同，这样参加计算的两个通道内的像素才是一一对应的。

7. 计算

“计算”命令用于计算处理两个通道内的相应内容，主要用于合并单个通道的内容。选择“图像 > 计算”命令，打开“计算”对话框，如图 10-7 所示。

“计算”对话框中选项含义同“应用图像”对话框中的选项相似，也是对两个通道的相应内容进行运算处理。

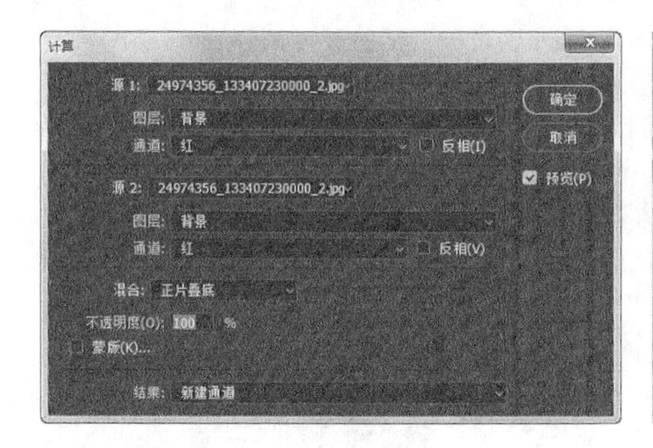

图 10-7

“计算”命令和“应用图像”命令虽然都是对通道进行运算，但两者之间还是有所区别的。“应用图像”命令处理后的结果可作为源文件或目标文件使用；而“计算”命令处理后的图像会存为一个 Alpha 通道，将其转变为选区后还可供其他工具使用。

10.1.2 应用通道

下面使用“通道”面板结合其他工具来抠取模特发丝，操作步骤如下。

STEP 1 打开素材文件“长发模特 .jpg”（资源包 /10/ 素材 / 长发模特 .jpg），按【Ctrl+J】组合键复制一个图层。

STEP 2 按【Shift+Ctrl+Alt+2】组合键，将图像中的高光区域载入选区，然后新建图层并填充为白色，设置该图层的不透明度为 80%，如图 10-8 所示。

图 10-8

STEP 3 合并所有图层，按【Ctrl+J】组合键复制一个图层。

STEP 4 打开“通道”面板，其中“绿”通道的反差最为明显，所以选择“绿”通道，并复制一个“绿”通道得到“绿 复制”通道，如图 10-9 所示。

STEP 5 按【Ctrl+2】组合键显示 RGB 通道，返回到“图层”面板中。选择工具箱中的钢笔工具，沿人物及其头发主体绘制路径。

STEP 6 按【Ctrl+Enter】组合键将路径作为选区载入，然后将其羽化为 1 个像素，效果如图 10-10 所示。

图 10-9

图 10-10

STEP 7 在“通道”面板中选择“绿 复制”通道，将选区调出为黑色，取消选区后的效果如图 10-11 所示。

STEP 8 按【Ctrl+L】组合键打开“色阶”对话框，调整参数增加通道的对比度，如图 10-12 所示。

图 10-11

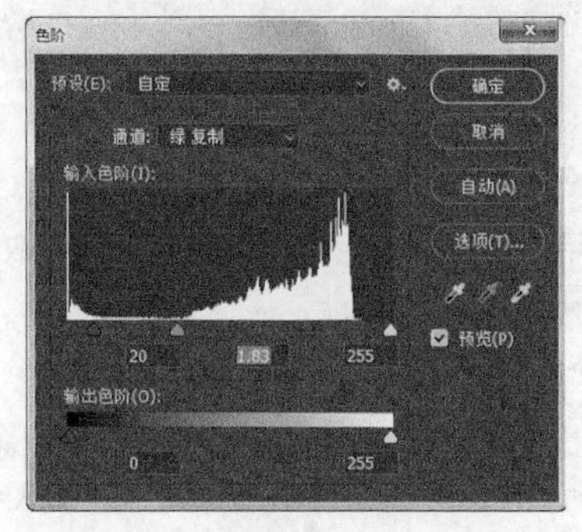

图 10-12

STEP 9 打开“亮度 / 对比度”对话框，调整图像的亮度和对比度，如图 10-13 所示。

STEP 10 使用减淡工具将背景涂抹成白色，效果如图 10-14 所示。

图 10-13

图 10-14

STEP 11 再复制一个“绿 副本”通道，得到“绿 复制 2”通道，按【Ctrl+I】组合键进行反相，效果如图 10-15 所示。

STEP 12 按【Ctrl+M】组合键打开“曲线”对话框，压暗曲线，使白色区域和黑色区域对比更明显，效果如图 10-16 所示。

图 10-15

图 10-16

10.1.3 将通道载入选区

下面将通道载入选区，完成长发模特图像的抠取，操作步骤如下。

STEP 1 按【Ctrl】键的同时单击“绿 复制 2”通道，将该通道载入选区，效果如图 10-17 所示。

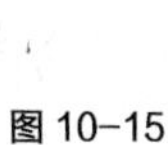

STEP 2 显示 RGB 通道，回到“图层”面板，按【Ctrl+J】组合键复制图层，隐藏其余背景图层后的效果如图 10-18 所示。

图 10-17

图 10-18

STEP 3 使用钢笔工具在模特手臂间隙多余的图像边缘绘制路径，载入选区后将其删除，效果如图 10-19 所示。

图 10-19

提示

在抠取发丝时，为了保留更多细节，要注意各种参数设置不宜过大。

10.2 常用滤镜

滤镜是Photoshop中最神奇的功能，用于帮助我们快速、高效地调出各种后期效果。在Photoshop CC中，通过一些常用的滤镜结合其他相关工具可以制作出不同的图像效果。

【课堂案例】制作球形烟花效果

美工用Photoshop进行各种设计制作时，需要用到大量的素材图像，有时并不能从网上下载到合适的素材图像，这时便可以通过使用各种滤镜效果来制作需要的素材。本案例将使用各种常用的滤镜结合其他工具来制作烟花素材。

本案例主要是制作球形烟花效果，最终效果如图10-20所示（资源包/10/效果/烟花）。

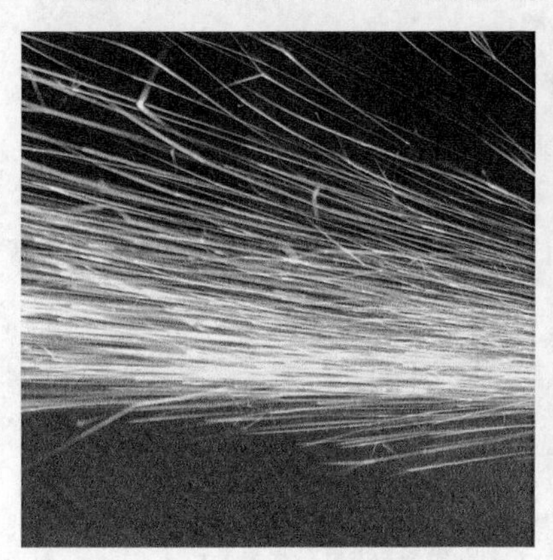

图10-20

10.2.1 认识常用滤镜

常用的滤镜包括“模糊”滤镜、“锐化”滤镜、“像素化”滤镜和“渲染”滤镜。下面分别对这些滤镜进行介绍。

1.“模糊”滤镜

选择“滤镜>模糊”命令，在其子菜单中包含了11种模糊滤镜，如图10-21所示。模糊滤镜可以柔化图像，降低相邻像素之间的对比度，使图像产生柔和的过渡效果，最常用的两个模糊滤镜是“动感模糊”滤镜和“高斯模糊”滤镜。

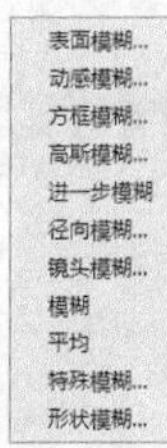

图10-21

- “动感模糊”滤镜：动感模糊可以根据需要在指定的方向角度模糊图像，在表现速度感时多会使用这个滤镜，如图10-22所示。

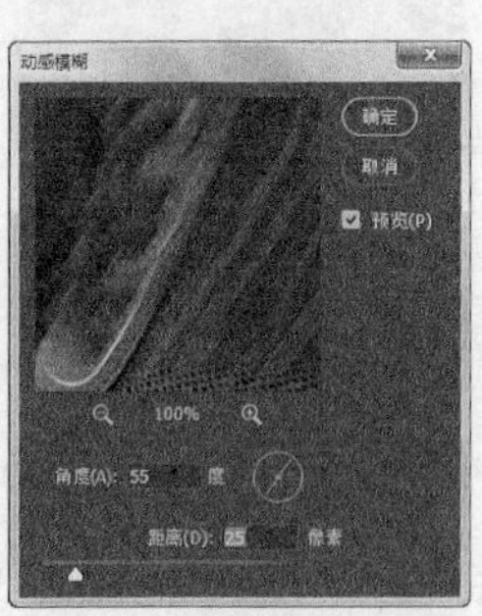

图10-22

- “高斯模糊”滤镜：该滤镜可使图像产生一种朦胧的模糊效果。选择“滤镜 > 模糊 > 高斯模糊”命令，打开“高斯模糊”对话框，在其中可设置“半径”值来确认模糊的范围，数值越高，模糊越强烈，如图 10-23 所示。

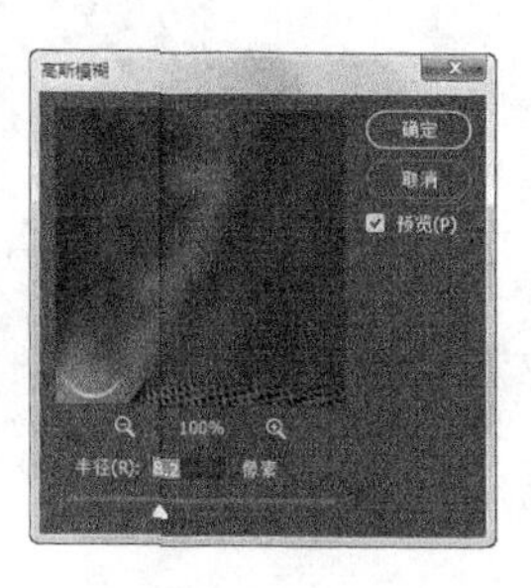

图 10-23

2.“锐化”滤镜

选择“滤镜 > 锐化”命令，在其子菜单中包含了 6 种锐化滤镜，如图 10-24 所示。锐化滤镜是通过增强相邻像素之间的对比度来减弱或消除图像的模糊，使图像产生清晰的效果，最常用的两个“锐化”滤镜是“USM 锐化”滤镜和“智能锐化”滤镜。

图 10-24

- “USM 锐化”滤镜：该滤镜在处理图像时使用了模糊蒙版，从而使图像产生边缘轮廓锐化的效果。选择“滤镜 > 锐化 > USM 锐化”命令，打开“USM 锐化”对话框，其中设置的数量越大，锐化越明显；阈值越大，范围越大，锐化效果越淡。该滤镜兼有“进一步锐化”“锐化”和“锐化边缘”3 种滤镜的功能。
- “智能锐化”滤镜：该滤镜可以更好地进行边缘探测，减少锐化后所产生的晕影，进一步调整图像的边缘细节，如图 10-25 所示。

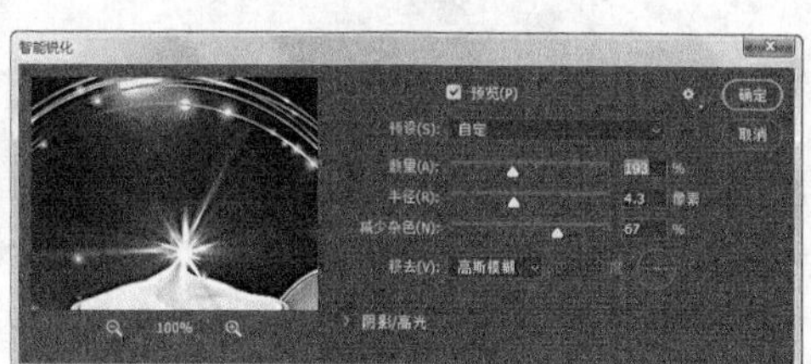

图 10-25

3.“像素化”滤镜

选择“滤镜 > 像素化”命令，在打开的子菜单中包含了 7 种像素化滤镜，如图 10-26 所示。“像素化”滤镜主要用于将图像分块或将图像平面化，最常用的两个“像素化”滤镜是“马赛克”滤镜和“点状化”滤镜。

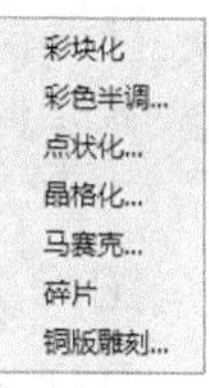

图 10-26

- “马赛克”滤镜：该滤镜在处理图像时可以把相似色彩的像素合并成为更大的方块，并按原图规则排列，模拟马赛克效果。
- “点状化”滤镜：该滤镜可将图像的颜色分解成随机分布的网点，并使用背景色调出网点间的间隙，选择“滤镜 > 像素化 > 点状化”命令，打开“点状化”

对话框，其中设置单元格大小的数值越大，单元格就越大，如图 10-27 所示。

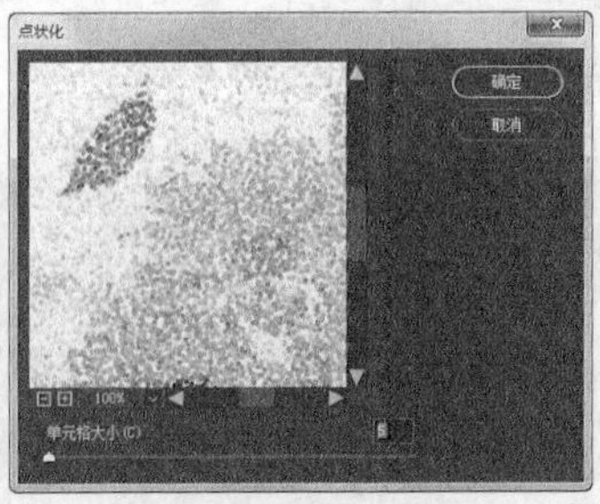

图 10-27

4.“渲染”滤镜

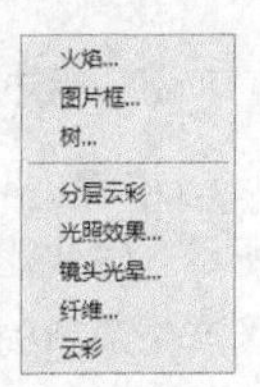

图 10-28

选择“滤镜 > 渲染”命令，在打开的子菜单中包含了 8 种“渲染”滤镜，如图 10-28 所示。“渲染”滤镜主要用于使图像产生三维、云彩或光照等效果，其中“火焰”“图片框”和“树”3 个“渲染”滤镜是 Photoshop CC 新增的滤镜，使用前需要创建路径。常用的两个“渲染”滤镜是“镜头光晕”滤镜和“光照效果”滤镜。

- “镜头光晕”滤镜：该滤镜可以在图像中模拟亮光照射到相机镜头所产生的折射效果。选择“滤镜 > 渲染 > 镜头光晕”命令，打开“镜头光晕”对话框，在图像缩略图中可直接拖动十字线来指定光晕的中心位置，如图 10-29 所示。

图 10-29

- “光照效果”滤镜：该滤镜可为图像调节外部光源照射的效果。选择“滤镜 > 渲染 > 光照效果”命令，打开“属性”和“光源”面板，在“属性”面板中可设置光照参数，在“光源”面板中可以对光源进行删除、显示和隐藏等操作，通过属性栏中的相关操作即可为图像添加或删除光源。

提示

在使用滤镜时，若要再次使用上一步的滤镜，可按【Alt+Ctrl+F】组合键重复滤镜；若要对图像的局部使用滤镜，需要先在图像上创建选区后再使用滤镜。

10.2.2 应用“像素化”滤镜

下面使用“像素化”滤镜来对图像进行马赛克操作，操作步骤如下。

STEP 01 打开素材文件“闪电 .jpg”（资源包 /10/ 素材 / 闪电 .jpg），按【Ctrl+J】组合键复制一个图层，效果如图 10-30 所示。

STEP 2 选择“滤镜 > 像素化 > 马赛克”命令，打开“马赛克”对话框，设置“单元格大小”为 80，单击 确定 按钮，效果如图 10-31 所示。

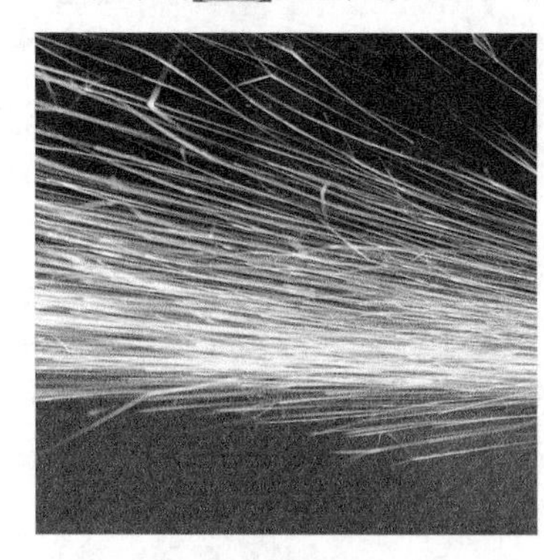

图 10-30

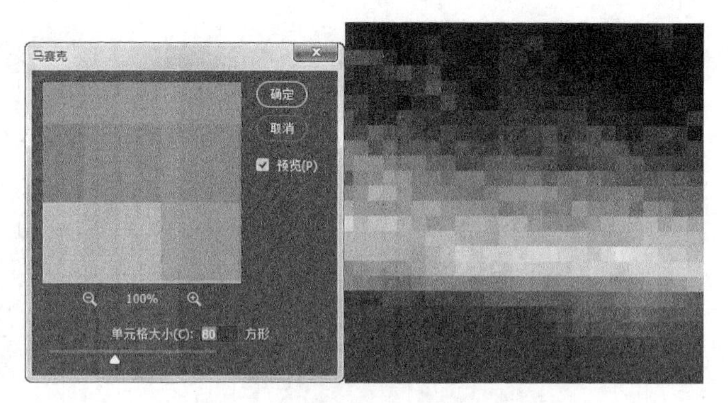

图 10-31

STEP 3 选择“滤镜 > 滤镜库”命令，打开“滤镜库”对话框，在“风格化”列表下面单击“照亮边缘”缩略图，在右侧进行参数设置，如图 10-32 所示。

STEP 4 单击 确定 按钮后的效果如图 10-33 所示。

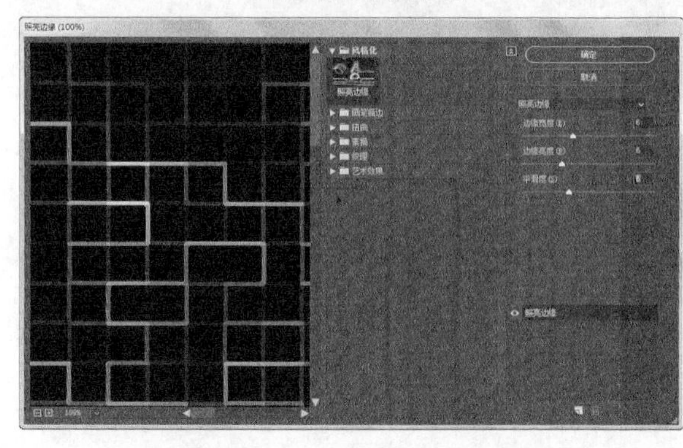

图 10-32

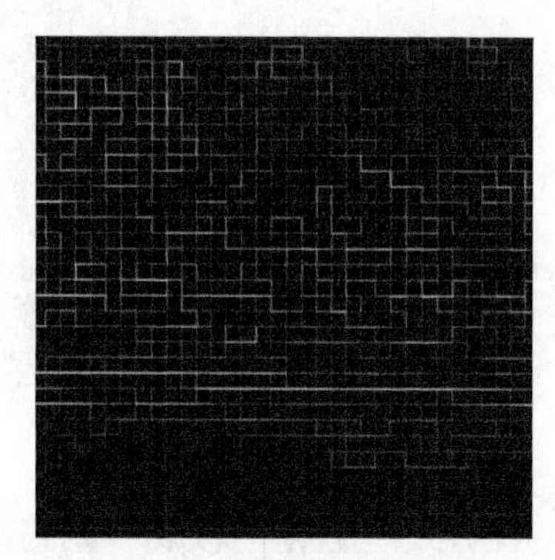

图 10-33

STEP 5 复制当前图层，按【Ctrl+T】组合键然后旋转 180° ，将其图层混合模式设置为变暗，效果如图 10-34 所示。

STEP 6 盖印图层，绘制一个圆形选区，并按【Ctrl+J】组合键复制选区，然后在图层下方新建一个图层填充为任意色，设置该图层混合模式为线性减淡（添加），如图 10-35 所示。

图 10-34

图 10-35

STEP 7 选择“滤镜 > 扭曲 > 球面化”命令，打开“球面化”对话框进行设置，效果如图 10-36 所示。

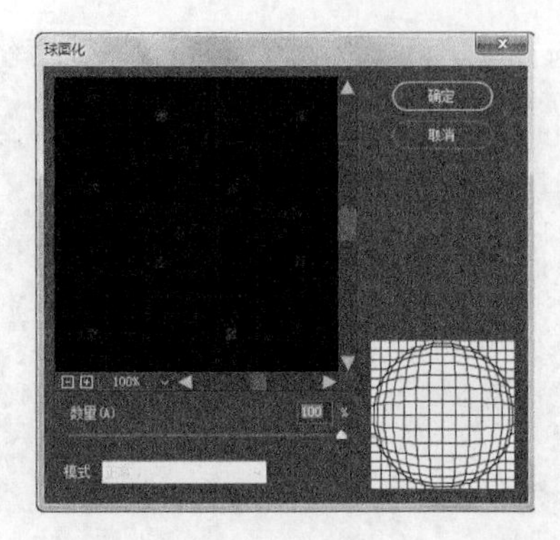

图 10-36

STEP 8 此时的图像亮度不够，因此复制图层直到亮度合适为止，效果如图 10-37 所示。

图 10-37

10.2.3 应用“模糊”滤镜

下面使用“模糊”滤镜对图像进行模糊操作，操作步骤如下。

STEP 1 选择“滤镜 > 滤镜库”命令，打开“滤镜库”对话框，在“艺术效果”列表下单击“干画笔”缩略图，在右侧进行参数设置，如图 10-38 所示。

STEP 2 选择“滤镜 > 扭曲 > 极坐标”命令，打开“极坐标”对话框，选中“极坐标到平面坐标”单选项，如图 10-39 所示，单击 确定 按钮。

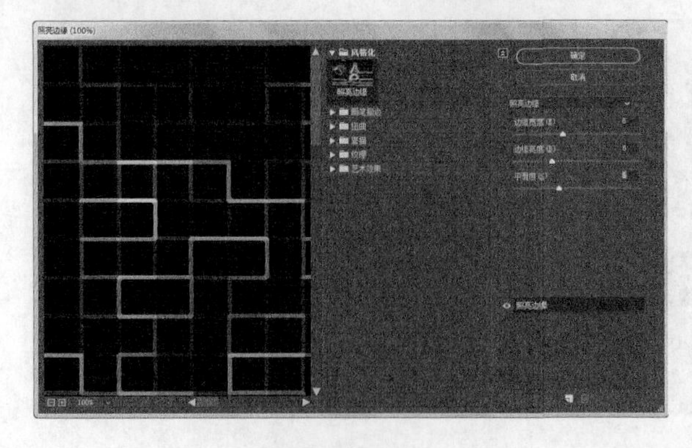

图 10-38

极坐标
确定
取消
100%
平面坐标到极坐标(R)
极坐标到平面坐标(P)

图 10-39

STEP 3 将图像顺时针旋转 90°，选择“滤镜 > 风格化 > 风”命令，打开“风”对话框，进行图 10-40 所示的设置。

STEP 4 按【Alt+Ctrl+F】组合键多次应用该滤镜，效果如图 10-41 所示。

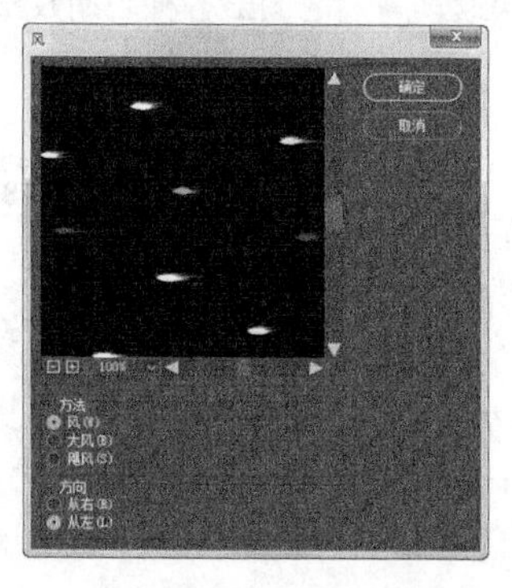

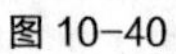
图 10-40

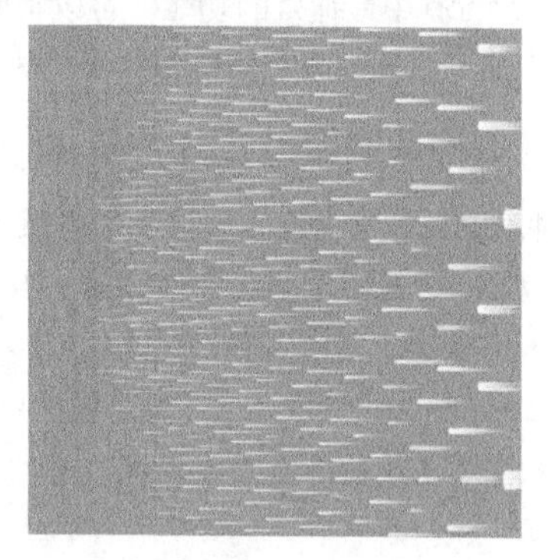
图 10-41

STEP 5 将图像逆时针旋转 90°，选择“滤镜 > 扭曲 > 极坐标”命令，打开“极坐标”对话框，选中“平面坐标到极坐标”单选项，效果如图 10-42 所示。

STEP 6 复制一个图层，设置图层混合模式为颜色减淡，效果如图 10-43 所示。

图 10-42

图 10-43

STEP 7 选择“滤镜 > 模糊 > 高斯模糊”命令，打开“高斯模糊”对话框，设置半径使烟花产生发光效果，如图 10-44 所示。

STEP 8 将“夜空 .jpg”素材文件（资源包 /10/ 素材 / 夜空 .jpg）拖动到图像文件中，并调整大小，然后链接烟花图层，并复制烟花，调整角度和大小后的效果如图 10-45 所示。

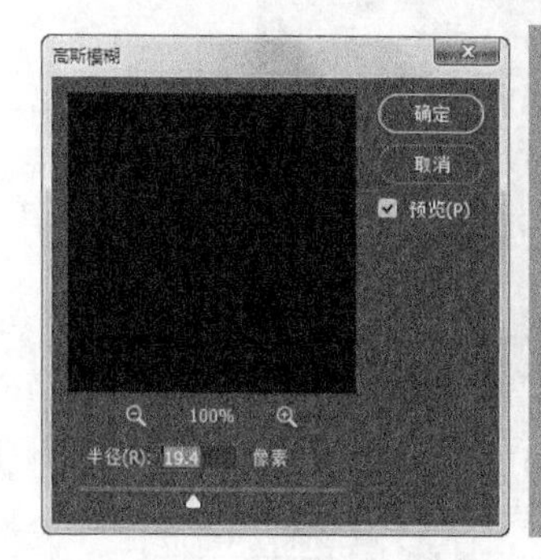

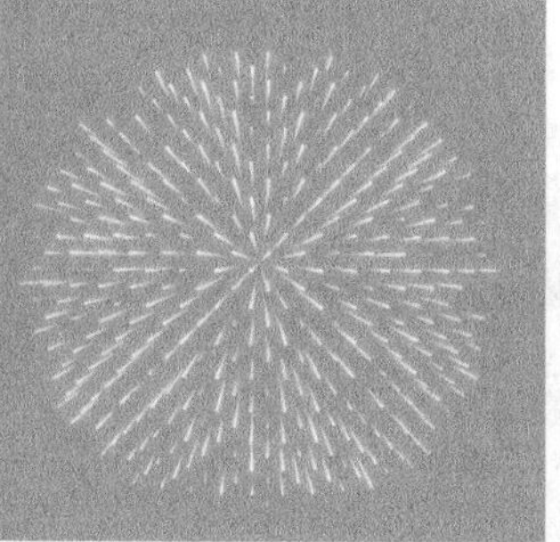
图 10-44

图 10-45

10.3 应用滤镜库

滤镜是 Photoshop 中最神奇的功能，可以帮助我们快速、高效地调出各种后期效果。在 Photoshop CC 中，使用滤镜库可以快速浏览并应用滤镜的效果。

【课堂案例】将风景图制作为水彩画

水彩是一种表现力非常强，且极具通透质感的画，在美工设计中，当需要利用手绘插画来表达时，水彩是非常值得考虑的。当在有限的时间内无法高质量地完成一幅水彩画，且在网络上很难下载到需要的水彩素材时，就可以利用 Photoshop 滤镜将摄影作品转为水彩画，并且运用画笔就能刷出简单的水彩效果。

本案例主要是将风景画转换为水彩画，最终效果如图 10-45 所示（资源包 /10/ 效果 / 水彩画 .psd）。

图 10-46

10.3.1 认识滤镜库

在滤镜库中包含了大部分比较常用的滤镜，且可以在同一个对话框中添加多个滤镜。选择“滤镜 > 滤镜库”命令，即可打开滤镜库，在其中可看到多种滤镜，如图 10-47 所示。

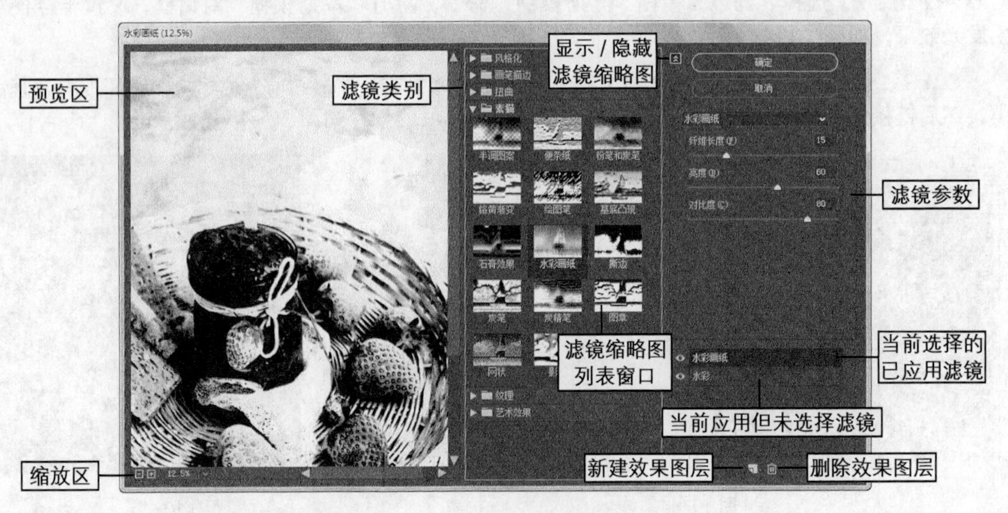

图 10-47

下面分别对滤镜库中的各选项进行介绍。

- 预览区：用于预览使用了滤镜的图像的效果。
- 滤镜缩略图列表窗口：以缩略图的方式列出的一些常用滤镜。
- 缩放区：用于缩放预览区中的图像大小。
- 显示 / 隐藏滤镜缩略图：单击该按钮，可以隐藏滤镜库中的滤镜缩略图列表窗口，使图像窗口扩大。再次单击该按钮，即可显示滤镜缩略图列表窗口。
- 水彩画纸：该下拉列表中包含了滤镜库中所有的滤镜效果。
- 滤镜参数：选择不同的滤镜时，会出现相应的滤镜参数。
- 应用到图像的滤镜：在其中按照先后顺序列出了当前应用的滤镜列表。单击左侧的图标，可以显示或隐藏该滤镜效果。
- 新建效果图层：单击该按钮，可以添加新的滤镜。
- 删除效果图层：单击该按钮，可以删除当前选择的滤镜。

10.3.2 应用“艺术效果”滤镜

“艺术效果”滤镜下方包括多种艺术效果，下面使用“艺术效果”滤镜下的相应滤镜来制作水彩画笔涂抹效果，操作步骤如下。

STEP 1 打开素材文件“花束 .jpg”（资源包 /10/ 素材 / 花束 .jpg），按【Ctrl+J】组合键复制一个图层，并在图层上单击鼠标右键，在弹出的快捷菜单中选择“转换为智能对象”命令。

STEP 2 选择“滤镜 > 滤镜库”命令，在打开的滤镜库中选择“艺术画笔”类别，在打开的缩略图列表中选择“干画笔”选项，然后在对话框右侧设置参数，如图 10-48 所示。

图 10-48

STEP 3 按【Alt+Ctrl+F】组合键再次应用该滤镜，效果如图 10-49 所示。

STEP 4 在“图层”面板中右击上方滤镜库右侧的图标，在打开的菜单中选择“编辑智能滤镜智能选项”命令，打开“混合选项（滤镜库）”对话框，设置混合模式为滤色，不透明度为 40%，如图 10-50 所示。

使用“干画笔”滤镜是为了让画面变得失去摄影的写真力，转为手绘的质感。每张图片根据所呈现对象的不同，参数设置也不同。

图 10-49

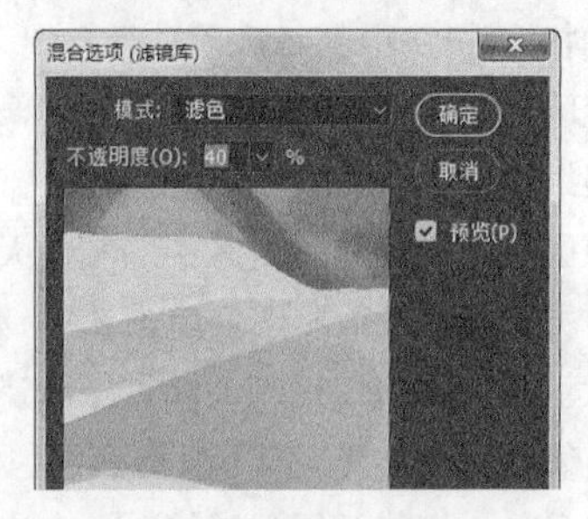

图 10-50

STEP 5 单击确定按钮后的效果如图 10-51 所示。

STEP 6 选择“滤镜 > 模糊 > 特殊模糊”命令，打开“特殊模糊”对话框，在其中进行参数设置，使图像产生水彩的晕染效果，如图 10-52 所示。

图 10-51

图 10-52

10.3.3 应用“画笔描边”滤镜

下面使用滤镜库中的“画笔描边”滤镜来进一步增强水彩质感，操作步骤如下。

STEP 1 选择“滤镜 > 滤镜库”命令，在打开的滤镜库中选择“画笔描边”类别，在打开的缩略图列表中选择“喷溅”选项，然后在对话框右侧设置参数，如图 10-53 所示。

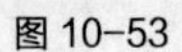

图 10-53

STEP 2 选择“滤镜 > 风格化 > 查找边缘”命令，然后将该滤镜的混合模式设置为正片叠底，不透明度为 60%，效果如图 10-54 所示。

STEP 3 将素材文件“纹理 .jpg”（资源包 /10/ 素材 / 纹理 .jpg）拖动到图像文件中，然后设置图层的混合模式为正片叠底，不透明度为 60%，效果如图 10–55 所示。

图 10–54

图 10–55

STEP 4 盖印图层，将其他图层隐藏，只显示纸张纹理图层，按住【Alt】键单击“添加矢量蒙版”按钮，添加一个黑色蒙版，然后选择一种水彩画笔，并设置不透明度在图像上涂抹，效果如图 10–56 所示。

STEP 5 添加一个“亮度 / 对比度”的调整图层，增加亮度和对比度，然后输入文字和添加描边边框，调整各个对象位置，最后的效果如图 10–57 所示。

图 10–56

图 10–57

提示

用 Photoshop 制作出的水彩画效果始终和真实的水彩画有一定的距离。为了制作更逼真的水彩效果，可从网上下载水彩素材，然后拼接成需要的水彩画。

10.4 “液化”滤镜和“其他”滤镜

使用“液化”滤镜可以对图像进行任意扭曲，并可定义扭曲的强度和范围。而“其他”滤镜则可以和通道相结合来制作特殊的效果。

【课堂案例】美化模特

在一些彩妆店铺中，其首页海报设计一般会出现彩妆模特，而摄影后的照片并不能保证模特的皮肤、脸型等一步到位，这时还需要进行后期的调整。本案例将对模特进行美化，涉及使用“液化”滤镜调整模特脸部线条，以及使用其他滤镜为模特磨皮等操作。

本案例的最终效果如图 10-58 所示（资源包 /10/ 效果 / 美化模特）。

图 10-58

10.4.1 认识“液化”滤镜和“其他”滤镜

使用“液化”滤镜可以为模特瘦脸瘦身，而使用“其他”滤镜结合相关工具可以对模特的皮肤进行美化。下面分别进行介绍。

1.“液化”滤镜

选择“滤镜 > 液化”命令，或按【Shift+Ctrl+X】组合键，可打开“液化”对话框。该对话框中包含了多个变形工具，可以对图像进行推、拉、膨胀等操作，如图 10-59 所示。

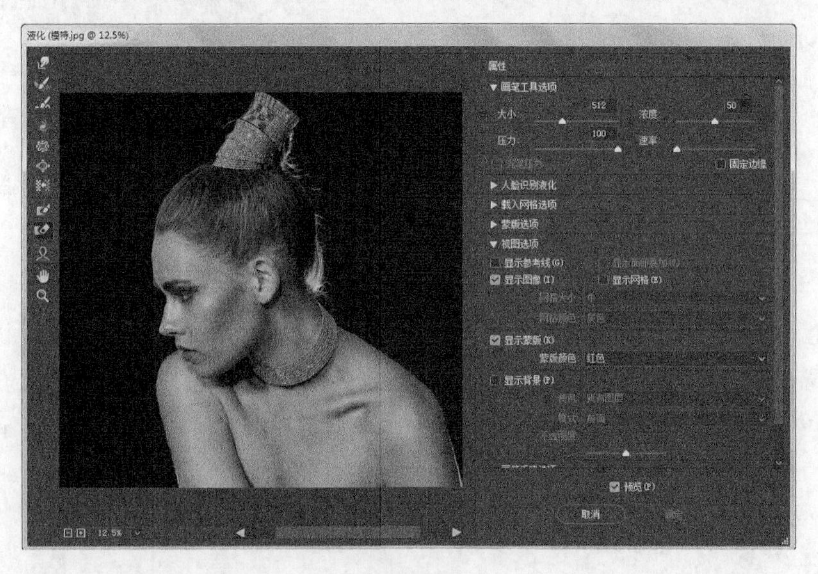

图 10-59

在对话框中使用向前变形工具拖动图像，可以使图像变形；使用重建工具，可以使变形后的图像恢复到图像的原始状态；使用冻结蒙版工具，可以将不需要液化的图像冻结；使用解冻蒙版工具，可以取消冻结。

2.“其他”滤镜

“其他”滤镜不同于其他分类的滤镜，在此滤镜组中可以创建特殊的滤镜效果，选择“滤镜 > 其他”命令，在打开的菜单中包含了 6 种特殊滤镜，如图 10-60 所示。

HSB/HSL
高反差保留...
位移...
自定...
最大值...
最小值...

图 10-60

10.4.2 使用“液化”滤镜为模特瘦身

下面使用“液化”滤镜调整模特的脸部和身体，操作步骤如下。

STEP 1 打开“模特.jpg”文件（资源包/10/素材/模特.jpg）。

STEP 2 选择“滤镜 > 液化”命令，打开“液化”对话框，在预览区中将图像放大，然后在右侧参数区中调整画笔大小，使用冻结蒙版工具在人物的五官位置涂抹，防止后面的变形操作对其产生影响，如图 10-61 所示。

STEP 3 选择向前变形工具，在右侧参数区中设置相关参数，然后在人物下巴边缘位置拖动鼠标进行变形操作，如图 10-62 所示。

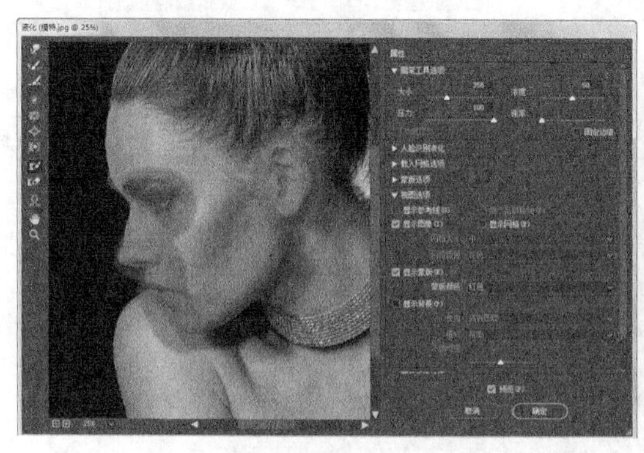

图 10-61

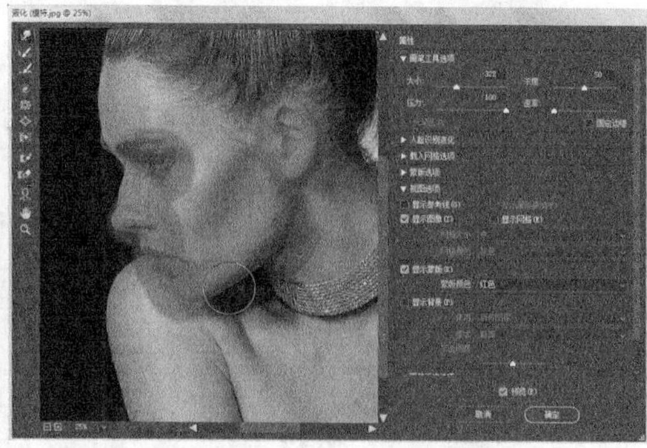

图 10-62

STEP 4 继续使用向前变形工具调整人物的脖子、肩膀的位置，如图 10-63 所示。

STEP 5 使用解冻蒙版工具在冻结位置涂抹，解冻图像，如图 10-64 所示。完成后单击 确定 按钮。

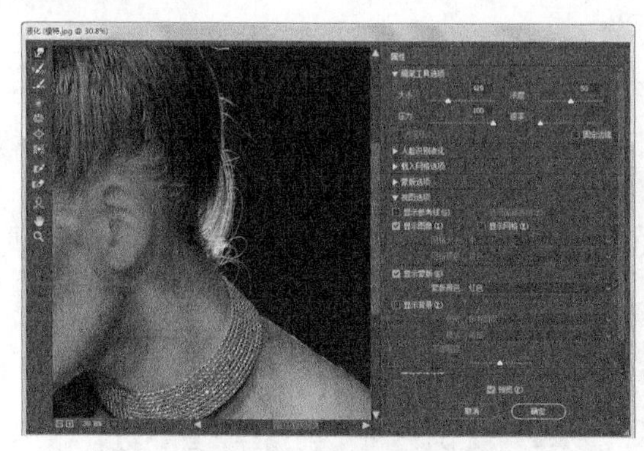

图 10-63

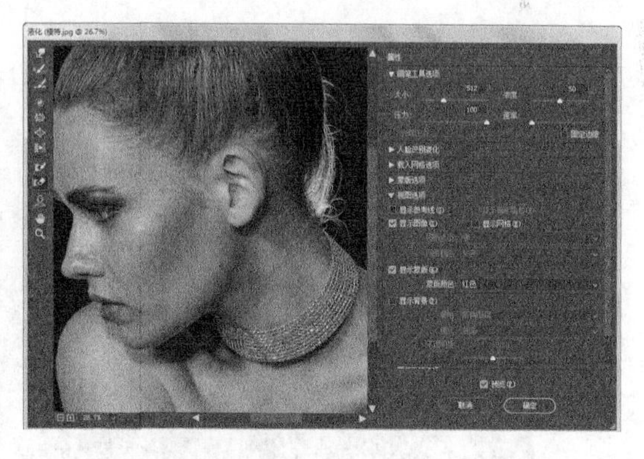

图 10-64

10.4.3 使用“其他”滤镜磨皮

下面使用“其他”滤镜为模特磨皮，操作步骤如下。

STEP 1 按【Ctrl+J】组合键复制一个图层，然后按【Shift+Ctrl+L】组合键自动调整图像的色调，效果如图 10-65 所示。

STEP 2 在“通道”面板中复制一个“蓝”通道，选择“滤镜 > 其他 > 高反差保留”命令，打开“高反差保留”对话框，在其中设置半径值为 10，如图 10-66 所示。

图 10-65

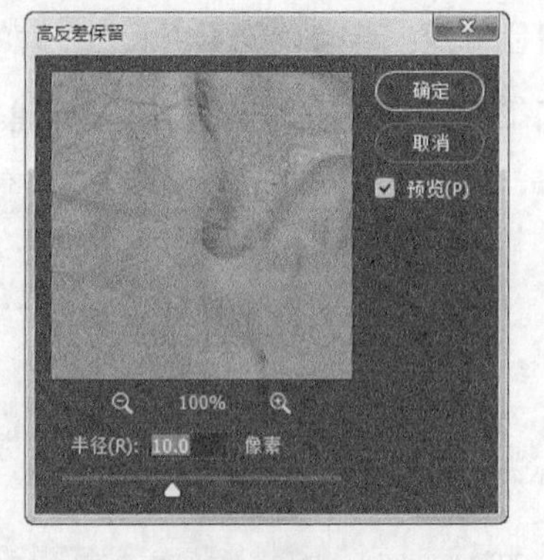

图 10-66

STEP 3 单击确定按钮，然后选择“滤镜 > 其他 > 最小值”命令，打开“最小值”对话框，设置半径为 1 像素，单击确定按钮，如图 10-67 所示。

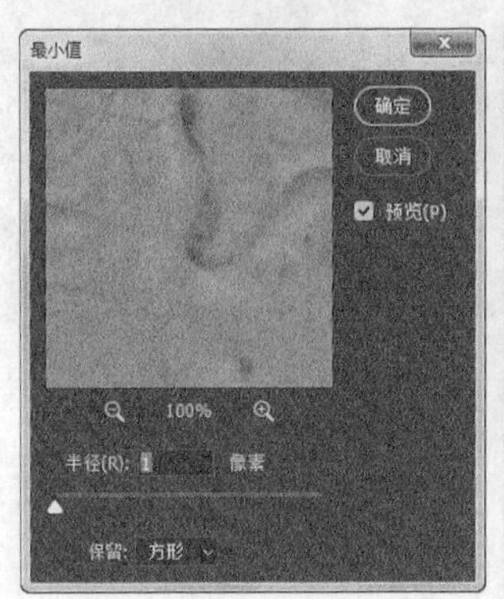

图 10-67

STEP 4 选择“图像 > 计算”命令，在打开的对话框中设置参数，单击确定按钮，效果如图 10-68 所示。

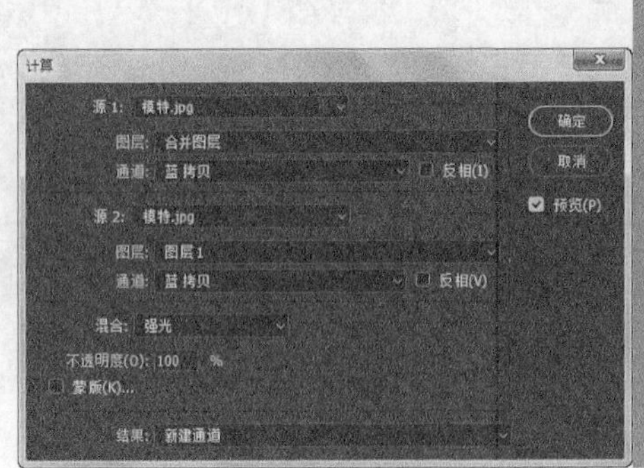

图 10-68

STEP 5 使用同样的参数对图像执行两次“计算”命令，得到多个 Alpha 通道，如图 10-69 所示。

STEP 6 按住【Ctrl】键的同时单击最后一个通道 Alpha 3，将该通道作为选区载入，按【Ctrl+Shift+I】组合键反选选区，按【Ctrl+2】组合键返回到 RGB 通道，效果如图 10-70 所示。

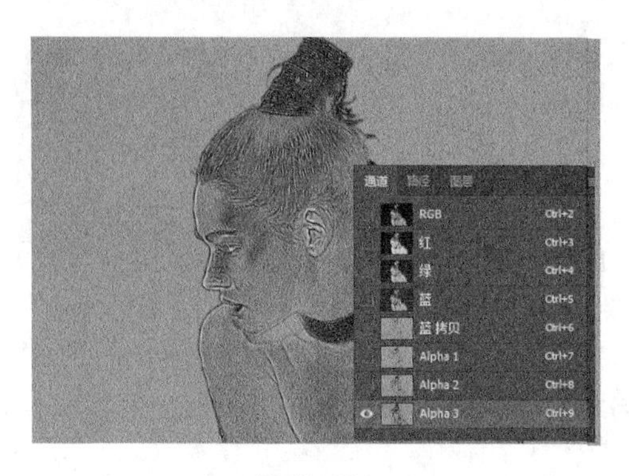

图 10-69

图 10-70

STEP 7 创建一个“曲线”调整图层，调整曲线使人物皮肤变得光滑，如图 10-71 所示。

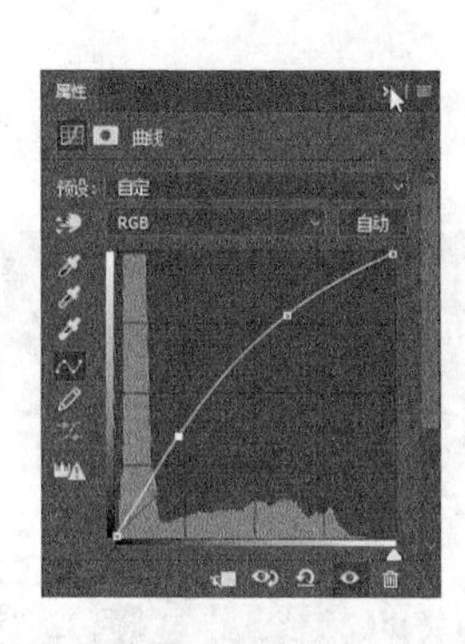

图 10-71

STEP 8 盖印图层，使用修补工具去除皮肤上的斑点痘痘，使用海绵工具对头发、眼睛和嘴唇进行加色处理，得到立体感的图像效果，如图 10-72 所示。

STEP 9 选择“滤镜 > 锐化 > 进一步锐化”命令，锐化图像，得到具有质感的皮肤，效果如图 10-73 所示。

图 10-72

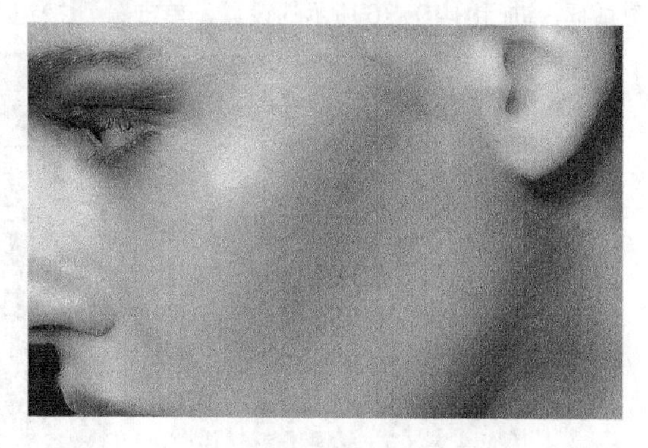

图 10-73

10.5 技能提升——制作特效文字

本章主要制作了 4 个常用案例，并在这 4 个案例中分别介绍了通道和滤镜的相关知识，通过本章的学习，读者应掌握以下内容。

（1）通道的基本操作有哪些？

新建通道、复制通道、通道计算等。

（2）常用的滤镜有哪些？

“模糊”滤镜、“锐化”滤镜、“像素化”滤镜和“渲染”滤镜等。

（3）滤镜库的使用方法。

（4）“液化”滤镜和“其他”滤镜的使用方法。

完成了以上知识点的学习，下面通过制作特效文字来复习和巩固所学知识，提升技能（资源包 /10/效果 / 特效文字 .psd）。操作步骤如下。

STEP 1 打开素材文件“背景 .jpg”（资源包 /10/ 素材 / 背景 .jpg）。

STEP 2 使用横排文字工具输入文字，设置字体和颜色后对文字进行变形，缩放至合适大小，效果如图 10-74 所示。

STEP 3 合并文字图层，并复制两个文字图层，分别将其载入选区并填充为蓝色和白色，如图 10-75 所示。

图 10-74

图 10-75

STEP 4 选择最下面的红色文字图层，选择“滤镜 > 模糊 > 动感模糊”命令，打开“动感模糊”对话框，进行图 10-76 所示的设置，单击 确定 按钮后的效果如图 10-77 所示。

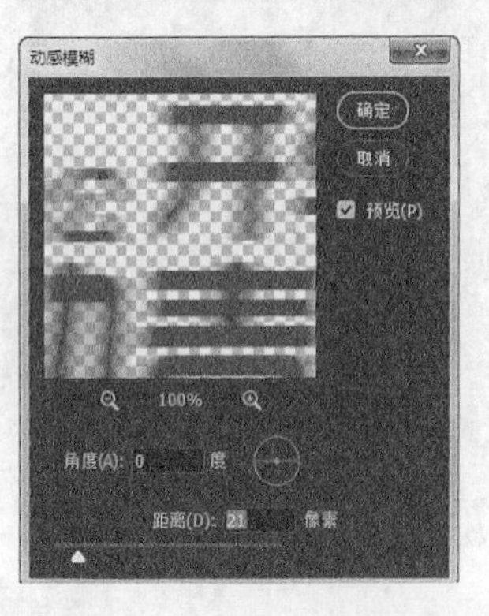

图 10-76

图 10-77

STEP 5 选择蓝色的文字图层，同样为其使用相同的动感模糊效果，单击 确定 后的效果如图 10-78 所示。

STEP 6 选择“滤镜 > 风格化 > 风”命令，打开“风”对话框，设置方法为风，方向向右，单击 确定 后的效果如图 10-79 所示。

图 10-78

图 10-79

STEP 07 使用矩形选框工具框选白色文字的一部分，然后按【Ctrl+J】组合键复制一层选区框选的区域，并删除之前的白色文字，将复制的图层通过按方向键向右移动，如果如图 10-80 所示。

STEP 08 使用矩形选框工具绘制选区，使用黄色描边，然后输入黄色文字；使用相同的方法将文字上下部分分离，并调整位置，效果如图 10-81 所示。

图 10-80

图 10-81

制作文字特效的方法多种多样，本案例只介绍了其中一种方法思路，美工在制作文字效果时，可以多看看其他电商广告，从中学习更多的文字排版效果等。

10.6 课后练习

1. 七夕广告海报

新建图像文件，然后使用钢笔工具绘制路径并填充颜色，选择“滤镜 > 杂色 > 添加杂色”命令为图像添加杂色，增加图像纹理，最后使用文字工具输入文字，将其转换为路径后调整文字，效果如图 10-82 所示（资源包 /10/ 效果 / 七夕广告海报 .psd）。

图 10-82

2. 彩妆模特

打开“彩妆模特 .jpg”素材文件（资源包 /10/ 素材 / 彩妆模特 .jpg），将“红”通道全选，然后粘贴到“蓝”通道上，改变模特唇色，运用案例中磨皮的方法，使用通道和滤镜对模特局部颜色进行调整，然后使用海绵工具加深指甲、头发等位置的颜色，效果如图 10-83 所示（资源包 /10/ 效果 / 彩妆模特 .psd）。

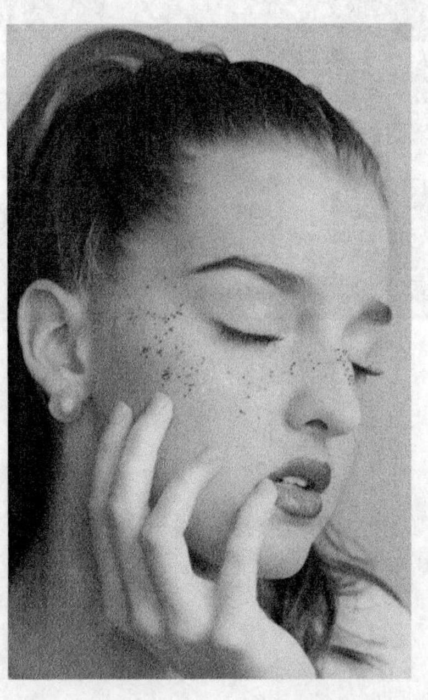

图 10-83

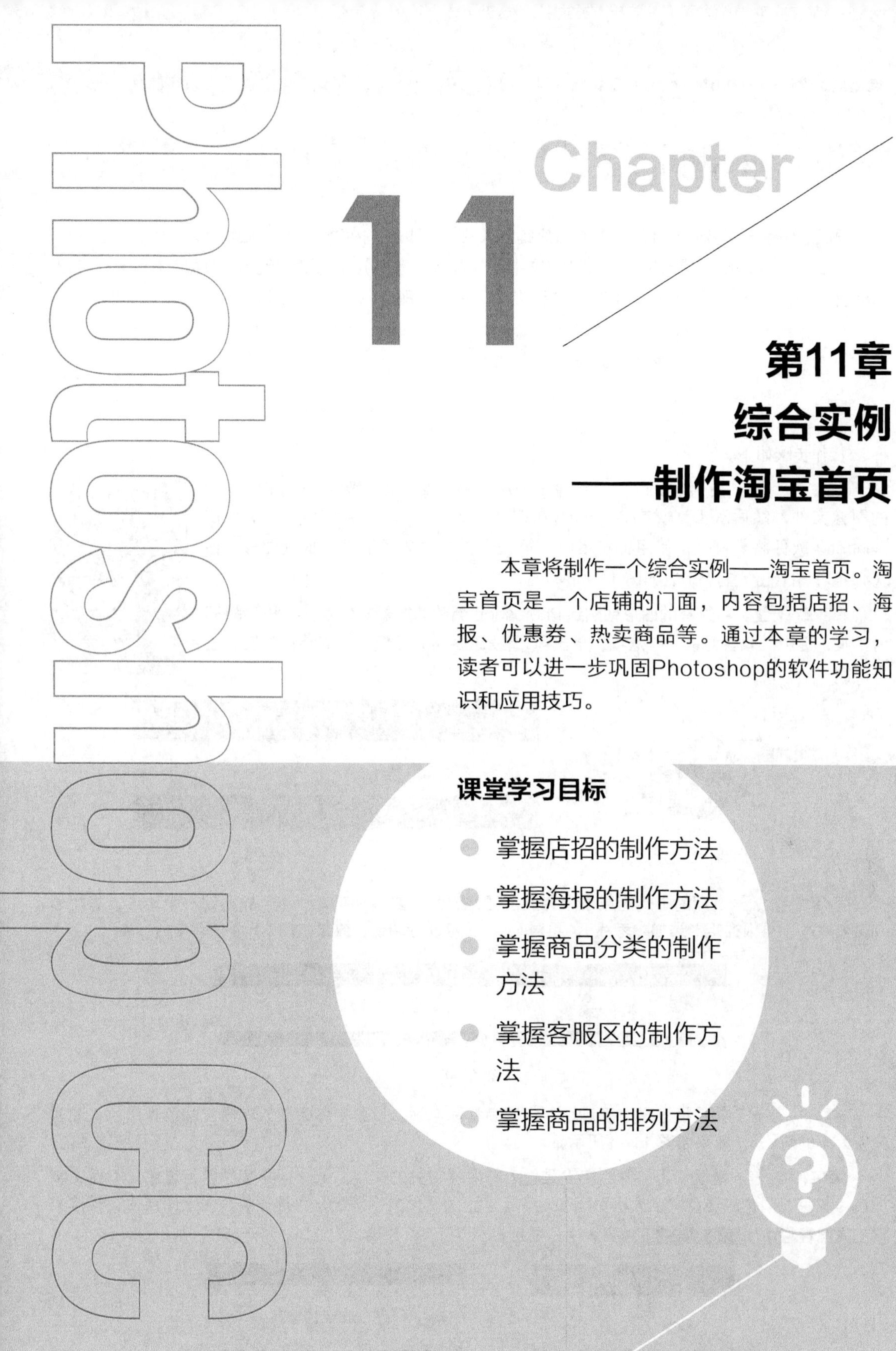

第11章 综合实例——制作淘宝首页

本章将制作一个综合实例——淘宝首页。淘宝首页是一个店铺的门面，内容包括店招、海报、优惠券、热卖商品等。通过本章的学习，读者可以进一步巩固Photoshop的软件功能知识和应用技巧。

课堂学习目标

- 掌握店招的制作方法
- 掌握海报的制作方法
- 掌握商品分类的制作方法
- 掌握客服区的制作方法
- 掌握商品的排列方法

11.1 制作店招

淘宝店招位于店铺的最上方，是淘宝店铺给人的第一印象，内容一般包括店铺名称、logo、搜索框、热卖商品图等。标准尺寸是 950×150 像素（要根据实际情况来定）。下面为在线教育机构的店铺制作店招，内容包括 logo、电话、销售类别和收藏店铺图标等，效果如图 11-1 所示（资源包 /11/ 效果 / 店招 .psd）。

图 11-1

操作步骤如下。

STEP 1 在 Photoshop 中新建一个尺寸为 1920×150 像素，分辨率为 72 的图像文件，然后双击素材文件“51logo.ai”（资源包 /11/ 素材 /51logo.ai）使用 Illustrator 软件将其打开，使用工具箱中的第一个工具“选择工具”框选图形，按【Ctrl+C】组合键复制图形，如图 11-2 所示。

STEP 2 将选择的图形粘贴到 Photoshop 新建的图像文件中，打开“粘贴”对话框，选中“智能对象”单选项，单击 确定 按钮后缩放图像大小并移动位置，效果如图 11-3 所示。

图 11-2

图 11-3

STEP 3 店招的中间区域是内容显示区，因此需要添加参考线（可以绘制一个矩形，将矩形和背景对齐，再根据矩形添加参考线），再对 logo 图像进行调整，效果如图 11-4 所示。

图 11-4

STEP 4 使用横排文字工具输入店铺名称和电话，设置字体为微软雅黑，颜色为黑色（注意文字大小的对比），效果如图 11-5 所示。

STEP 5 继续使用横排文字工具输入与课程相关的文字，上一行文字颜色为黑色，下面文字颜色为灰色，同样应注意文字大小对比和对齐文字，为了使文字清晰，可选择英文文字图层，在横排文字工具属性栏中的 无 下拉列表中设置选择为“无”，效果如图 11-6 所示。

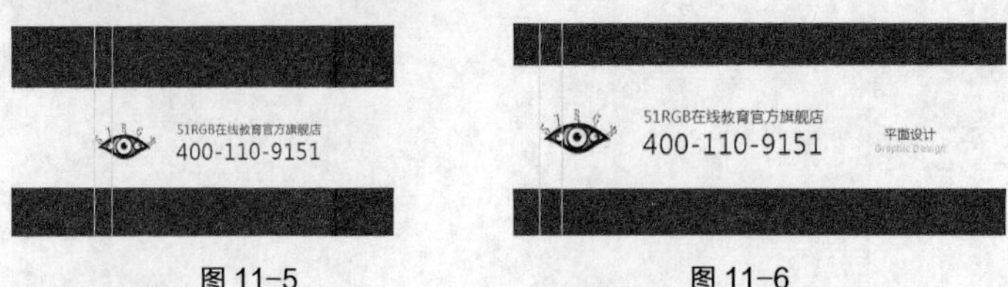

图 11-5　　图 11-6

STEP 6 选中这两个文字图层，按【Ctrl+G】组合键建立一个组，将该组向右复制两个，然后分别更改文字内容，将更改后的文字设置为居中对齐，效果如图 11–7 所示。

STEP 7 使用直线工具绘制一条竖直线，然后使用直接选择工具选中直线上的锚点，按方向键将其向右倾斜，并按住【Shift+Alt】组合键不放，水平拖动复制一条直线，效果如图 11–8 所示。

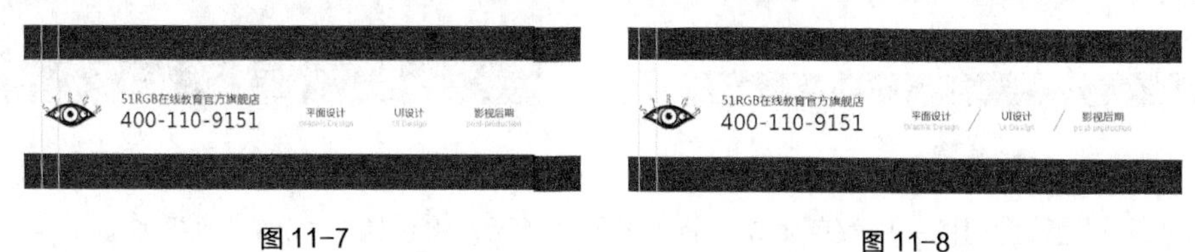

图 11–7　　图 11–8

STEP 8 新建图层，使用圆角矩形工具，在属性栏中将圆角半径设置稍微大一些，然后在课程名称右上角绘制一个圆角矩形。新建图层，使用钢笔工具在下面绘制一个三角图形（在属性栏中设置为“形状”模式），完成后合并形状图层，并在属性栏中设置合并路径组件，填充为橙色，效果如图 11–9 所示。

STEP 9 在该图层上方输入白色的文字，对齐文字和图形，然后将图形和文字合并为组，效果如图 11–10 所示。

图 11–9　　图 11–10

STEP 10 复制这个组，将其分别放置在另外两个课程文字的右上角，然后将图形颜色分别修改为橙黄、黄色，效果如图 11–11 所示。

STEP 11 新建图层，按【Shift】键创建一个圆角矩形（圆角不必太大），然后使用自定义形状工具在矩形上方绘制一个心形图形，并输入文字，效果如图 11–12 所示。

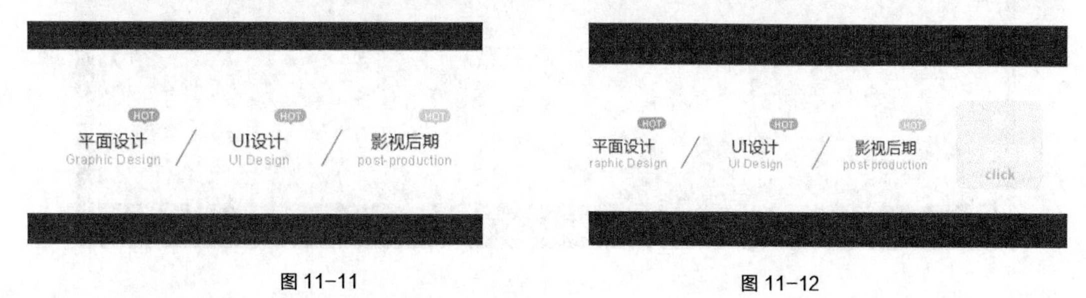

图 11–11　　图 11–12

STEP 12 双击圆角矩形图层，打开图层样式面板，为其添加橙黄到黄色的渐变叠加图层样式，角度为 45°，然后将“收藏店铺”图标合并为组，调整图标位置，效果如图 11–13 所示。

STEP 13 新建尺寸为 3×3 像素的图像文件，在该文件中新建图层，绘制一个 1×1 像素的黑色矩形，隐藏背景图层，将新建图层定义为图案。

STEP 14 返回到之前的图像文件，在背景图层上方新建一个图层，按【Shift+F5】组合键打开“填充”对话框，使用定义的图案进行填充，效果如图 11–14 所示。

图 11-13

图 11-14

STEP 15 此时的图层颜色太深，将该图层的不透明度设置为 15%，效果如图 11-15 所示。

STEP 16 在最上方新建图层，绘制一个高度稍微小一些的矩形，双击图层为其添加渐变叠加，使用黄色、橙黄色、紫红色、紫色的渐变，效果如图 11-16 所示。

图 11-15

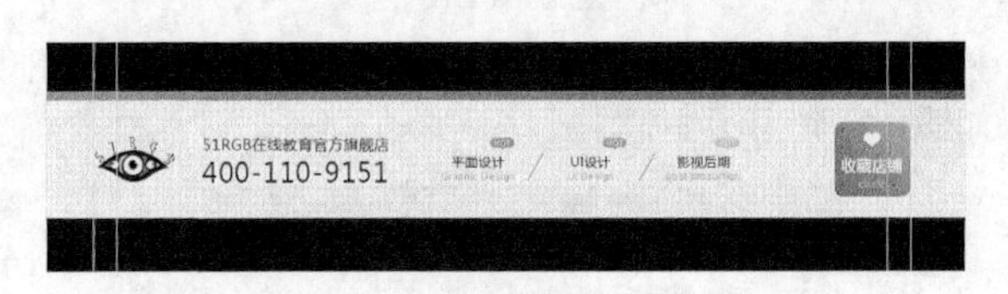

图 11-16

11.2 海报

海报是整个淘宝店铺的门面，同时也是进入淘宝首页顾客第一眼便看见的画面，因此在设计时需要更加用心。下面为在线教育机构的店铺制作海报，内容包括文字主题、素材图像等，效果如图 11-17 所示（资源包 /11/ 效果 / 海报 .psd）。

图 11-17

操作步骤如下。

STEP 1 新建一个 1920×450 像素的图像文件，使用参考线确定好画面中间要添加内容的位置。

STEP 2 新建图层，任意填充为一个黄色，打开“人物素材 .psd”素材文件（资源包 /11/ 素材 / 人物素材 .psd），将抠除的人物拖动到图像文件中，缩放大小并调整位置，效果如图 11-18 所示。

STEP 3 打开“灯泡 .psd”素材文件（资源包 /11/ 素材 / 灯泡 .psd），将灯泡所在的图层拖动到新建的图像文件中，调整其大小和图层位置，并使用橡皮擦擦除衣领上方的图像，将灯泡图像显示出来，效果如图 11-19 所示。

图 11-18

图 11-19

STEP 4 隐藏灯芯图层，复制一个灯泡轮廓的图层，将其隐藏，然后选择原始的灯泡形状轮廓图层，设置图层填充不透明度为 0%，为其添加比背景图层颜色稍微亮一些的黄色内发光的图层样式，效果如图 11-20 所示。

STEP 5 复制应用了图层样式的灯泡轮廓的图层，放置在图层的下方，并隐藏浅色灯泡轮廓的图层，将内发光的混合模式更改为正片叠底，效果如图 11-21 所示。

STEP 6 对浅色内发光的图层添加图层蒙版，拖动渐变只显示上面的图像，对深色内发光的图层添加图层蒙版，拖动渐变只显示下面的图像，效果如图 11-22 所示。

图 11-20

图 11-21

图 11-22

STEP 7 选择和显示上方的灯泡轮廓图层，进行变形，设置图层的填充不透明度为 0%，添加内发光图层样式，设置内发光的混合模式为正片叠底，效果如图 11-23 所示。

STEP 8 新建图层，绘制一个白色的椭圆图像，添加蒙版，使用渐变绘制一个高光，效果如图 11-24 所示。

STEP 9 显示灯芯图层，移动至合适位置后将图层的混合模式更改为正片叠底，然后按【Ctrl+M】组合键使用曲线将多余的背景去掉，并删除多出灯泡的图像，效果如图 11-25 所示。

图 11-23

图 11-24

图 11-25

STEP 10 在灯座图层上方新建图层，选择画笔工具，调整笔尖，使用亮一些的黄色在灯芯上面点一个发光的图像，效果如图 11–26 所示。

STEP 11 再新建一个图层，选择画笔工具，使用很淡的黄色在灯芯上面点一个更亮的发光图像，效果如图 11–27 所示。

STEP 12 将素材文件“光 .psd”（资源包 /11/ 素材 / 光 .psd）拖动到图像文件中，设置图层混合模式为滤色（将该图层放置在整个灯泡图层的上方），效果如图 11–28 所示。

图 11–26

图 11–27

图 11–28

STEP 13 将制作的人物图层全部放在一个组里，然后输入文字，并对文字的字体、大小、颜色等进行设置，效果如图 11–29 所示。

STEP 14 新建图层，绘制一个正圆角矩形，并旋转 45° ，然后在其上方绘制一个圆形，左右对齐后合并形状组件，将圆角矩形填充为接近白色的淡黄色，效果如图 11–30 所示。

图 11–29

图 11–30

STEP 15 新建图层，绘制一个圆形，填充为黄色，在上方输入白色文字，效果如图 11–31 所示。

STEP 16 继续输入红色文字，并放大数字价格使其醒目，然后倾斜文字，效果如图 11–32 所示。

STEP 17 绘制一个黄色矩形，将其放置在圆角矩形图层上方，为其添加剪贴蒙版，然后在上方输入文字，效果如图 11–33 所示。

图 11–31

图 11–32

图 11–33

STEP 18 使用自由钢笔工具绘制曲线，使用白色进行描边，将整个优惠券放在一个组中，效果如图 11-34 所示。

STEP 19 在人物组中复制一个人物图层，将其放置在源图层下方，锁定透明像素后填充为黄色，取消锁定后将图层的混合模式设置为正片叠底，变形图层后模糊图像，效果如图 11-35 所示。

STEP 20 添加图层蒙版，擦除多余的部分，为人物制作阴影，效果如图 11-36 所示。

图 11-34

图 11-35

图 11-36

STEP 21 将“22.png”素材文件（资源包 /11/ 素材 /22.png）拖动到图像文件中，调整素材的位置，效果如图 11-37 所示。

图 11-37

STEP 22 在背景颜色图层上方新建图层，使用画笔工具，设置不同的颜色在各个位置点击，丰富背景颜色，效果如图 11-38 所示。

图 11-38

11.3 热销分类

热销分类主要放置店铺的热销产品，内容包括产品图、产品信息和价格等，不同的店铺其热销分类也不同。下面为在线教育机构的店铺制作热销分类，内容包括课程分类和相关图像信息等，效果如图 11-39 所示（资源包 /11/ 效果 / 热销分类 .psd）。

操作步骤如下。

图 11-39

STEP 1 新建一个 1920×700 像素的图像文件，用参考线规划好画面。使用文字工具输入文字“热销课程”，并放大到合适大小后居中对齐，在文字下方绘制一个三角形，效果如图 11-40 所示。

STEP 2 将素材文件“11.jpg”和“22.jpg”（资源包 /11/ 素材 /11.jpg、22.jpg）拖动到图像文件中，分别调整图片的大小和位置，效果如图 11-41 所示。

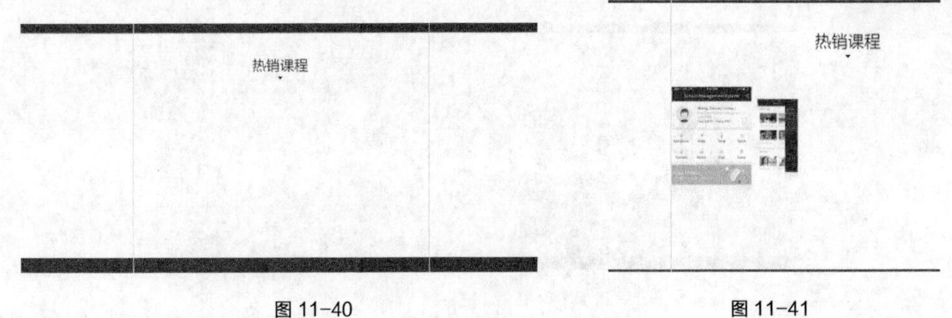

图 11-40　　图 11-41

STEP 3 绘制两个大小不一的正方形，外面的正方形填充为深一些的红色，里面的正方形填充为浅一些的红色，并在上方输入白色文字“Ps”，效果如图 11-42 所示。

STEP 4 将文字和矩形建为一组，复制组，修改矩形颜色和文字，创建软件图标，效果如图 11-43 所示。

图 11-42　　图 11-43

STEP 5 在 Ps 的图标下方输入说明文字，注意文字大小和颜色对比，效果如图 11-44 所示。

STEP 6 再在下方绘制一个圆角稍微大一些的矩形，颜色与上面图标的颜色相同，然后在圆角矩形中输入白色文字，效果如图 11-45 所示。

图 11-44　　图 11-45

STEP 7 将图标下方的信息文字建为一个组，然后复制组，更改文字内容和图形的颜色，移到另外两个图标下方，效果如图 11-46 所示。

STEP 8 在之前的素材图片下面同样也要输入说明文字，效果如图 11-47 所示。

图 11-46　　图 11-47

STEP 9 在背景图层上方输入英文文字，将字体设置为一个手写字体，将文字转换为形状，设置颜色为淡灰色，效果如图 11-48 所示。

图 11-48

11.4 客服区

客服区主要用于让顾客联系客服，一般店铺的客服区都在店招的周围，图标基本上都是旺旺的图标。下面为在线教育机构的店铺制作客服联系区，内容包括客服旺旺图标、工作时间等，效果如图 11-49 所示（资源包 /11/ 效果 / 客服区 .psd）。

操作步骤如下。

图 11-49

STEP 1 新建一个宽度为 1920 像素，高度自定的图像文件，用参考线规划好画面。

STEP 2 输入文字并绘制一个黑色三角图形，然后将其与画布居中对齐，效果如图 11-50 所示。

STEP 3 在画布底端绘制一个黑色的矩形，效果如图 11-51 所示。

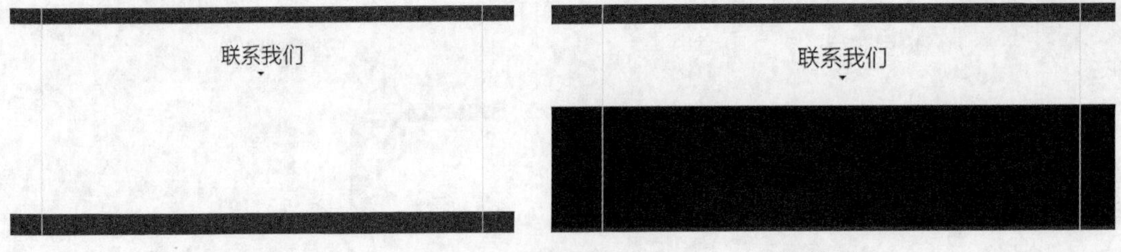

图 11-50　　图 11-51

STEP 4 绘制两个圆角矩形，选择这两个形状图层后单击鼠标右键，合并形状图层，然后在属性栏中合并形状组件，使用直线选择工具删除多余的锚点，将其移动到合适位置，效果如图 11-52 所示。

STEP 5 打开素材文件“旺旺图标 .psd”（资源包 /11/ 素材 / 旺旺图标 .psd），选中需要的图标移动到图像文件中，合并图标的图层，然后在旁边输入文字，为文字添加下划线，效果如图 11-53 所示。

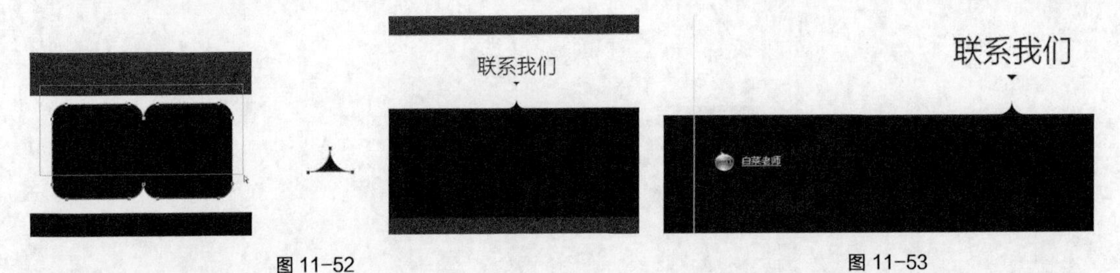

图 11-52　　图 11-53

STEP 6 将图标和文字建立为一个组，多次复制组并更改文字内容，然后选择全部的图层组，进行水平居中分布，效果如图 11-54 所示。

STEP 7 绘制一个红色的圆角矩形，在矩形上输入工作时间的白色文字，对齐后的效果如图 11-55 所示。

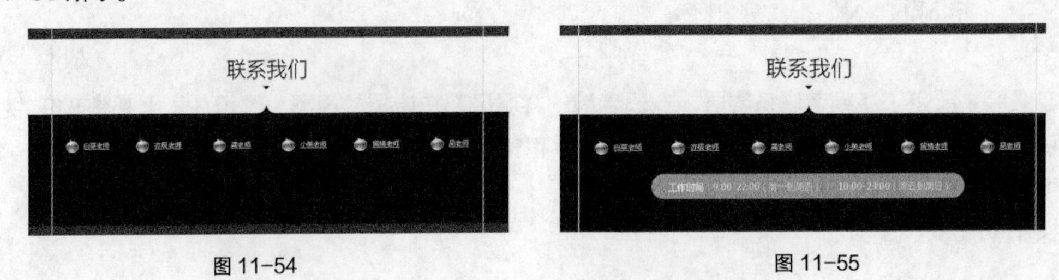

图 11-54　　图 11-55

11.5 商品混排

在淘宝店铺的首页中，商品的排版也非常重要，不同类型的店铺，其排版方式也会不一样。下面是家居店铺的商品混排，排版方式较为简约，效果如图 11-56 所示（资源包 /11/ 效果 / 商品混排 .psd）。

图 11-56

操作步骤如下。

STEP 1 新建一个宽度为 1920 像素，高度自定的图像文件，用参考线规划好画面。

STEP 2 将素材文件“背景图 .png”（资源包 /11/ 素材 / 背景图 .png）拖动到图像文件中，放大图像后放置在合适位置，并复制一个图层，隐藏复制的背景图，将底层背景的图层不透明度设置为 5%，效果如图 11-57 所示。

STEP 3 将复制的背景图图层缩小，放置在图像顶部，效果如图 11-58 所示。

图 11-57　　图 11-58

STEP 4 使用选框工具框选需要的图像区域，然后建立一个图层蒙版，得到图 11-59 所示的效果。

STEP 5 在图层上方创建一个渐变映射调整图层，设置渐变色为暖黄到白色，并为该图层创建剪贴图层，使其只对复制的背景图图层起作用，然后设置该调整图层的混合模式为柔光，不透明度为

50%，效果如图 11-60 所示。

图 11-59

图 11-60

STEP 6 打开素材文件“22.psd”（资源包 /11/ 素材 / 背 22.psd），将沙发的正面图像拖动到图像文件中，缩放大小后效果如图 11-61 所示。

STEP 7 在沙发图层下新建图层，使用钢笔工具绘制投影的形状路径，填充颜色后添加动感模糊滤镜，然后将图层混合模式更改为正片叠底，不透明度为 20%，效果如图 11-62 所示。

图 11-61

图 11-62

STEP 8 新建图层，使用钢笔工具继续绘制凳脚的投影图形，设置颜色后添加“动感模糊”滤镜，添加图层蒙版，使用渐变工具拉取一个投影，并擦除多余的图像，设置图层混合模式为正片叠底，不透明度为 30%，效果如图 11-63 所示。

STEP 9 使用相同的方法绘制另外一只凳脚的投影，效果如图 11-64 所示。

图 11-63

图 11-64

STEP 10 将沙发和其投影图层建为一组，然后打开素材文件“66.psd”（资源包 /11/ 素材 / 背 66.psd），将抠好的花瓶拖动到图像文件中，并缩放大小。

STEP 11 可以使用纯色的调整图层为瓶身加一点与凳脚相似的颜色，然后添加蒙版擦除多余的图像，并调整不透明度，合并这两个图层后的效果如图 11-65 所示。

STEP 12 按照相同的思路为花瓶绘制阴影，然后将花瓶的相关图层建组，效果如图 11-66 所示。

图 11-65

图 11-66

STEP 13 打开素材文件“44.psd”（资源包 /11/ 素材 /44.psd），将抠取的沙发拖动到图像文件中，缩放大小，效果如图 11-67 所示。

STEP 14 在沙发图层上创建可选颜色调整图层（为调整图层建立剪贴蒙版），在“属性”面板中选择“黄色”选项，如图 11-68 所示，然后调整沙发的整体颜色。

图 11-67

图 11-68

STEP 15 使用钢笔工具为凳脚区域绘制选区，在调整图层中使用黑色填充选区，效果如图 11-69 所示。

STEP 16 打开素材文件“11.psd”（资源包 /11/ 素材 /11.psd），将抠取的脚凳拖动到图像文件中，缩放其大小。然后按照相同思路对脚凳进行调整（也可直接复制调整图层进行调整），效果如图 11-70 所示。

图 11-69

图 11-70

STEP 17 按照同样思路添加凳子的投影，效果如图 11-71 所示。

STEP 18 在背景图层上方绘制一个淡黄偏白色的矩形。然后打开素材文件“33.psd”和“55.psd”（资源包 /11/ 素材 /33.psd、55.psd），将抠取的凳子拖动到图像文件中，缩放大小后效果如图 11-72 所示。

图 11-71　　图 11-72

STEP 19 继续按照同样思路添加凳子的投影，然后将凳子的所有图层建为一组，效果如图 11-73 所示。

STEP 20 在第一个沙发右侧输入说明性文字并绘制指向箭头，价格文字可以放大一些，为了统一可以吸取沙发的颜色作为价格文字的颜色，然后将说明文字建为一组，效果如图 11-74 所示。

图 11-73　　图 11-74

STEP 21 复制文字组，移动到合适位置，然后更改文字内容、箭头的指向和颜色，效果如图 11-75 所示。

STEP 22 在凳子右侧绘制圆形，并设置不同的颜色，表示凳子的颜色有这几种，效果如图 11-76 所示。

图 11-75

图 11-76

Chapter 12

第12章 综合实例——制作淘宝详情页

本章将制作一个综合实例——制作淘宝详情页。淘宝详情页是介绍商品信息的一个页面，里面包括商品的详细信息参数、商品海报等。通过本章的学习，读者可以进一步巩固Photoshop软件功能知识和应用技巧。

课堂学习目标

- 掌握促销海报的制作方法
- 掌握关联销售的制作方法
- 掌握描述首图的制作方法
- 掌握产品展示的制作方法
- 掌握产品参数和购买须知的排列方法

12.1 促销海报

促销海报是淘宝店铺中包含促销信息的海报，现在多流行扁平化风格的设计。下面为在线教育机构的店铺制作促销海报，效果如图 12-1 所示（资源包 /12/ 效果 / 促销海报 .psd）。

图 12-1

操作步骤如下。

STEP 1 新建一个尺寸为 750x290 像素，分辨率为 72 的图像文件。

STEP 2 新建图层，使用橙色（RGB：244；128；65）、洋红色（RGB：244；63；88）和红色（RGB：242；39；49）的径向渐变填充图层，效果如图 12-2 所示。

STEP 3 绘制椭圆形状，填充为红色（RGB：242；44；55），并调整其位置，效果如图 12-3 所示。

图 12-2

图 12-3

STEP 4 继续绘制椭圆形状，填充为合适的颜色（颜色可以在背景上吸取），并分别调整圆形的角度和位置，效果如图 12-4 所示。

STEP 5 继续绘制椭圆形状，通过设置颜色来造成视觉上的凹洞（这些洞的效果由三个椭圆组成，最下方椭圆颜色最浅，中间的椭圆颜色最深，上方的椭圆颜色为中间调），将所有椭圆形状图层建为一组，效果如图 12-5 所示。

图 12-4

图 12-5

STEP 6 使用钢笔工具绘制火箭图形，为后面的拖尾图形添加图层蒙版，使用渐变工具为拖尾设置渐变效果，得到的图片如图 12-6 所示。

STEP 7 复制火箭图形，将其分别放置在不同的位置，并调整大小。将所有火箭形状图层建为一组，效果如图 12-7 所示。

图 12-6

图 12-7

STEP 8 使用钢笔工具绘制三角图形，复制形状图层，使用直接选择工具调整锚点，然后分别设置每个三角图形的颜色，效果如图 12-8 所示。

STEP 9 继续绘制其他的三角装饰图形，并分别设置不同的颜色（在颜色的色调上要保持统一），然后将所有的三角形状图层建为一组，效果如图 12-9 所示。

图 12-8

图 12-9

STEP 10 打开“文字素材 .psd”素材文件（资源包 /12/ 素材 / 文字素材 .psd），将做好的文字形状图层拖动到图像文件中，按【Ctrl+T】组合键对文字进行调整，设置颜色为红色（RGB：242; 60; 59），效果如图 12-10 所示。

STEP 11 复制一个文字图层，设置颜色为淡黄色（RGB：255; 245; 234），然后按方向键微调文字位置，效果如图 12-11 所示。

图 12-10

图 12-11

STEP 12 输入英文文字，颜色为白色，字符间距可以加大一些，然后同样对文字进行变形调整，效果如图 12-12 所示。

STEP 13 使用钢笔工具绘制图形，利用图层样式为图形添加渐变叠加效果，得到的图片如图 12-13 所示。

STEP 14 复制一个形状图形，设置颜色为红色，不透明度为 20%，将其作为之前形状的投影效果，得到的图片如图 12-14 所示。

STEP 15 输入文字，颜色为橙色（RGB：195；56；9），对文字进行扇形的变形，在属性栏中设置其向右斜切，然后再稍微调整文字，最后将文字栅格化，效果如图 12-15 所示。

图 12-12

图 12-13

图 12-14

图 12-15

STEP 16 打开“火箭素材 .psd”素材文件（资源包 /12/ 素材 / 火箭素材 .psd），将做好的火箭拖动到图像文件中，按【Ctrl+T】组合键进行调整，效果如图 12-16 所示。

STEP 17 使用钢笔工具在画面上绘制一个形状，复制之前图形的图层样式，调整图层顺序，丰富画面，效果如图 12-17 所示。

图 12-16

图 12-17

12.2 关联销售

在宝贝的详情页页面海报下会有一栏热销推荐商品，通常是与当前浏览宝贝相关的一些商品。下面为布艺沙发制作热销栏，效果如图 12-18 所示（资源包 /12/ 效果 / 关联销售 .psd）。

图 12-18

操作步骤如下。

STEP 1 新建一个 750×520 像素的图像文件，填充为偏白的黄色（RGB：255；248；235），打开“背景.jpg”素材文件（资源包/12/素材/背景.jpg），缩放至合适大小，调整该图层的不透明度为 50%，效果如图 12-19 所示。

STEP 2 输入文字，注意文字的大小对比关系，效果如图 12-20 所示。

图 12-19　　图 12-20

STEP 3 使用矩形工具绘制矩形形状，设置颜色为白色，然后在右上角绘制一个 45° 的正方形，合并这两个形状图层后，在属性栏中设置减去顶层形状，删除小正方形左下角的锚点，即可得到如图 12-21 所示的形状图形。

STEP 4 在该形状图层下方绘制一个正方形，设置相应的颜色（这里可以先任意设置颜色，在加入商品图像后再吸取商品本身的颜色进行设置），效果如图 11-22 所示。

图 12-21　　图 12-22

STEP 5 复制这两个形状图层，分别更改小正方形的颜色，效果如图 12-23 所示。

STEP 6 分别打开素材文件“22.psd、33.psd、44.psd”（资源包 /12/ 素材 /22.psd、33.psd、44.psd），将沙发图像拖动到图像文件中，调整其大小和位置，效果如图 12-24 所示。

图 12-23

图 12-24

STEP 7 输入文字，促销价格文字的颜色可以设置为亮色，原价的文字设置为灰色，并添加删除线，效果如图 12-25 所示。

STEP 8 将文字建为一组，复制文字后更改文字位置，并调整文字位置，效果如图 12-26 所示。

图 12-25

图 12-26

12.3 描述首图

描述首页是商品页面中除海报、热销栏外，关于商品介绍的第一张图。下面为在线教育机构的店铺制作描述首图，效果如图 12-27 所示（资源包 /12/ 效果 / 描述首图 .psd）。

图 12-27

扫一扫
描述首图

操作步骤如下。

STEP 1 新建一个宽度为 750 像素，高度根据需要设定的图像文件，并填充为偏白的浅黄色（RGB：244；239；228）。

STEP 2 打开素材文件“水墨山水 .psd”（资源包 /12/ 素材 / 水墨山水 .psd），将山水画拖动到图像文件中，调整图片的大小和位置，效果如图 12-28 所示。

STEP 3 为该图层添加图层蒙版，隐藏下半部分图像，并设置图层混合模式为正片叠底，不透明度为 30%，效果如图 12-29 所示。

图 12-28

图 12-29

STEP 4 应用图层蒙版后复制一个图层，将不透明度更改为 60%，并水平翻转图像，移动位置使山的图像更具层次感，效果如图 12-30 所示。

STEP 5 输入文字，设置字体为书法字体，颜色为深灰，然后将文字转换为形状，对锚点进行编辑调整，合并形状后得到如图 12-31 所示的效果（编辑过程中可以将文字形状多复制几层，删除每个图层中多余的锚点，使每个文字位于不同的图层）。

图 12-30

图 12-31

提示

可以使用画笔工具制作书法字体，也可以从网上下载使用书法字体，或用这些书法字体中的某一个笔画进行变形组合，也可以得到需要的效果。

STEP 6 在书法字体后绘制黄色圆形，并输入白色文字，效果如图 12-32 所示。

STEP 7 在书法字体右侧输入文字，颜色为深灰，注意文字粗细和大小的对比，效果如图 12-33

所示。

图 12-32

图 12-33

STEP 8 新建图层，选择画笔工具，使用浅一些的灰色在书法字体上点击，并在该图层上建立剪贴蒙版，使书法字体的颜色层次感更丰富，效果如图 12-34 所示。

STEP 9 打开“墨迹 .psd”素材文件（资源包 /12/ 素材 / 墨迹 .psd），将墨迹拖动到图像文件中，锁定透明像素为其填充与文字相同的颜色，调整位置和大小后的效果如图 12-35 所示。

图 12-34

图 12-35

STEP 10 将所有的文字图层放在一个组中，并移到画面的合适位置。

STEP 11 将素材文件“叶 1.png”和“叶 2.png”（资源包 /12/ 素材 / 叶 1.png、叶 2.png）拖动到图像文件中，选取需要的叶子并将其放在合适位置即可，效果如图 12-36 所示。

STEP 12 使用直排文字工具输入竖排文字，同样注意文字颜色和大小的对比，效果如图 12-37 所示。

图 12-36

图 12-37

12.4 产品展示及细节

产品展示主要用于介绍产品信息、功能和细节。下面为布艺沙发制作产品展示和细节展示图，效果如图 12-38 所示（资源包 /12/ 效果 / 产品展示 .psd、细节展示 .psd）。

图 12-38

操作步骤如下。

STEP 1 新建一个宽度为 750×1920 像素的图像文件，在画面顶端输入标题文字，效果如图 12-39 所示。

STEP 2 绘制一个白色矩形，将素材文件“11.jpg”和“12.jpg”（资源包 /12/ 素材 /11.jpg、12.jpg）拖动到图像文件中，调整大小后建立剪贴蒙版，合成一个窗帘的背景图，效果如图 12-40 所示。

图 12-39　　图 12-40

STEP 3 制作完成后合并图层，在窗帘下方绘制一个浅灰的矩形，添加图层蒙版，使用渐变绘制出如图 12-41 所示的效果，还可以适当调整图层的不透明度。

STEP 4 打开素材文件“11.psd”（资源包 /12/ 素材 /11.psd），将抠取的花瓶和整个花瓶图像拖动到图像文件中，缩放大小后将整个花瓶的图层混合模式设置为正片叠底，并添加图层蒙版，擦除多余的图像，效果如图 12-42 所示。

图 12-41

图 12-42

STEP 5 在花瓶上建立一个选取颜色调整图层，建立剪贴蒙版，使其只对花瓶图像起作用，调整叶子的颜色，效果如图 12-43 所示。

STEP 6 打开素材文件“55.psd”（资源包 /12/ 素材 / 椅子 /55.psd），将抠取的椅子图像拖动到图像文件中，调整大小和位置，效果如图 12-44 所示。

图 12-43

图 12-44

STEP 7 使用多边形套索工具将椅子的每个凳脚复制出来，分别移动到对应凳脚的位置，然后分别添加图层蒙版，制作椅子的倒影效果，得到的图片如图 12-45 所示。

STEP 8 合并倒影图层，将倒影和椅子放在一个组中。打开素材文件“33.psd”（资源包 /12/ 素材 / 椅子 /33.psd），将抠取的椅子图像拖动到图像文件中，复制一个椅子图层并将其隐藏，水平翻转源 图层后的效果如图 12-46 所示。

图 12-45

图 12-46

STEP 9 显示复制的椅子图层，在扶手的位置绘制圆形选区，填充为浅灰色，将椅子剪贴到圆形选区中，效果如图 12-47 所示。

STEP 10 使用直线工具绘制一条灰色的直线，添加图层蒙版，使用渐变工具拉出中间清晰两边渐隐的效果，然后复制一条直线，更改渐变方向，效果如图 12-48 所示。

图 12-47　　图 12-48

STEP 11 绘制圆角大一些的圆角矩形，删除多余的锚点，设置描边为外部对齐，颜色为与直线相应的灰色，效果如图 12-49 所示。

STEP 12 使用相同的方法为红色椅子添加投影效果，得到的图片如图 12-50 所示。

图 12-49　　图 12-50

STEP 13 打开素材文件“44.psd”和“77.psd”(资源包/12/素材/椅子/44.psd、77.psd)，将抠取的椅子图像拖动到图像文件中，分别调整大小和位置，并为其添加投影，效果如图 12-51 所示。

STEP 14 为之前的第一个椅子输入说明文字，调整字体大小、颜色和字符间距，效果如图 12-52 所示。

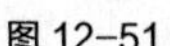

图 12-51　　图 12-52

STEP 15 将文字图层放在一个组中，然后复制文字组，放置其他商品对应的位置后更改文字内容，效果如图 12-53 所示。

图 12-53

STEP 16 为了避免图片太长，这里再新建一个同样大小的图像文件来展示细节，同样在画面顶端输入文字，效果如图 12-54 所示。

STEP 17 将素材文件“222.jpg”“333.jpg”和“1111.jpg”拖动到图像文件中，将图片缩放至同样的大小，然后垂直居中对齐和分布图片，效果如图 12-55 所示。

图 12-54　　图 12-55

STEP 18 分别在图片下方输入说明性的文字，要注意文字大小、粗细和颜色的对比，主要文字的大小和颜色要醒目一些，效果如图 12-56 所示。

图 12-56

12.5 产品参数

产品参数主要是指产品的颜色、尺寸、材质等各种信息，产品不同其参数也不同。下面为沙发制作产品参数信息，效果如图 12-57 所示（资源包 /12/ 效果 / 产品参数 .psd）。

产品属性
BUYERS GUIDELINES

图 12-57

操作步骤如下。

STEP 1 新建一个宽度为 750 像素，高度自定的图像文件。

STEP 2 打开素材文件“产品 .psd”（资源包 /12/ 素材 / 产品 .psd），将抠取出的沙发图像拖动到图像文件中，缩放图像后将其放置在合适位置，效果如图 12-58 所示。

STEP 3 在画面顶端输入文字，因为是同一产品的详情页，因此要注意文字大小、字体和颜色等属性需要同前面输入的文字相同，效果如图 12-59 所示。

图 12-58

产品属性
BUYERS GUIDELINES

图 12-59

STEP 4 选择工具箱中的直线工具，在属性栏中单击按钮，添加起点到终点的箭头，然后绘制直线，并设置颜色为灰色，效果如图 12-60 所示。

STEP 5 在这两个箭头形状图层上添加蒙版，擦除中间的区域，然后在擦除区域输入尺寸，字体颜色同箭头颜色相同，效果如图 12-61 所示。

STEP 6 在产品图像的右侧输入信息文字，标题字体颜色为黑色，字体稍微大一些，然后输入黑色和灰色的其他文字，效果如图 12-62 所示。

STEP 7 在产品信息的文字下面绘制矩形，并设置不同的颜色，表示该产品还有其他颜色可供选择，效果如图 12-63 所示。

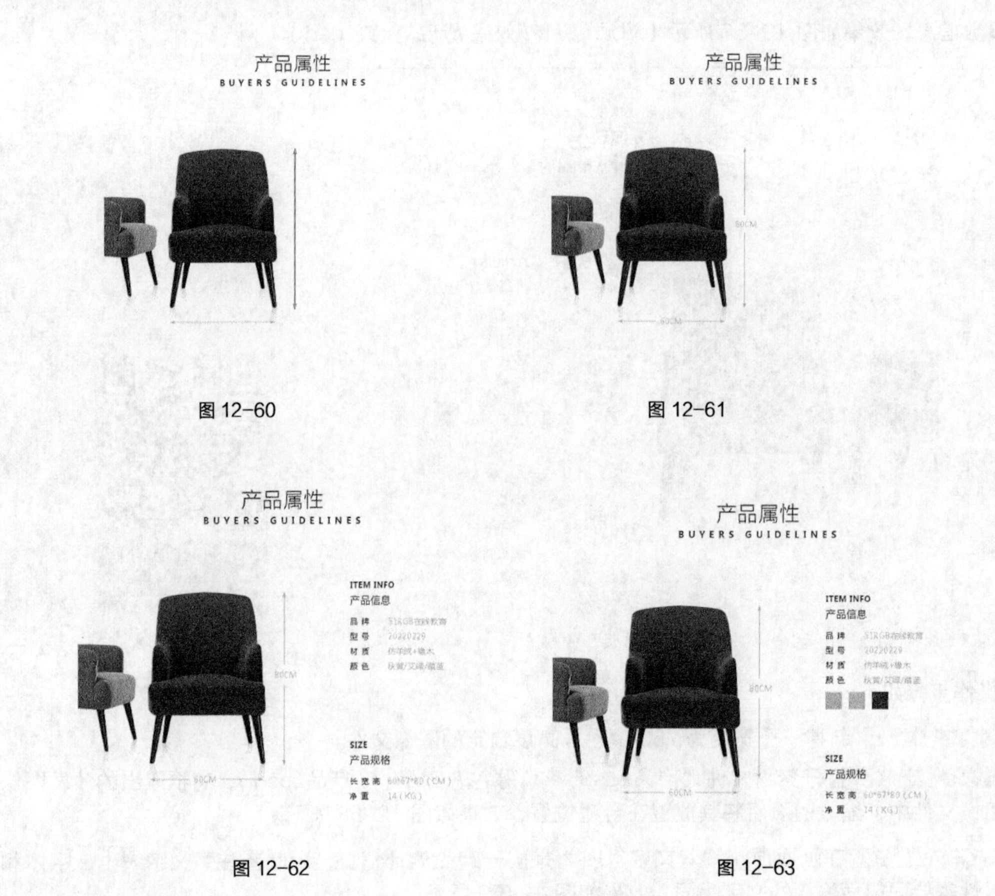

图 12-60　　图 12-61

图 12-62　　图 12-63

STEP 8 在尺寸文字下面输入灰色小字，说明产品的测量有所误差，如图 12-64 所示。

图 12-64

12.6 购物须知

购物须知的主要内容是关于发货、关于售后、关于差评等各种顾客关心的一些问题的解答。下面为在线教育制作购物须知，效果如图 12-65 所示（资源包 /12/ 效果 / 购物须知 .psd）。

购买须知
BUYERS GUIDELINES

有关发货
拍下课程完成付款后，系统自动发货，在您的预留邮箱里会收到一封来自51RGB的官方邮件（无需回复），邮件里会告知您的学号以及听课流程

有关赠送
所有赠送的视频资料均由51RGB客服通过旺旺给您发送百度网盘链接+提取码，链接有效期为一周，请尽快下载

有关网盘
百度网盘下载地址：www.51RGB.com，为确保您的链接不失效，请先点击保存之后，再根据自己需要进行下载

有关服务
付款成功后，您将被指定的客服分配到相关学习群，您学习过程中的问题可以在学习群中得到相应任课老师一对一的解答

有关追责
为保证双方权益不被侵犯，请确保您的账号安全，所有51RGB就业班视频若出现任何形式的外流或转卖，我们将通过法律手段追责到底，请务必知悉

图 12-65

操作步骤如下。

STEP 1 新建一个 750×920 像素的图像文件，在画面顶端输入标题文字，效果如图 12-66 所示。

STEP 2 继续输入下面的小标题文字和段落文字内容，注意字体大小和颜色对比，效果如图 12-67 所示。

购买须知
BUYERS GUIDELINES

图 12-66

购买须知
BUYERS GUIDELINES

有关发货
拍下课程完成付款后，系统自动发货，在您的预留邮箱里会收到一封来自51RGB的官方邮件（无须回复），邮件里会告知您的学号以及听课流程。

图 12-67

STEP 3 在段落文字下面绘制一条灰色的虚线，然后将文字和虚线放在一个组中，复制这些组，分布对齐后更改文字的内容。

STEP 4 在第一个小标题左侧使用圆角矩形工具绘制一个红色的矩形，然后复制一个形状图层，设置稍微淡一些的红色，删除不需要的锚点后将锚点转换为直线，调整锚点后复制一个形状并水平翻转，最后在矩形上方绘制一个淡黄色的圆角矩形，效果如图 12-68 所示。

图 12-68

STEP 5 合并所有形状图层后使用相同的方法在其他小标题前绘制形状，效果如图 12-69 所示。

图 12-69

STEP 6 将绘制的形状大小缩放至差不多的大小，然后分别放置在标题前。

STEP 7 绘制矩形，调整锚点后设置合适的颜色，复制矩形并更改颜色，将其放置在画面的左上方，效果如图 12-70 所示。

STEP 8 使用同样的方法绘制矩形，将其放置在画面的右下方，效果如图 12-71 所示。

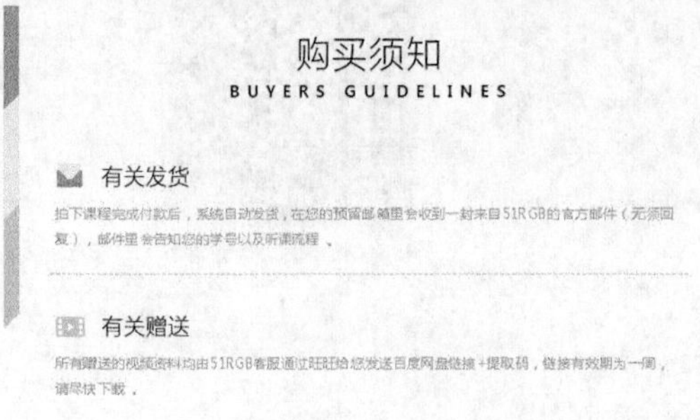

购买须知
BUYERS GUIDELINES
有关发货
拍下课程完成付款后，系统自动发货，在您的预留邮箱里会收到一封来自51RGB的官方邮件（无须回复），邮件里会告知您的学号以及听课流程。
有关赠送
所有赠送的视频资料均由51RGB客服通过旺旺给您发送百度网盘链接+提取码，链接有效期为一周，请尽快下载。

图 12-70

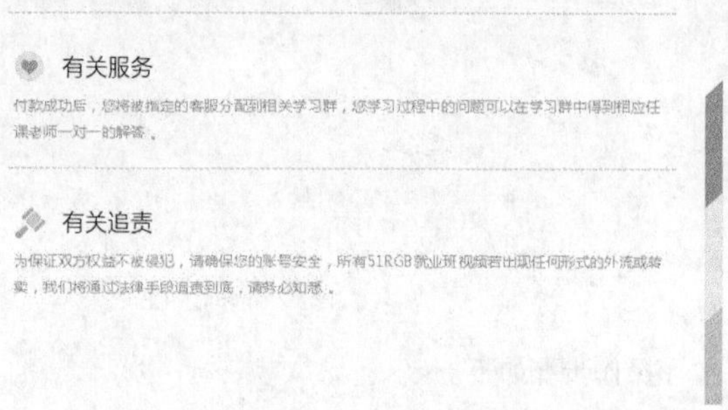

有关服务
付款成功后，您将被指定的客服分配到相关学习群，您学习过程中的问题可以在学习群中得到相应任课老师一对一的解答。
有关追责
为保证双方权益不被侵犯，请确保您的账号安全，所有51RGB就业班视频若出现任何形式的外流或转卖，我们将通过法律手段追责到底，请务必知悉。

图 12-71

Photoshop CC

Chapter 13

第13章 综合实例——制作手机端淘宝首页和详情页

本章将制作一个综合实例——制作手机端淘宝首页和详情页。手机端淘宝页面的制作同电脑页面的制作方法相同，只是手机端淘宝的尺寸不一样。通过本章的学习，读者可以掌握制作手机端淘宝页面的方法。

课堂学习目标

- 掌握手机端淘宝首页的制作方法
- 掌握手机端淘宝详情页的制作方法

13.1 制作手机端淘宝首页

随着智能产品的不断发展，越来越多的人会使用手机淘宝 APP 购买商品。下面为在线教育机构的店铺制作手机端淘宝首页。效果如图 13-1 所示（资源包 /13/ 效果 / 手机淘宝首页 .psd）。

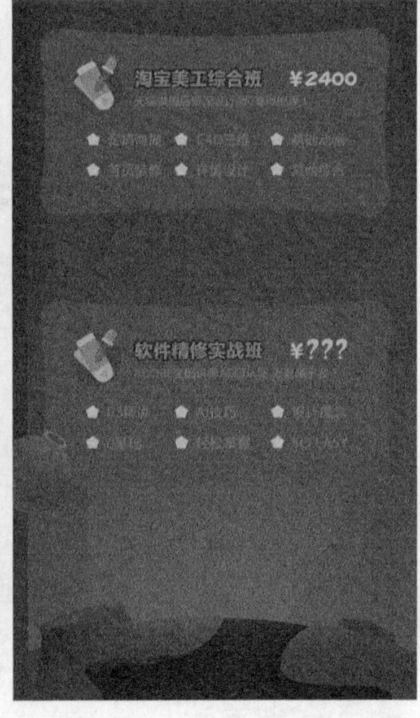

图 13-1

操作步骤如下。

STEP 1 新建一个尺寸为 608×2000 像素的图像文件（手机端的图片高度最好是 76 的倍数，这里可以设置任意高度，之后在后期裁剪）。

STEP 2 新建图层，填充为深蓝色（RGB：17；56；80）到浅蓝色（RGB：24；88；153）的线性渐变。

STEP 3 新建图层，设置前景色为暗红色（RGB：177；90；107），使用笔尖较大的柔性画笔在画面底端点击添加一个红色，然后合并这两个图层。

STEP 4 在画面底端绘制椭圆形状，并填充为深蓝色（RGB：17；40；62），使用钢笔工具绘制一些不规则图形，并填充为比之前稍微深一些的蓝色（RGB：11；36；55），效果如图 13-2 所示。

STEP 5 继续绘制形状，设置颜色为蓝色（RGB：22；59；88），然后新建图层，使用更深的蓝色画笔点击，并创建剪贴蒙版，效果如图 13-3 所示。

图 13-2

图 13-3

STEP 6 使用钢笔工具绘制形状，设置颜色为浅一些的蓝色（RGB：28；73；104），然后使用同样的方法为其添加亮部区域，效果如图 13-4 所示。

STEP 7 使用相同的方法在右侧绘制图形，效果如图 13-5 所示。

图 13-4

图 13-5

STEP 8 使用画笔绘制红色图形，因为背景是红色，因此在球面上会有一个红色的投影，注意绘制后创建剪贴蒙版，使其只投到球面上，效果如图 13-6 所示。

STEP 9 使用钢笔工具在球面后面绘制一个图形，填充颜色后同样为其添加红色的投影（这里的颜色都是蓝色系，深浅可以根据需要来设置），效果如图 13-7 所示。

图 13-6

图 13-7

STEP 10 继续绘制一个形状，注意设置渐变色，然后再绘制一个渐变椭圆和一个亮部椭圆，使用同样方法添加红色的投影，效果如图 13-8 所示。

图 13-8

STEP 11 将所有的球面图层放在一个组中。

STEP 12 绘制一个红色到蓝色的渐变圆形，绘制形状并设置不同的颜色（本案例中的所有颜色都可以在背景上吸取），将这些形状图层剪切到圆形中，使用同样的方法为其制作高光区域，效果如图 13-9 所示。

图 13-9

STEP 13 使用钢笔工具绘制形状，调整渐变色后，添加图层蒙版擦除过渡的区域，使其过渡更加自然，然后再绘制蓝色和暗红的椭圆形状，效果如图 13-10 所示。

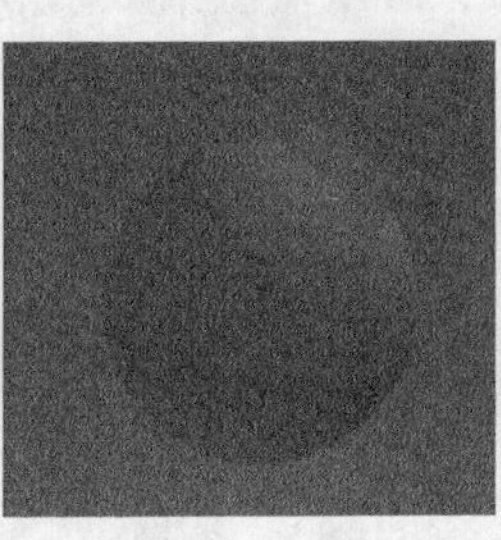
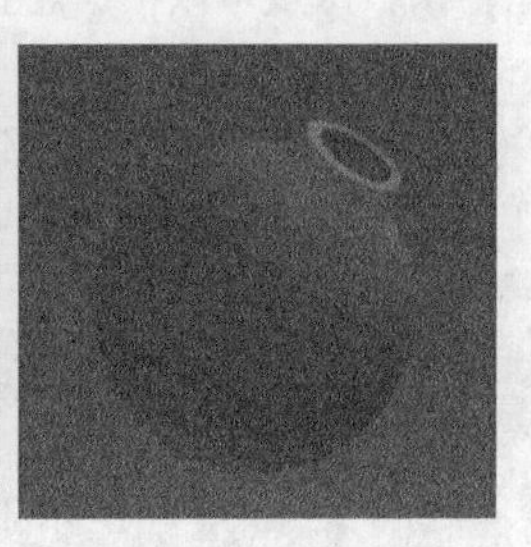

图 13-10

STEP 14 将绘制的形状放在一个组中，复制组后变换图像的角度和大小，更改颜色后将其放置在合适位置，效果如图 13-11 所示。

STEP 15 将所有小球的图层放在一个组中。绘制一个圆角矩形，并设置渐变色，然后删除多余的下半部分图像，绘制形状并填充颜色来添加高光，效果如图 13-12 所示。

图 13-11

图 13-12

STEP 16 绘制渐变的红色椭圆形状，复制一个椭圆更改渐变颜色，然后再绘制一个浅红色的渐变椭圆，效果如图 13-13 所示。

STEP 17 继续在椭圆中间绘制一个蓝色的射线渐变的椭圆，然后使用钢笔工具绘制光线形状，填充为浅蓝色，添加图层蒙版擦除多余的图像，应用图层蒙版后复制一个图层，变换大小后合并光线图层，最好将飞碟的所有图层放在一个组中，效果如图 13-14 所示。

图 13-13

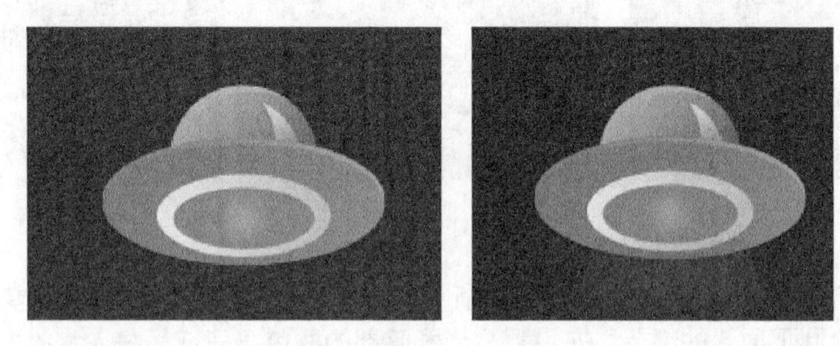

图 13-14

STEP 18 绘制渐变的圆形形状，然后绘制高光，可以通过调整图层不透明度来使高光更加自然，效果如图 13-15 所示。

图 13-15

STEP 19 继续添加渐变的圆形形状，然后绘制红色的投放到球面上的投影，再绘制高光区域，效果如图 13-16 所示。

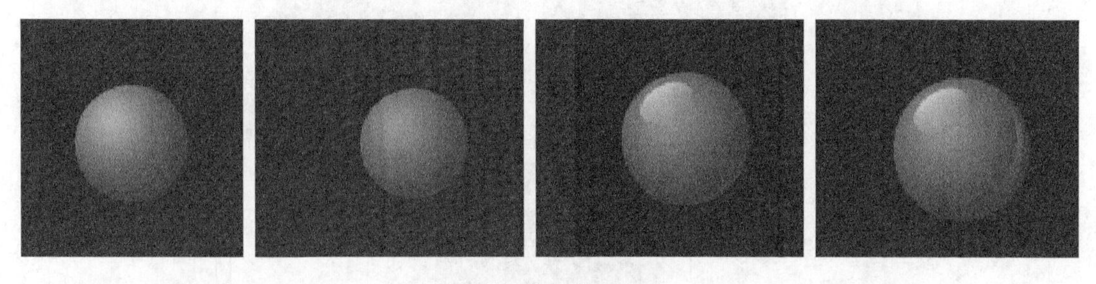

图 13-16

STEP 20 使用钢笔工具绘制头部图形，然后继续绘制其他图形并设置颜色来丰富头部的颜色层次，效果如图 13-17 所示。

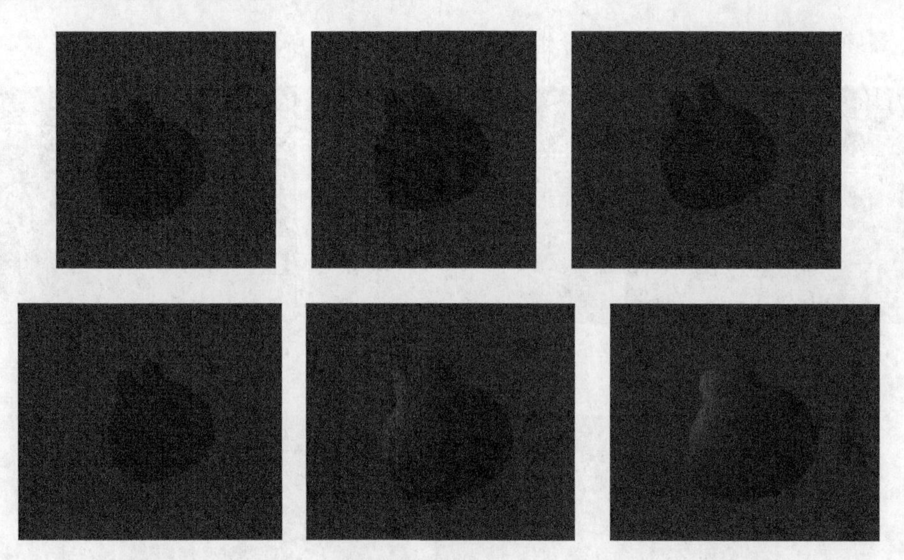

图 13-17

STEP 21 继续绘制眼镜图形并设置渐变色，然后绘制披风图形，绘制其他不同颜色形状丰富披风层次，最后绘制下面腿的部分，并设置高光和暗部的颜色，完成后将人物的所有图层放在一个组中，效果如图 13-18 所示。

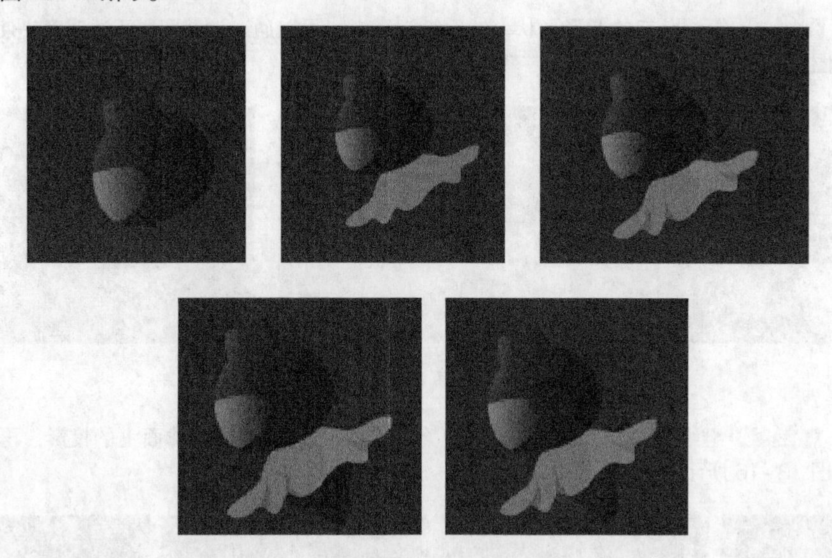

图 13-18

STEP 22 为整个卡通人物组添加投影效果，得到的图片如图 13-19 所示。

图 13-19

STEP 23 在背景颜色图层上新建图层，绘制曲线图形，分别设置不同形状图层的颜色和不透明度，然后将飞碟旋转放置在左上角，效果如图 13-20 所示。

STEP 24 绘制圆角矩形，然后添加锚点，对锚点进行编辑，将其填充为合适的颜色，效果如图 13-21 所示。

图 13-20

图 13-21

STEP 25 在图形上绘制一个深蓝色的圆形用于放置图标。输入文字，设置字体和颜色，为文字添加描边图层样式，效果如图 13-22 所示。

STEP 26 继续输入其他价格和说明性文字，价格文字是重要信息，颜色设置为黄色，字体可以大一些，效果如图 13-23 所示。

图 13-22

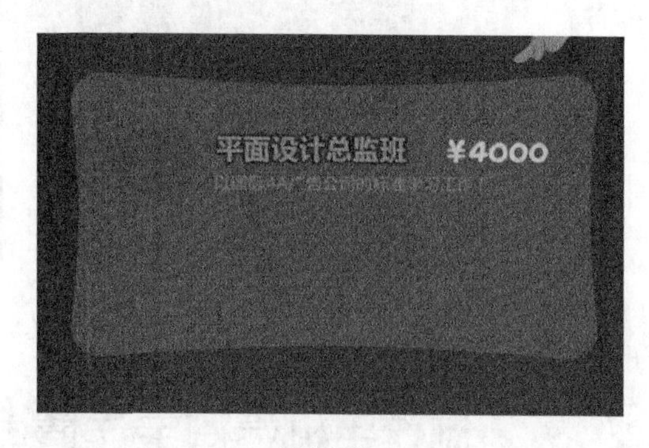

图 13-23

STEP 27 绘制黄色的星星图形，并在图形后面输入文字，效果如图 13-24 所示。

STEP 28 将素材文件“图标 .psd”(资源包 /13/ 素材 / 图标 .psd) 拖动到图像文件中，调整位置，效果如图 13-25 所示。

提示

读者可以多在网上看看其他字体的设计方法。若是没有太多时间来绘制素材，可以从网上直接下载 psd 格式的文件，更改其颜色和形状来设计字体。

图 13-24

图 13-25

STEP 29 将该模块的所有图层放在一个组中，然后复制组并更改复制组中的文字内容，调整之前绘制的素材图形，效果如图 13-26 所示。

STEP 30 将素材文件“标题 .psd”（资源包 /13/ 素材 / 标题 .psd）拖动到图像文件中，并调整位置，然后在下方输入小标题文字，并设置字体、颜色等属性，最后复制几个圆球放置在文字周围，效果如图 13-27 所示。

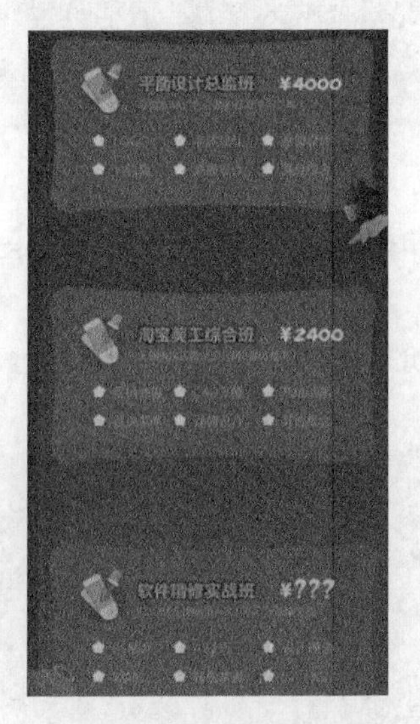

图 13-26

图 13-27

13.2 制作手机端淘宝详情页

手机端淘宝详情页页面同计算机端的详情页制作思路相同，只是页面尺寸不一样，可以在制作好的产品计算机端的详情页上进行更改。下面为在线教育机构制作手机端淘宝详情页，效果如图 13-28 所示

（资源包 /12/ 效果 / 手机淘宝详情页 .psd）。

图 13-28

操作步骤如下。

STEP 1 新建一个 750×1920 像素的图像文件，直接将之前制作的首页背景和相应素材放进来，效果如图 13-29 所示。

STEP 2 画面顶端的颜色有些暗，可以设置一个亮一些的蓝色，使用画笔工具进行绘制，提亮颜色，然后合并这些图层和背景颜色图层，效果如图 13-30 所示。

图 13-29

图 13-30

扫一扫
制作手淘详情页

STEP 3 使用钢笔工具绘制形状，设置颜色为红色（RGB：241；88；89），继续在下面绘制更深一些的不同红色和形状的图形，将这些形状图层放在一个组中，复制该组并水平翻转，调整其位置，效果如图 13-31 所示。

  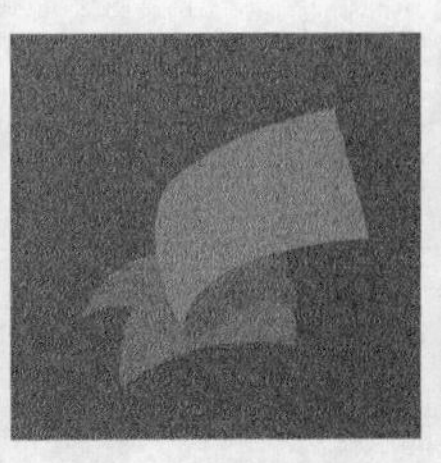 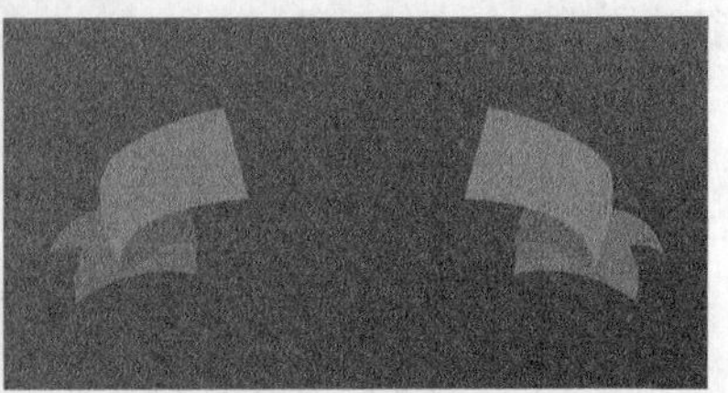

图 13-31

STEP 4 输入文字并变形文字，将文字图层转换为形状图层，编辑文字锚点，合并形状后，为其添加蓝色的渐变叠加图层效果，得到的图片如图 13-32 所示。

STEP 5 将文字形状载入选区，将选区扩展 6 像素，然后进入快速蒙版，擦出需要的选区，填充为深蓝色，效果如图 13-33 所示。

图 13-32

图 13-33

STEP 6 绘制星星形状，为其设置红色和橙色的渐变叠加效果，然后沿需要的角度绘制形状并填充为相近的颜色，效果如图 13-34 所示。

图 13-34

STEP 7 将星星的所有图层放进一个组中，复制并合并组，缩小星星并调整角度，效果如图 13-35 所示。

STEP 8 使用钢笔工具绘制路径，载入选区后选择最下面的文字描边图层，使用同样的深蓝色填充选区，为星星添加投影，效果如图 13-36 所示。

图 13-35

图 13-36

STEP 9 绘制一个圆角矩形，并对圆角矩形进行变形，然后将形状图层转换为智能对象图层，双击该图层进行智能对象编辑，效果如图 13-37 所示。

STEP 10 将矩形的颜色更改为蓝色，复制一个矩形形状图层，然后在顶端绘制一个矩形，在属性栏中设置为与形状区域相交，然后再合并形状组件，设置颜色后的效果如图 13-38 所示。

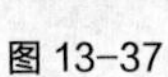
图 13-37

图 13-38

STEP 11 在顶端右侧绘制一个矩形，设置颜色后为其创建剪贴蒙版，效果如图 13-39 所示。

STEP 12 继续使用圆角矩形工具绘制搜索条，设置颜色后在右侧绘制放大镜和图标，效果如图 13-40 所示。

图 13-39

图 13-40

STEP 13 使用椭圆工具绘制圆形，合并圆形形状组件后减去顶层形状，得到圆环效果，然后绘制直线，合并直线形状组件后复制直线，粘贴到圆环形状图层后，减去顶层形状，效果如图 13-41 所示。

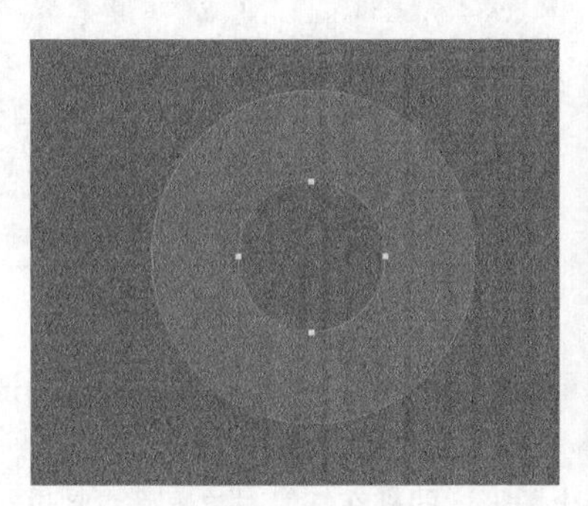

图 13-41

STEP 14 使用直接选择工具删除不需要的锚点，使用钢笔工具绘制要更改颜色的区域，创建剪贴蒙版，为圆环更改不同的颜色，效果如图 13-42 所示。

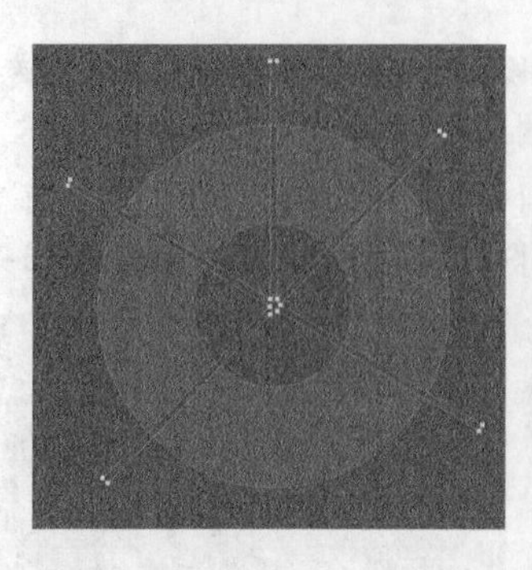
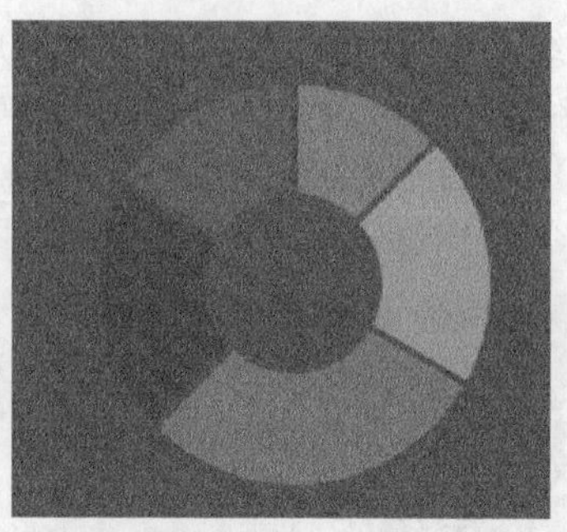

图 13-42

STEP 15 绘制其他矩形，并设置颜色，将它们分别调整到合适位置，效果如图 13-43 所示。

STEP 16 使用钢笔工具绘制直线，效果如图 13-44 所示。

图 13-43

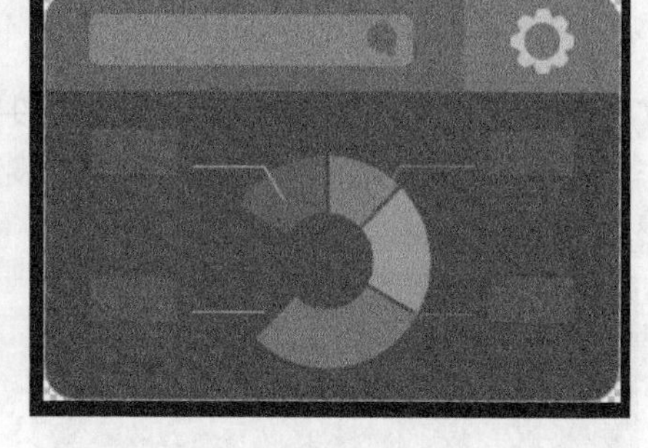

图 13-44

STEP 17 复制最下方的矩形，取消填充，为其添加描边图层样式，描边颜色为亮一些的蓝色，保存后返回开始的图像文件，效果如图 13-45 所示。

STEP 18 将该形状图层的不透明度设置为 80%，复制该图层，放置在下方，设置不透明度为 30%，调整其位置，效果如图 13-46 所示。

图 13-45

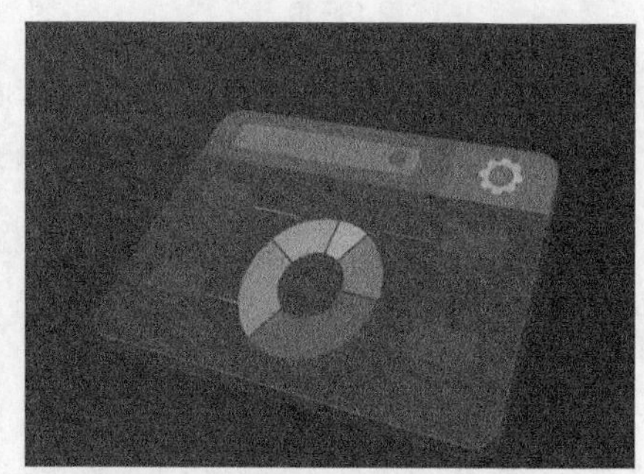

图 13-46

STEP 19 使用钢笔工具绘制阴影形状，填充图层蒙版，擦除多余的区域，为形状添加投影效果，得到的图片如图 13-47 所示。

STEP 20 继续使用相同的方法绘制第二个图形，同样在智能对象里面对其进行绘制，效果如图 13-48 所示。

STEP 21 使用不同的形状工具绘制形状，并设置颜色，效果如图 13-49 所示。

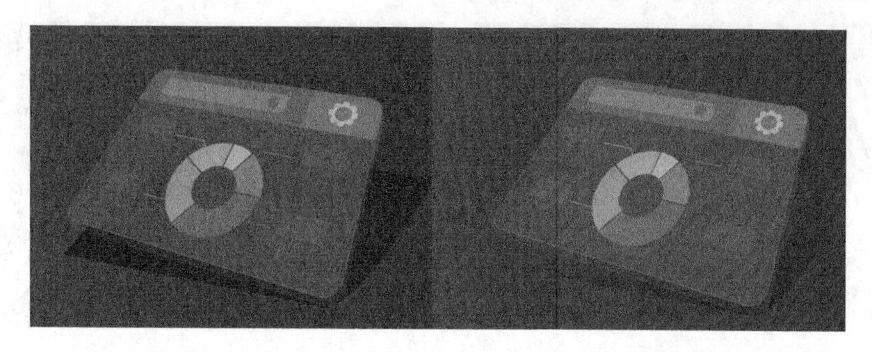

图 13-47

图 13-48

图 13-49

STEP 22 返回到图像文件中后，看到的效果如图 13-50 所示。

STEP 23 复制一个智能对象图层，进入智能编辑状态，删除多余的图像，保存后返回到图像文件中，调整位置和图层的不透明度，效果如图 13-51 所示。

图 13-50

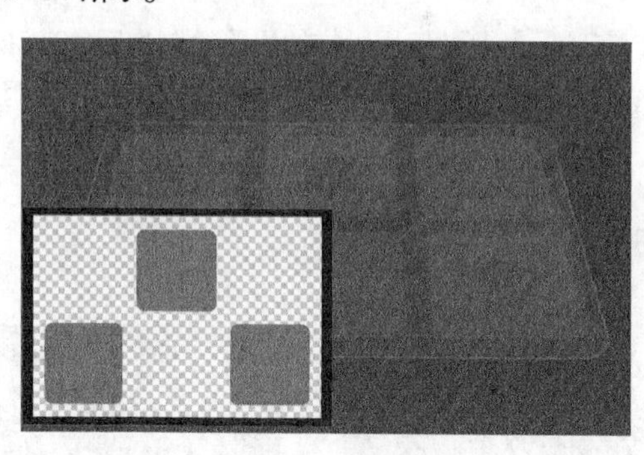

图 13-51

STEP 24 复制矩形智能对象图层，设置图层不透明度为 70%，调整位置后的效果如图 13-52 所示。

STEP 25 复制最开始的智能对象图层，进入智能编辑状态，删除除图标外的其他图像，并将颜色设置为亮一些的蓝色，保存后返回到图像文件中调整位置，效果如图 13-53 所示。

提示

通过智能对象绘制图标可方便后期进行修改。图标的绘制方法都相同，但在绘制之前要有一个整体的思路。

图 13-52

图 13-53

STEP 26 复制最下面的智能对象图层，放置在最下方，设置图层不透明度为 30%，为图标添加厚度，效果如图 13-54 所示。

STEP 27 在所有图标下方使用相同的方法添加阴影效果，得到的图片如图 13-55 所示。

图 13-54

图 13-55

STEP 28 使用同样的思路绘制如图 13-56 所示的图标图形。

STEP 29 在第一个图标图形右侧添加说明文字，并绘制椭圆，做一个重点效果，如图 13-57 所示。

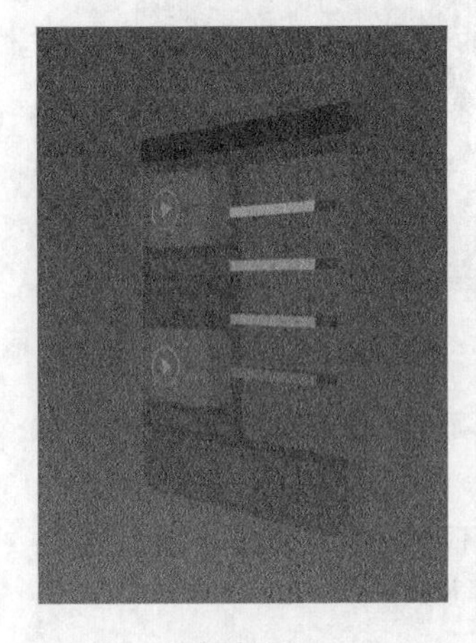

图 13-56

图 13-57

STEP 30 将文字放在一个组中，复制文字组，将其分别放在合适位置，然后更改文字内容，效果如图 13-58 所示。

图 13-58

STEP 31 为了增加画面的层次感，在背景颜色图层上使用钢笔工具绘制曲线形状，填充颜色后设置图层不透明度为 30%，效果如图 13-59 所示。

STEP 32 继续绘制不同的曲线图形，分别对其设置颜色后调整图层的不透明度，效果如图 13-60 所示。

图 13-59

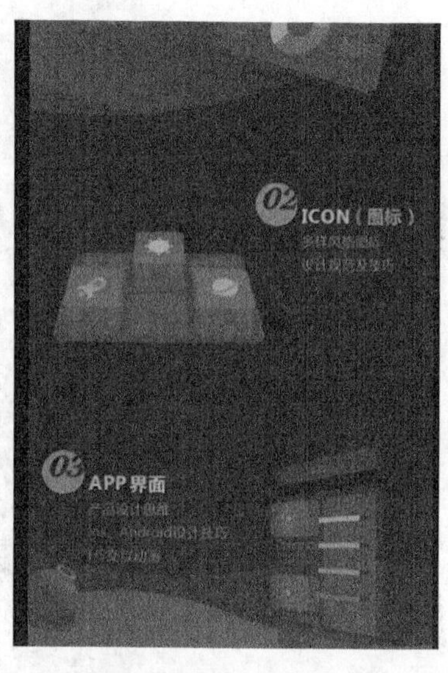

图 13-60

STEP 33 使用同样的方法在画面顶端绘制曲线形状，可以为形状添加图层蒙版来控制曲线效果，然后调整图层不透明度，效果如图 13-61 所示。

STEP 34 将素材文件“星空.jpg”（资源包/12/素材/星空.jpg）拖动到图像文件中，设置图层混合模式为变亮。填充图层蒙版，擦除不需要的图像，然后调整图层的不透明度，效果如图 13-62 所示。

图 13-61

图 13-62

STEP 35 打开之前制作的手机首页，将制作的素材图像拖动到图像文件中，分别放置在合适位置，效果如图 13-63 所示。

图 13-63